马克思主义理论研究
和建设工程重点教材

U0795329

美学原理

（第二版）

《美学原理》编写组
主　编　尤西林
主要成员
（以姓氏笔画为序）
王旭晓　刘　凯　杜学敏
李西建　张　进　徐恒醇
高建平

高等教育出版社·北京

图书在版编目（CIP）数据

美学原理 /《美学原理》编写组编. -- 2 版. -- 北京 : 高等教育出版社，2018.8(2024.12 重印)
马克思主义理论研究和建设工程重点教材
ISBN 978-7-04-050091-2

Ⅰ. ①美… Ⅱ. ①美… Ⅲ. ①美学理论-高等学校-教材 Ⅳ. ①B83-0

中国版本图书馆 CIP 数据核字(2018)第 175001 号

责任编辑 李 喆　　封面设计 王 鹏　　版式设计 于 婕
责任校对 刁丽丽　　责任印制 刘思涵

出版发行 高等教育出版社
社　　址 北京市西城区德外大街 4 号
邮政编码 100120
印　　刷 高教社（天津）印务有限公司
开　　本 787mm×1092mm 1/16
印　　张 18
字　　数 330 千字
购书热线 010-58581118
咨询电话 400-810-0598

网　　址 http://www.hep.edu.cn
http://www.hep.com.cn
网上订购 http://www.hepmall.com.cn
http://www.hepmall.com
http://www.hepmall.cn
版　　次 2015 年12月第 1 版
2018 年 8 月第 2 版
印　　次 2024 年12月第 32 次印刷
定　　价 36.50 元

物 料 号 50091-00

目　　录

绪　论

绪论是全书的概述介绍。研究对象与研究方法是导论的核心，它们规定了本书的内容范围与论述特性。绪论虽然涉及全书主要论域论题，但仅仅是勾勒指示它们在全书中的位置，深入完整的理解须待进入正式章节，因此绪论着眼于整体之“林”而非细部之“木”，由此所激起的问题意识，也是绪论的教学目标之一。

第一节　美学的历史

本节简述作为学科的美学发展史，它不同于美学理论史。后者是关于审美活动的理论，其对应学科是中外美学史。本节则关注美学理论的学科形态演变，重心不在具体的美学理论。

一、美学思维及其古代形态

1. 史前期

美学是诞生于近代的一门学科。但是，美学思维却是人类源远流长的活动。作为学科的美学基于美学思维。这一逻辑关系甚至可以追溯到史前期。“史前”作为文化学的术语是指有文字记载以前的人类历史，但问题是：如何能印证和理解一种无文字记载的“美学思维”？

离开语言，尤其是离开语音消失后记录语言的文字，包括美学在内的任何思维都无从证实。然而，史前期却确凿地存在着审美活动。这一点是通过史前考古发现的审美对象而间接得到证明的。

旧石器时代的山顶洞人在尸体旁撒红色的铁矿粉，他们开始力求把石斧打凿得更匀称，甚至把打磨得形状相近的石珠、兽牙、贝壳等穿孔串起来。远古巫术背景下这些器物无疑不是单纯的审美对象，却折射出山顶洞人对形体、色彩的自觉注意和加工运用，它们因而包含有审美对象的意义，也传达出与其同时存在的审美意识（此处主要指对色、形的形式感）。

史前审美活动在漫长的时期中达到相当发达的程度。在著名的西班牙阿尔塔米拉洞穴中，用于巫术的“壁画”保留着石器时代的动物形象，姿态各异，以多种色彩渲染过，其逼真性生动性至今仍令人叹为观止。这样高水平的审美形式感的复杂表达，同时必然伴随有起码的思维。逻辑地讲，审美活动的历史性积累终会发生对这种审美活动本身的总结性思维或反思，当人类进一步思考自己为什么会偏爱某类色彩形式并试图概括这类现象的规律时，美学思维就发生了。质而言之，“审美”是人类现实活动之一，“美学思维”则是审美意识的观念化，它势必趋向理论自觉形态，“美学”学科是人类知识近代分化所产生的这种理论自觉形态。

2. 古代发生期

人类各个古代文明很早就出现了表意审美的文字。汉字“美”在中国上古卜辞和金文中已经出现。这说明，中华审美意识的符号观念化，最晚也可以上溯至殷商时期。老子甚至对流行的审美提出深层辩证思考：“天下皆知美之为美，斯恶已。”① 与之对应，古希腊荷马史诗中高频率出现的美的形容词“καλός”，在赫西俄德《神谱》中已抽象为观念性的名词“καλόν”，到柏拉图的《大希庇阿斯篇》，更进一步追究纷纭的审美现象的本源“αὐτὸ καλόν”（“美本身”），俨然形成了逻辑形态的美学专题论域。

在美学思想的古代发生期，无论东西方，其审美观念均具有突出的宽泛所指特性。从自然宇宙到器物制度与形体容貌，均可纳入审美评价。与之相应，中国古代制度化的“礼”与“乐”涵摄着“美”。在中国古典美学奠基人之一的老子那里，“美”属于更为根本的“道”—“气”—“象”关系系统，并与“妙”“味”等相关。孔子与庄子所说的“大”，也比“美”享有更高的审美地位。这些术语与近代成为学科的美学的审美范畴有对应关系。

古代发生时期的美学思维多以零散的议论出现，并且往往与关于宗教崇拜、伦理规范、文学艺术以及科学技术的议论混杂在一起，很少有专著。但值得一提的是相传为战国时代公孙尼子撰写的《乐记》与古希腊亚里士多德的《诗学》，这是两部在东西方几乎同时问世的文艺学著作，但又以其高度概括的哲理性而具有美学的性质。

上述这些特性不仅表现出古典美学尚不独立的性质，而且也反映出审美融渗于生活整体的古代生存方式及其文化特性。它提醒我们考察审美及其美学思维的历史演变时，需要按照唯物史观回溯其社会生产与生活基础，以获得有根基的理解。

二、美学学科的形成及其现当代演变

1. 美学诞生的近代背景

由关注与思考美的现象、追问“美本身”开始，在18世纪的欧洲，美学学科在唯理主义的哲学体系中得以建立。

---

①《老子》第二章。

欧洲的17、18世纪被称为“理性的时代”。这个时代的哲学不同于古希腊时期的宇宙与心灵相通的思辨理性，也不同于中世纪作为神学助手的宗教理性，而是在自然科学发展的科学理性基础上，形成了以认识论为中心的具有系统、确定、简约等特点的科学意义上的理论哲学。在理论哲学中，由对自然科学方法的不同理解，分成了经验论与唯理论两大阵营。经验论把经验作为知识的来源，重视实验和观察的方法；唯理论则把天赋观念作为知识的起点，推崇数学的方法。但他们都崇尚理性，关注知识的基础和知识的系统性、逻辑性。他们以理性的方式审视着人类的知识，更审视着他们最为关注的人类的认识体系。

18世纪初期，德国唯理主义哲学家莱布尼茨和沃尔夫等人已经建立了一个庞大的唯理主义哲学体系。他们认为认识包括高级部分与低级部分，即思维与感觉；思维或理性认识是能引导我们的认识达到完善的，而感觉或感性认识却不能，因此他们把感性认识称为混乱的认识或低级认识，只是达到理性认识的阶梯。因而，在他们的体系中，包括诗和艺术在内的感性认识或低级认识是没有位置的。

他们之后的另一个唯理主义哲学家鲍姆嘉通在对“诗”（广义的文学艺术）的研究中，重新认识了人类的感性。他在写于1735年的博士论文《诗的哲学默想录》中力求阐明：“哲学和如何构思一首诗的知识是联接在一个最和谐的整体之中，却往往被视为完全相反的东西。”① 他认为，逻辑引导我们达到的完善是概念、命题及互相联系的内在一致，而感性所展示的完善是感性表象的明晰、生动、丰满与主题的和谐。所以，鲍姆嘉通在审视莱布尼茨-沃尔夫哲学体系的壮丽结构时，发现要给艺术一个恰当的位置，需要创立一门新学科来弥补体系的缺陷。他的博士论文就致力于创立这样一门研究感性认识的新学科，他以拉丁文为之命名，其希腊文的词根意思为“感性的”，也就是“感性学”的意思，英文为“Aesthetics”。1750年，他以此概念为其一本论述感性认识的专著命名。在上述两本书中，鲍姆嘉通提出了感性认识的完善就是美的观点。所以，鲍姆嘉通所建立的是这样一种科学：它审查感觉与感性认识，力图在认识体系中给予它应有的地位；它从诗出发开始探讨，试图说明怎样达到诗的完善。既然感性认识的完善就是美，这应该也是对应的拉丁文被译为“美学”的一个原因，而中国与日本则直接将它译成为“美学”，鲍氏因此被称作“美学之父”。

当然，仅仅提出一个名称并不是实质性的突破。但鲍姆嘉通是在18世纪近代学科分化独立的时代背景下提出问题的，这具有深刻的时代必然性和代表性。稍早于鲍姆嘉通的意大利学者维柯，在其《新科学》中就已把广义的人类思维分为诗与逻辑两部分，并特别强调和研究了诗对理智逻辑的独立性和根源地位，所以

---

① ［德］鲍姆嘉通：《诗的哲学默想录》，王旭晓译，中国社会科学出版社2014年版，第36页。

意大利学者克罗齐把维柯称为“美学科学的发现者”①。更早的、17世纪开始流行于英国经验派哲学的“道德感”（moral sense）与“内感觉”（inner sense），成为休谟专题研究的“趣味”（taste），也是审美鉴赏的早期表达。夏夫茨伯里将之提升为人性基本特性之一，从而提出了影响深远的“审美无利害”命题。审美独立于实用的另一个历史性的标志，是法国夏尔·巴图神父《归结为单一原理的美的艺术》（1746）一书所提出的“美的艺术”（beaux-arts）。艺术凭借美的特质而从传统广义技术中独立出来，从而成为大写字母开头的“Art”。这不仅是艺术学的近代开端，也是作为审美集中代表形态的艺术美的近代起源。启蒙运动代表性的思想传播著作《科学、艺术和工艺详解百科全书》（1751），更将这种独立的美学与艺术美观念作为确定的知识在全欧洲普及。

早在中世纪，复合型的古典人文艺术已开始分解为“学科”（拉丁文为discipline）。众多分化独立的学科，是工场手工业开端的分工与职业行会的教育对应体。大一统的神学经由11世纪大学（University）专业系科分化为近代学科群。1735年问世的瑞典林奈《自然系统》（拉丁文 *Systema Naturae*），成为近代学科群独立的分类学总结。正是在上述背景下，美学作为近代学科得以独立，就成为历史的必然产物。还需要注意的是，美学与近代一批学科独立，同时属于近现代社会转型的学术教育组成部分。由于种种历史条件和机遇，现代化历史地起源于欧洲，对基于这一历史背景的美学与其他近代学科发生发展的叙述势必依托西方。不宜以民族感情否认这一史实，因为现代化并不为西方地域垄断，而属于全人类的文明。中国美学及其现代诠释背景，随后将专节叙述。

2. 德国古典美学范型

近代诸多美学论题在康德处获得集大成的哲学论证。康德批评并超越了鲍姆嘉通的感性认识论美学观念，他将主体的认知、意志、情感与哲学上的认识论、伦理学和美学三分鼎立，此后美学成为哲学不可缺少的一个基本组成部分，德国古典美学从此成为美学的传统范型。

康德的《判断力批判》力求辨析审美与人类其他基本活动（认识、意志）联系中的区别，以突出审美的独特本质。与以认知及欲望为核心的现实生活相区别，审美无利害及艺术自律成为康德所奠基的近现代美学的范型。这一范型一方面使审美与艺术独立于生活内容而突出形式美特征，另一方面又从本体价值高扬审美与艺术批判并指导生活的地位。这一总体特征被德国古典美学发展并强化：席勒将康德作为通向“善”的桥梁的“美”提升为人类自由解放的目的本身，谢林提

① ［意］克罗齐：《作为表现的科学和一般语言学的美学的历史》，王天清译，中国社会科学出版社1984年版，第64页。

出了作为哲学拱心石的艺术哲学命题，黑格尔放弃自然美而独尊艺术美……这些立场、导向表明，审美与艺术的独立，具有抗衡资本主义生产—生活方式的现代性背景，并与抗衡进步主义的浪漫主义思潮关系密切。这一倾向在稍后的叔本华厌世美学与尼采审美救赎主义中走向极端。

审美与艺术作为一种浪漫的社会生活方式设计同时构成空想社会主义美学。在空想社会主义蓝图中，审美与艺术不再与社会分离对立，反而成为社会生产与生活的重要组成部分，甚至就是生产与生活自身的特性。席勒将游戏生活化与他的空想社会主义美学，看似同近代美学与生活相分离的倾向相反，却又可以视之为审美批判生活的极致：审美不是回归生活，而是将生活审美化。这一模式经由马克思主义社会存在论消除其浪漫空想性质后，指向当代日常生活审美化。

3. 现当代西方美学

19 世纪末叶费希纳提出以“自下而上”的心理学经验美学模式，取代“自上而下”的哲学美学形而上学思辨。这一模式产生出移情说、内模仿说、心理距离说、格式塔知觉完形美学、潜意识精神分析美学等一系列审美经验理论。这些立足于审美经验的中小型理论放弃了宏大的哲学美学，更侧重生理与心理经验实证，成为特定角度的具体美学解释方法。

与经验主义模式相关，20 世纪逻辑经验主义与语言分析哲学衍生出分析美学，它对美学的概念术语进行了逻辑与经验相结合的分析审查，由此推进了美学学科的科学化与精确化。但是，分析美学忽视美学的人文学科性质，其科学主义片面性不仅否弃美学核心原理的审美本质，而且以语言分析附缀艺术学的模式既混同于艺术学，又狭隘地压缩了审美经验，从而将美学引向形式主义。

上述倾向在 20 世纪后半叶开始了反向运动。美学从语言学分析转向广泛的文化联系。这种转向起源于在 20 世纪中叶及更早时期出现的一些思潮和流派，例如法兰克福学派的文化批判、法国艺术社会学、英国的文化研究和美国的实用主义等。在 20 世纪末，由于对分析美学形式主义的反拨，这些流派在美学中获得越来越广泛的影响。促使美学的文化学转向还有三个重要的背景：一是随着机器复制、通信与信息技术革命、全球化文化市场的形成，艺术的性质和存在方式生活形态化，甚至有人提出“艺术终结”的理论。近代独立的传统艺术开始呈现为具有生活形式感的审美文化，例如，并非完整作品的电视网络脱口秀话语加入作为语言文字艺术的文学。更重大的变化是互联网所代表的新媒介生长出已趋主流的电子文化。二是从环境到服饰、从外形到材质，现代消费中审美的比重空前增大，由于市场的作用，生产设计与商业竞争方向从实用功能转向审美功能。以上两方面构成技术美学日益发达的基础。三是在艺术批评模式上，出现了后结构主义、后殖民主义、女性主义、新历史主义等对形式主义批评的挑战，意识形态的社会内容借助文化中介转化为审美文化批评。总之，美学扬弃分析美学的形式主义、返回生活实践已成大势。

文化学转向的深远背景是对近代以来现代化与现代性模式的反省批判，东方传统文化成为这一批判反省的思想资源，西方美学在美学界占据主导地位的局面正在被不同民族、地域文化间对话的局面代替。这也是包括中国在内的非西方古典美学思想复兴的当代背景。

三、中国美学

当代术语的“中国美学”有三个历史与逻辑相结合的所指。一是指中国古典美学思想；二是指晚清以来中国引进的、作为近现代学科的美学，由于这一方向下的美学发端于对西方美学的移植应用，因而也可以被称作“美学在中国”；三是指基于中国传统美学思维与民族地域审美经验、自觉区别于西方的“中国美学”建设。

这三项所指相互融渗而不可分割：

中国古典美学思想研究不仅使用了“美学”这一外来术语，而且在这一近代学科观念下自觉探寻中国古典审美范畴术语及其联系与演变，由此所呈现的中国古典美学不可能仅仅是古代资料的复述，而必然包含现代人的生活处境与问题意识，这一现代性诠释学框架，使“美学”从以经史子集及其伦理为中心的大一统古代文化中剥离出来。

近现代中国美学属于中国传统学术及其教育现代转型的一个分支，与哲学、社会学、《马氏文通》开端的现代汉语语法等一样，属于区别于古代“旧学”的“新学”。这一文化现代性转型对应于社会存在的现代化转型。需要注意的是，中国近现代以来已经采用的近现代科学技术及其文明制度，不仅属于“西方”，而且也是中国的社会存在处境。正是基于社会生产方式运动的唯物史观，才不宜将西方美学与中国美学抽象对立，因为前者所对应的现代化社会存在及其现代性精神问题，已越来越成为中国自身的处境问题。

三种中国美学的具体内容概述如下：

1. 中国古典美学思想依托中国古代文化的主干儒道释。中国古典美学思想尽管拥有悠久而精微的文学艺术品鉴理论，但中国古代审美更普遍的形态，乃是沉积为日用生存状态的审美态度，而并非独立为专门化的艺术形态。其中，道家超脱的生存态度使其具有更为突出的审美意味；作为儒家中心的伦理，其礼仪形式感凝聚着历史悠久的审美蕴涵，其语默动静特别是人格举止的审美气象，是更具中国特色的审美对象；释家精致的意识结构为儒道提供了审美意识分析的架构、术语与逻辑，其中国化成果代表禅宗的禅意生活方式，则融入儒道传统的中国人日常生活，成为内在的审美气质。中国美学术语及其范畴，都需要基于上述精神方可捕捉与认识。收集与整理中国古代美学思想原始资料，是前提性、基础性工作。迄今最大规模的编纂成果是《中国历代美学文库》①。需要注意的是，保留着巫术传统的地方性民俗文化同时包含着绵延至今的中国古代审美文化内容，在反省现代性的当代背景下，它们作为“非物质文化遗产”已获得保护与发展。

2. 近代中国美学建设的代表人物，首先是将西方美学理论与中国审美精神结合诠释的王国维，这也是中国本土美学远超出学科知识介绍的深度开端。曾任教育总长与北京大学校长的蔡元培，在大学设置美学课程并倡导审美教育，成为中国美学教育制度建设的近代奠基人。20 世纪上半叶，朱光潜与宗白华是结合中国文化推广近现代美学的代表。就其社会影响与持续跨度而言，朱光潜成为“美学在中国”的代表。就立足中国传统思想创造性建设中国美学而言，宗白华对于与世界美学深度对话的未来中国美学更有代表意义。

现代中国美学的主流则是经由苏联传播的马克思主义美学。经过 20 世纪五六十年代美学大讨论与 80 年代的“美学热”讨论，以马克思主义“实践”为基石的学派成为影响最大的中国美学流派。

3. 当代中国美学呈现出超越上述中国主流美学的多元化趋势。其中，生态美学与个体生存美学对应于当代中国现代化转型处境；而基于全球化与民族精神、立足中国古典美学思想，重建“中国美学”已成为重要动向。值此“中西”分判高涨时代，需要思考的是，上述当代中国美学与西方美学的思想缠绕反而更加深入，其中，现象学与海德格尔存在论近乎一致地成为当代中国美学各派引用的西方理论资源，而这也正是继古代柏拉图、近代康德之后西方当代人文哲学的基础平台。这表明“中西”差异仍然拥有现代共同（或共通）旨趣，以生产与生活方式变迁为基础的“古今”，比倚重传统文化观念比较的“中西”居于更深层面。这也正是马克思主义美学的制高点。

四、马克思主义美学

作为全新揭示人类社会存在及其精神形态规律的唯物史观，对于美学具有两个方面的根本变革意义：首先，马克思的实践人学观使“感性学”的美学对“感性”的解释，超越了直观唯物论与先验唯心论的对立而获得现代基础。它“把感性世界理解为构成这一世界的个人的全部活生生的感性活动”②，从而把对象、现实、感性“当做感性的人的活动，当做实践去理解”③。构成审美活动关系的审美

① 叶朗总主编：《中国历代美学文库》，高等教育出版社 2003 年版。

② 《马克思恩格斯文集》第 1 卷，人民出版社 2009 年版，第 530 页。

③ 《马克思恩格斯文集》第 1 卷，人民出版社 2009 年版，第 499 页。

对象与审美意识由此获得了统一的根据。这一根据结束了神学及其对立面自然主义世界观对审美感性学的统治，从而使美学成为一门现代人文学科。其次，在此基础上，针对古典经济学将资本主义雇佣劳动视为人类永恒常态的“无批判的实证主义”，马克思以“美的劳动”代表人类劳动的本质特性，由此根本更新了美学原理。美的劳动观念依托现实生产方式的历史辩证运动，区别于无基础的空想社会主义与浪漫主义美学，从而成为科学社会主义扬弃资本主义雇佣劳动（异化劳动）的价值理想，并因此使美学在辩证唯物史观的价值观中占据着重要位置。基于生产方式现实基础的“美的劳动”的价值批判，贯穿了资本主义时代开端的现代化与现代性核心矛盾结构。因而马克思主义美学不能仅仅被视为一个流派，而更是迄今无法逾越的现代哲学美学制高点①。

基于马克思的哲学美学形成了马克思主义美学传统②：

首先，马克思主义美学基于生产—生活的现实审美眼光，远比囿于艺术对象的艺术哲学有根底。马克思对历史人物（如拿破仑及其侄子）事件的悲剧与喜剧性质的论述并非外在的审美范畴附会，而是从美学角度洞察生活的深刻独到理解，它同时成为一种直接解释生存现实的美学，并由此深化了艺术评论。马克思主义审美与艺术分析以历史哲学与社会批评的深度见长。

其次，以普列汉诺夫为代表的艺术起源于劳动的马克思主义艺术社会学与人类学，超出了艺术起源于自然环境的法国理论。以劳动为核心的审美社会起源论，成为马克思主义美学传入中国最早的理论，生活美学迄今仍是当代最为活跃的日常生活审美化与个体生存美学诸理论的深层基础理论。

再次，“经济基础—上层建筑”的社会结构揭示了审美与艺术的社会属性位置及功能。

马克思和恩格斯的美学观点集中体现于以下著作：马克思、恩格斯合著《德意志意识形态》，马克思《1844 年经济学哲学手稿》《关于费尔巴哈的提纲》《资本论》第一卷第三篇第五章“劳动过程”一节、《1857—1858 年经济学手稿》等，恩格斯《劳动在从猿到人转变过程中的作用》等。苏联里夫希茨主编的四卷本《马克思恩格斯论艺术》（中国社会科学出版社 1982—1985 年版）是马克思与

① 被当代各派中国美学一致关注的西方最重要的哲学家之一的海德格尔，曾这样评价马克思的现代地位：“因为马克思在体会到异化的时候深入到历史的本质性的一度中去了，所以马克思主义关于历史的观点比其余的历史学优越。但因为胡塞尔没有，据我看来萨特也没有在存在中认识到历史事物的本质性，所以现象学没有、存在主义也没有达到这样的一度中，在此一度中才有可能有资格和马克思主义交谈。”（《关于人道主义的书信》，孙周兴选编《海德格尔选集》上卷，上海三联书店 1996 年版，第 383 页）

② 马克思主义文艺理论或文艺美学是基于马克思主义哲学美学的另外相关学科论域，本书则主要叙述哲学美学。

恩格斯美学及文艺理论思想有深度的代表性选本。

第二节　美学研究的对象

美学与研究对象的关系，从哲学高度讲，也就是美学思维与审美存在的关系。但是英语 aesthetics 兼“美学”与“审美”二义，美学界也一直存在混用“美学”与“审美”的现象。因此有必要分梳：汉语“美学”之“学”标明美学是学科理论，而“审美”则是人类的一种特殊感受活动。尽管任何存在经验都不免概念命名，但这种命名仅是诉诸日常自明性朴素经验的能指符号，这个名称不应该是需要再度定义的更复杂的概念。恰当的命名既可以进入理论思维系统，又保持着存在经验超出命名的丰富意会。如何概括审美，不仅关系到美学的研究对象范围，也关系到对审美基础与中心的理解，不同的理解产生不同的美学理论。

一、美学研究对象的若干观点

1. 艺术

这是历史最为悠久影响也最大的关于美学研究对象的见解。其提法可以不同，或直接规定为“艺术哲学”，或认为艺术是审美活动的集中体现，美学主要经由研究艺术来研究审美等，但在这一观念指引下的美学分析，艺术都几乎成为唯一关注的对象。语义分析加艺术学实际成为西方分析美学主流模式①。

美学的确以艺术为重要对象，在许多时候还是作为主要研究对象。但美学研究艺术与艺术学研究艺术不同。艺术只有作为审美形态才进入美学的研究范围，而艺术系统中的非审美因素并不是美学的研究对象。艺术演变史中，它所兼有的认识、教育、宗教巫术等多种职能消长变迁甚多，有的时期甚至完全非审美化。所以，不能笼统说艺术是美学的对象，这夸大了美学的研究范围。另外，审美形态又不局限于艺术，还存在着自然美与社会美这类现实审美形态。因此，只说艺术是美学的对象，又缩小了美学研究的范围。

2. “美”

“美”缘“审美”及“美学”而来。但“美”并非一个严密规定的范畴。它不像科学中的人工语言（如“原子”“软件”等）那样有确定的外延与内涵。作

---

① 参阅［美］汤森德（Townsend，D.）：《美学导论》，王柯平等译，高等教育出版社 2005 年版。

为自然语言，“美”的外延与内涵有漫长的演变历史并至今仍然保留着这种多义性：“这幅油画真美”与“昨夜睡得真美”同为口语所允许，其涵义却明显有别。一个多义的“美”不宜作为美学研究对象的范畴术语。

如果将“美”理解为美学原理中广义的“美”即“审美的本质”或狭义的审美范畴即“优美”，虽然“美”获得了理论严密规定，但美学的研究对象却失去了存在地位而转化为美学理论范畴，美学与美学的研究对象成为美学自身范畴逻辑的循环：美学研究美学。何况“优美”不包括崇高等审美范畴。

如果认为作为美学范畴的“美”同时就是审美存在，那就把“美”视为实体存在，好像“碗”所对应的碗，“树”所对应的树，“美”对应着某种实体存在的“美”。后章讨论美的本质思想史时会介绍这一种观点，它是反本质主义已经终结了的一条错误的道路。

3. 审美经验

这个词基本相当于“审美意识”一词。前面已经提到，美学研究的对象从以美的本质问题为重心，转变到以审美经验为重心，这是现代西方美学的一大转折。这一转折的理论意向之一，是用主体的审美经验建构取代审美对象的客观性质。因此，“审美对象”一词虽还保留着，却已在很大程度上成为审美意识（即审美经验）的衍生物。这种削弱审美对象的客观性，同时也削弱审美经验的客观性，从而削弱整个审美活动客观规定性的主张，不能不导致美学研究对象的片面化。“审美经验”只有作为涵括审美意识与审美对象的“审美活动经验”才是美学的研究对象。

二、美学是研究审美活动的学科

在“审美活动”这一命名中，“审美”与“活动”都不是强化的美学范畴术语，而以其朴素的日常语用语义意指着人们可以直接意会到的存在经验领域。

进而言之，“审美活动”又以“活动”这一更为基础与本源的形态为“审美”奠基。“审美”之“审”静观性很强，但把一个现成的审美对象与观赏者主客二分格局视为自明的，这恰恰是未经反思的流行观念。第一章审美本质讨论将对之展开分析。作为基础性与本源性的审美在未曾与人类生活分离时，就是一种情调性的活动。即使作为独立形态的艺术，一个以舞蹈者肢体生理为中心的审美活动也比静态观赏舞蹈者的审美心理更为本源。

因此，以审美活动概括美学研究的对象是恰当的，前述各类美学研究的对象基于审美活动都可获得合理的涵摄定位：审美经验作为审美活动的经验才不再是审美意识一方的片面表达，艺术作为审美活动特定形态才具有审美集中代表性。对审美活动更深入的理解有赖于审美本质理论的指引。这也就是本书关于美学原理的基本内容与提纲线索具体如下。

审美的本质：是对审美活动的哲学抽象，它既是研究审美活动的逻辑出发点（详见审美本质一章引述马克思论科学研究方法），也是全部审美活动形态及其派生范畴内在统一的逻辑依据。

审美活动的构成：

审美活动
- 审美对象
- 审美意识

按照审美活动的存在领域，美学对象的范围可作如下勾勒：

审美活动
- 社会生活中的审美：社会美
- 自然环境中的审美：自然美
- 艺术形态的审美：艺术美
- 审美教育与修养：美育

按照审美活动形态类型又有如下审美范畴：

审美范畴
- 崇高
- 悲剧
- 喜剧
- 优美
- 丑

以上纲目指示了本书的基本内容及其内在结构。

第三节　美学的学科特性

美学的学科特性关乎对美学的功能意义与美学的研究方法等根本问题的内在规定。

一、美学是一门人文学科

迄今的人类知识（学术）形成了三大现代分类：近代物理学以来形成了以自然客体为对象的自然科学，19 世纪中叶产生了以社会客体为对象的社会科学，继后产生了以主体性的人为对象的人文科学。人文科学实质是以人生价值意义为中心并据之引导人生自我意识的学术类型。所谓“主体性的人”或“人生自我意识”都不能被主观化理解，它们融渗在从日常生活世界到自然科学与社会科学所涵括的全部人生活动中。“主体性”或“自我意识”是针对自然科学范式的客体化态度而言。其价值意义不能片面理解为人类自我中心立场：从古典人文观所说“天地之塞，吾其体。天地之帅，吾其性。民吾同胞，物吾与也”①，到将传统人际伦理观扩展为人—物亲善的现代生态伦理，恰恰是主体自我意识的更高境界。主客合一的审美境界同样代表着人作为自由追求的主体自我的极致状态。上述理解，是人文科学作为“人”文而非神性的一个基点。

以人生价值意义为中心的人文科学学术类型包含着不同角度的学科。18世纪独立命名的“美学”即是一门人文学科，它与以概念抽象思辨的哲学、行为价值规范理论的伦理学、人的培养理论的教育学……诸门人文学科共同构成了亲缘知识共同体的人文科学。反过来，人文科学理论对各门人文学科共通特性的概括，又成为各门人文学科的“元理论”亦即基础理论。

明确美学的人文学科特性，对于美学具有根本性意义。审美在根本上是人与主体性人的欣赏关系，因而不仅审美主体与审美对象是主体之间（主体际）的关系，而且美学研究审美也带有主体之间（主体际）关系性质。作为一门人文学科，美学对于研究对象的审美不是纯客观中立的自然科学态度，而需要起码的体验与认同。这一人文学科特性对于美学的研究对象与方法都具有根本导向意义。

二、美学是一门理论学科

在审美繁荣乃至泛化的现当代，美学往往被视为实用型学科，被要求解释具体的审美现象，甚至被要求参与商业制作。这类要求均有合理性。但是，美学解释审美现象的能力植根于美学的理论性。

美学的理论性主要体现为两方面：作为人文学科，美学并非自然科学式价值中立的客观剖析，而具有价值批判引导功能，美学对商业消费主义审美现象的批判即体现了这一特性。另一方面，美学特别是作为其骨骼的美的哲学，具有哲学深层思维的特性。上述价值与本质两方面共同体现着理论反思的品质。美学以对人生元价值代表之一的审美的理论反思，成为人生哲学不可或缺的基本组成部分。审美观重要地参与构成人生观。

美学的上述学科特性同时体现着美学的学科功能。

三、美学相邻学科

审美与人类生活具有根本性关系，因而人类生活的各个方面都渗透有审美的意味或情调。这使美学原则上可以与各门学科融渗，产生出分支学科，例如劳动美学、伦理美学、生态美学、广告美学、旅游美学等。但是，美学是基于独立传

① 《张载集》，章锡琛点校，中华书局1978年版，第62页。

统的一门独立学科，而不是两门或多门学科结合派生的交叉学科（例如物理学与生物学结合而产生的分子生物学）。美学与以下三门代表性相邻学科的比较，将进一步凸显并深化美学学科特性的涵义。

1. 美学与艺术学

文学（或艺术）专业的同学面临的直接困惑是：已经学过文学概论（或艺术概论），现在又学美学，它们的区别及联系何在？学习美学对于其他文学类课程如外国文学、古典文学的学习有什么帮助？

一些美学概论关于艺术的章节比重过大，不仅与艺术概论难以划清界限，而且与文学概论也有很多重复。这些现象与前述关于美学研究对象中以艺术取代审美的倾向有关。时至今日，无论是国内还是国外，无论美学界还是文艺学界，问题的主要倾向都是用艺术学（甚至是用文学概论）来取代美学。

尽管艺术美是审美的集中代表形态，但是，美学与艺术学既区别又联系才相得益彰。因此，这里着力辨析美学与艺术学的区别。

美学与艺术学的关系，借用形式逻辑术语表达，可称之为“交叉”关系：

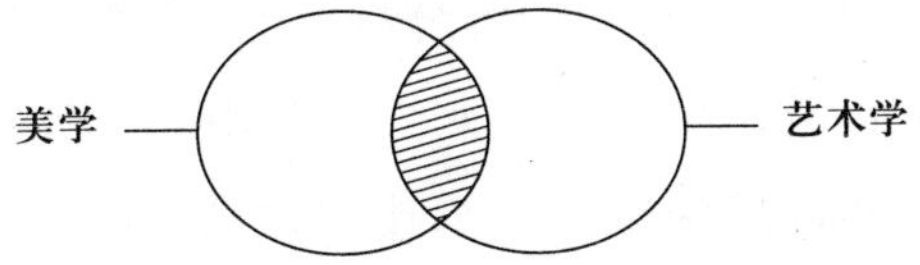

它们在不同的意义上与不同的范围内都以艺术为对象，在研究范围上有重合（阴影）部分，因此才发生了交叉关系。处于交叉关系中的美学与艺术学也有重要区别：

（1）二者各自研究的对象范围不同

前述关于美学研究对象的讨论中已经提及，美学不只研究艺术审美，还研究更为广泛的现实审美，这是美学外延大于艺术学之处。但是，美学不是研究艺术中的一切问题，而只研究其中与审美经验有关的部分，或者说，只研究作为审美形态的艺术，而非审美形态的艺术内容——以艺术创作为例，诸如文学概论中所讲的人物描写、外形描写、行动描写等，音乐理论中的对位法、配器法或美术理论中所讲的用笔等，一般而言，美学是不去研究的。① 美学不去也不可能（无能力）全面分析一件艺术品。这样，美学的外延又有小于艺术学之处。

与之相对，艺术学不研究现实审美，却研究与艺术有关系的一切：艺术品、艺术家、艺术欣赏、艺术创作等，以及艺术与非艺术在文化史上所发生的所有关系。

---

① 这并不排除在与审美经验有关的情况下，这些技术性理论也可能上升到美学高度而进入审美经验。故并非对象限制，而是研究目的与方法之限制。

（2）外延重合（交叉）部分二者研究的内容及方向不同

美学虽然研究艺术审美，但研究的基础和归宿都指向更为普遍的现实审美，它并不停留在更不能归结为艺术本身。艺术学研究艺术是对艺术作具体全面的研究，它始终不脱离艺术对象，从而不上升为对审美的普遍抽象。虽然审美是近代以来艺术的基本性质，但在艺术学研究中审美关系只是一条内在的指导线索，如同艺术不能作为独立的实体对象进入美学研究中一样，审美关系在艺术学中也不能外露为独立的对象，而必须从属于艺术的整体研究。就此而言，可以把美学与艺术学的关系理解为基础理论与应用学科的关系，就好像数学与统计学的关系一样。

举例说明。花间派词人韦庄有一首《思帝乡》词，其中有："陌上谁家年少，足风流。妾拟将身嫁与，一生休！"对此人们可以采取种种研究角度。说词作表现了唐代妇女的个性解放也行，说它反映了晚唐衰退期上层社会浮华浪荡、追求感官享受的颓唐没落风气也行。但这种着眼于发掘艺术作品具体历史内容的分析，基本不出社会学研究的范围，它实质上是将艺术纳入社会科学。这类在国内曾很流行的社会学分析往往被称作"思想内容分析"，它自有其价值，但是却把人文学科的艺术内容与社会科学的内容混为一谈了。如果我们说这首词以女主人公第一人称心理活动和观察眼光展开了描写、叙述和抒情，既富于艺术特色又很精练，这就成为写作分析，它属于艺术学研究。

以上两类研究有两点是共同的：词作中给予人感染力的审美意象及由此激发产生的审美经验都不是研究的中心对象；不对审美意象作哲理性抽象（社会科学内容的概括归纳不等于哲学抽象）。

现在，我们改换一下研究角度。我们专注体验词作的审美意象并反省自己的审美经验，就可以较为清楚地意识到，这首词作的审美特色正来自于一种奔放的热情和执著追求的决心气概。这一结论已经是抽象的结果，它超越了词作特定的题材内容和社会历史背景，因而它揭示并肯定性地评价了一种普遍的人生态度。韦庄原作所写的很可能只是一个少女择偶时的情诗，这一题材如此处理表现当然可以折射出某种社会历史背景，作为艺术品自有其手法技巧或上下沿革的艺术风格史内容。但是，不同时代、不同年龄性别、不同职业的读者所受到的审美感染并不来自上述内容，而来自那种"奔放的热情"和"执著追求的决心气概"。因为，这种"奔放的热情"和"执著追求的决心气概"属于实践行动中的人的主体性，它不仅存在于爱情中，也普遍地存在于任何择善固执，确定目标后矢志不移、献身无悔的行为中。这样，我们就从一首古典词作中汲取了世代奋斗不息的人类积极向上的感情力量，同时也说明解释了一种审美共鸣现象。回顾这一美学分析过程，其要点是：从紧贴自身审美经验感受出发寻找审美意象，力求使这一审美意象从特定的艺术品载体中剥离、凸显出来，成为中心研究对象；审美意象从特定的艺术载体（情节、事件、背景、技巧等）中独立产生出来的过程，同时就是摆脱就事论事，从个别走向普遍、从艺术审美推移向现实审美的哲理升华抽象。这里所谓的哲理抽象，不是把人抽象为概念符号，也不是抽象为物，而是相反，把审美对象中的种种外在事物现象汇聚、还原于实践活动的人。“事物只有通过它们对于人的命运关系，才能获得诗的生命”。①

下面是作为基础理论的美学与艺术学及其分类艺术理论关系图：

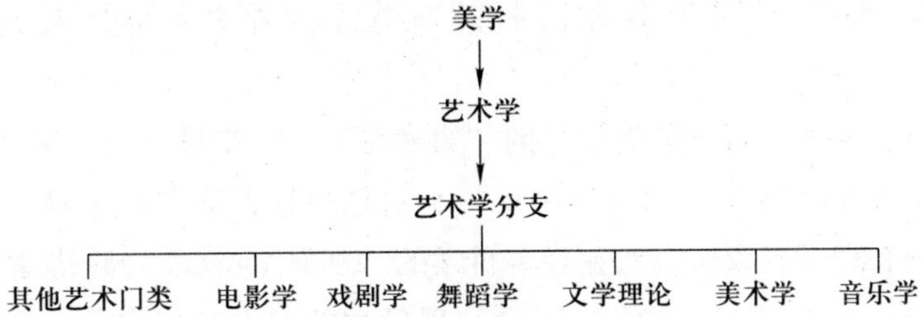

2. 美学与心理学

美学作为“感性学”与审美作为心理活动，特别是19世纪费希纳以心理学为基础重建“自下而上的美学”，都突出了心理学对于美学的重要意义。

心理学（以及神经生理学与脑科学）的发现成果，可以更加深入细致而确切地揭示审美活动的机制原理。例如格式塔②（完形）心理学，揭示出完整的知觉形式所蕴含的意义，从而对外界形式与心理知觉的情感反应作出了一种有心理科学依据的解释：“杨柳依依”从而不再是拟人象征的附会，纤细弯曲的形式甚至可以独立构成抽象艺术而获得“依依”的情调。此外，精神分析学派的深层心理学，追溯了民族文化象征符号的集体无意识原型，“心理距离”说指出了审美依托心理时空对现实利害的超脱……，19世纪以降，从“移情说”开始，美学依托某一心理学理论解释审美形成了一系列有成效的派别。作为在各自角度范围内有解释效用的工具，这些派别理论将在“审美活动经验”一章扼要介绍。

但是，心理学无力独立建立美学特别是美的哲学。一个根本的限定是，19世纪仿效自然科学建立的实验心理学，其研究目标与方法深刻受制于自然科学：人的心理机制归因还原于物质生理基础，完整的心理分化为不同角度、不同心理要素的客观对象研究。

---

① ［匈］卢卡契：《叙述与描写》，《卢卡契文学论文集》第1集，中国社会科学出版社1981年版，第66页。

② “格式塔”是德文“Gestalt”一词音译，是“形式”或“形状”的意思。

美学在三个方面与心理学深刻区别：

其一，心理学是对心理现象外在的观测，而美学立足于审美心理内在的体验。外在观测是主体对客体的关系，而内在体验却是主体与自己的关系。自然科学是主体研究自然客体的类型，社会科学是主体研究社会客体本身的类型，美学研究审美，则属于研究主体自我相关经验的人文科学类型。

其二，心理学只记录心理反应的生理—物理变量，并且只就心理规律客观说明。美学却要求理解审美心理，并势必伴随体验将研究者自身的精神经历带入心理对象而作出不同于客观说明的解释。因此，美学方法论也称作解释学。①

其三，心理学属于自然科学传统的“自然学”（“物理学”：“physics”）。但审美心理并不是对事物的认知或应用反应，而是超越上述关系的精神境界，因而美学具有超越心理学以及所有实在经验科学的“超”（meta）“物理学”（physics）的形而上学（metaphysics）特征。20世纪现象学的根本特性之一，即将心理学提升为形而上学，称之为真正的哲学。

美学所隶属的人文科学，其德文原词“Geisteswissenschaften”直译为“精神科学”，它表明美学是一门精神哲学。因此，将美学的发展寄托于心理学或脑科学未来的发现，就夸大了心理学对于美学的有限工具意义。

3. 美学与宗教学

审美与宗教有着深刻重大的关系。这首先并非指作为古代社会统治意识形态的宗教统摄审美的历史状况，这一历史至今给现代审美遗留了丰富的神话传说、人物故事、建筑艺术与装饰风格。

宗教与审美的特殊关系背景是现代性嬗变。所谓现代性（modernity），是与现代化（modernization）对应的人的精神特性，这是一个指向主体人性的人文科学概念；而现代化则是指社会经济政治等外在客观变化的社会科学概念。现代性的核心是面向未来的时间—历史心态②，由此衍生的一个代表性特性是理性化。德国社会学家马克斯·韦伯著名的判断是：现代社会“去魅”化了。现代性理性精神将古代社会的神秘权威崇拜消解、理性化了。然而，唯独审美保留其魅力。恰恰是在启蒙理性登台的18世纪，审美及美学、艺术及艺术学宣告独立。这一对比具有深意。在中国现代转型开端，蔡元培“以美育代宗教”代表性地昭示了这样的洞识：审美在一定程度上以现代性的人文精神转化并吸纳了宗教的信仰功能。

---

① 参阅［德］伽达默尔：《真理与方法》上卷第一部分，洪汉鼎译，上海译文出版社1999年版。

② 参阅［美］马泰·卡林内斯库《现代性的五副面孔》所附辞源学与思想史文献，顾爱彬等译，商务印书馆2002年版。

由于中国古代宗教自周以后伦理化，审美境界更成为中国传统文化信仰形态的支撑形态之一。审美从而成为从王国维到宗白华在现代中西文化比较中维护中国传统文化的重要基点。

以天主教神学家巴尔塔萨巨著《神学美学》为标志，“神学美学”的兴起已成为20世纪重要的美学动向。传统基督教以上帝“不可见”原则而反对将信仰对象感性化的“拜偶像”。20世纪神学美学却以耶稣十字架受难形象为中心，将审美感染与震撼作为进阶信仰的必由之路。这一逆转的神学动机是在宗教衰落时代借助审美的现代性影响支持宗教，但它恰恰表现出审美作为现代性信仰的特殊重要资源地位。“神学美学”客观上突出了审美升华信仰的现代性特性，同时呈现出美学收摄神学的现代性精神趋向。这与商业消费化的肉欲感性审美观念及其美学主张形成两极对比。

第四节 美学的研究方法

美学的研究方法并非简单给定的技术程序，而关系到美学所根据的哲学元理论，以及美学在与相邻学科的比较中所凸显的学科特性。在此基础上才能把握住美学研究方法论的根本原则。

一、区别于实证经验科学的哲学思维

自然科学是典型的实证经验科学。有关自然对象的经验可以通过实际验证揭示其原因和规律，这就是观察、猜测、实验与归纳的方法。实证经验科学无力研究超出特定经验条件或者缺乏相应实证手段的对象。例如，可以研究特定时空中的朝阳或夕阳，但是，作为无穷太阳现象经验背后的太阳存在本身，亦即不依赖特定时空条件或观察角度的太阳，人无法对之产生经验，也就无法实证研究。但人可以“思想”存在本身的太阳，这就是哲学思维。现代理论物理学有些内容就属于这类科学的哲学。近代哲学开始突出人与世界（包括人自身）所有经验关系的主体条件的研究。关于太阳存在的哲学思维，实质是衔接太阳经验科学的主体观念性准备。因此，哲学也被表述为“世界观”与“人生观”，其重心根基在于“观”，即关于“存在”的“思维方式”与“态度”。人对世界的关系态度包含认知、意志与情感三大类型，它们分别集中体现于科学观（注意：“科学观”≠“科学”）、伦理观与审美观。它们是“世界观”的基本组成。美学就是审美观的自觉理论形态。因此，美学是一种哲学思维。

美学的哲学思维性质首先体现在对审美本质的把握上，这要求遵循马克思从

抽象到具体的科学研究原则。这也是美学原理最抽象的部分。需要指出的是，美学历来因其哲学抽象性遭受批评。但学习美学原理并非通俗意义的审美欣赏，哲学思维的训练是必须的过程，在此基础上才会不仅提高理论素养，而且深化审美感受。

面对一朵玫瑰花，可以有三种态度：认知态度及其科学观规定人采用实验工具提炼出玫瑰精油以验证“香味”经验的来源；还可以以伦理方式把玫瑰作为赠送情侣的礼品；也可以沉浸在对玫瑰的审美欣赏中。对后者的解释亦即玫瑰之美，既无法以化学试剂或显微镜获得，也不能作为礼品追溯其人类学风俗，风俗即使作为外在因素强化支持着玫瑰之美，也并未深入到玫瑰之美本身。审美经验在此呈现为主体这样一种情感状态：它似乎谢绝任何理性的解说而沉默体验。美学所能做的，是对这一审美状态主体构成条件的反思或审美类型的概括（如“优美”范畴），甚至对这一审美状态在人生与世界观中的价值意义加以阐发。这些都是区别于（自然与社会）实证科学的哲学思维。

二、区别于纯思辨的人文体验描述

但是，美学作为哲学思维却并不等于纯思辨。所谓“思辨”，指脱离经验描述的纯概念逻辑运演。黑格尔理念的正—反—合逻辑学思辨，已蒸馏过主体意向性经验而呈现为抽象而客观的逻辑化概念体系。

美学（特别是美的哲学）在一定程度上伴随有审美体验的意向性描述。这也正是人文科学与纯思辨哲学的一项精微区别。人文科学的哲学思维（甚至思辨）保持着对精神体验的意向性目光。一般的心理感受区别于精神化体验：黑暗感区别于阴暗或神秘感、疼痛区别于痛苦、疲倦区别于厌倦、光亮也不等同于光明感……，后一序列是人类深层精微的精神现象，审美感即属于这类精神感受。它们既不能以自然科学方法进行实验分析，也不能以概念抽象概括。

20世纪初叶开始，人文科学与现象学同时发展出区别于实证心理学的哲学描述心理学方法，以呈现主体内在体验或意向视野中的精神现象。具有本质意义的细节表象与哲学本质性思维融合一体相互推进提升。避免概念化名词（特别是集合名词）的形容词与动词所描述的不仅是对象现象，同时也是主体意向体验心理：这也就是中国传统哲学美学所称的“意象”。美学乃至整个人文科学都重视吸收意象思维特性，即以意象形态描述把握研究对象进而概括、判断的方法论特性①。包括美学在内的人文科学各门学科，与研究对象因而具有一定程度上的介

① 参阅叶朗：《美在意象》，北京大学出版社2010年版。

人交融（而非客观中立）特征。以“憧憬”为例，对这一令抽象概括为难的精神形态可以如此描述性展示：清冽而略感凉意的清晨，面向青白泛红的晨曦，清纯的目光因向往与期待而放光。

对“玫瑰之美”则可以如此描述性概括：它是如此娇嫩柔弱，单纯至极的深红却蕴含着执著纯洁的气质。因而，它以人工无从复制的天然纯正香息，使人身心浸浴在高贵而质朴的优雅（优美）感中。

海德格尔关于凡·高画作《农鞋》的著名文字，可以视为现象学美学对艺术品描述性概括的一则典范：

“从鞋具磨损的内部那黑洞洞的敞口中，凝聚着劳动步履的艰辛。这硬梆梆、沉甸甸的破旧农鞋里，聚积着那寒风陡峭中迈动在一望无际的永远单调的田垅上的步履的坚韧和滞缓。鞋皮上粘着湿润而肥沃的泥土。暮色降临，这双鞋底在田野小径上踽踽而行。在这鞋具里，回响着大地无声的召唤，显示着大地对成熟的谷物的宁静的馈赠，表征着大地在冬闲的荒芜田野里朦胧的冬冥。这器具浸透着对面包的稳靠性的无怨无艾的焦虑，以及那战胜了贫困的无言的喜悦，隐含着分娩阵痛时的哆嗦，死亡逼近时的战栗。这器具属于大地，它在农妇的世界里得到保存。”①

悠久的主客二分的认识论传统是西方人文科学与现象学转变的深重阻力，但缺乏这种传统（从而也缺乏近代自然科学文化背景）的中国传统文化却天然保持着人文体验描述的特性。以司空图《二十四诗品》为例，这部著作对二十四种审美风格的把握表述，是概念定义无力做到的，但它描述与概括得如此真切。真切，也就是切入本质特性。“雄浑”与“豪放”这两种类似的风格与审美范畴，被精微准确地描述与区分开来。

雄浑：“大用外腓，真体内充。返虚入浑，积健为雄。具备万物，横绝太空。荒荒油云，寥寥长风。超以象外，得其环中。持之非强，来之无穷。”

豪放：“观花匪禁，吞吐大荒。由道返气，处得以狂。天风浪浪，海山苍苍。真力弥满，万象在旁。前招三辰，后引凤凰。晓策六鳌，濯足扶桑。”②

正是在这种意象思维的基础上，才凝聚形成了中国传统美学“意境”“意味”“情境”“气象”等一系列本质直观特性的范畴术语。

上述美学研究方法特性表明，美学不仅要求哲学思维的思辨力，而且要求审美乃至所有精神经验的敏锐体验，这二者结合所形成的意象思维运动，是基于内

① ［德］海德格尔：《艺术作品的本源》，孙周兴选编：《海德格尔选集》上卷，上海三联书店1996年版，第254页。

② （唐）司空图：《诗品》，郭绍虞主编、王文生副主编：《中国历代文论选》第2册，上海古籍出版社1979年版，第203、205页。

在体验对所“看”（直观）到的审美本质的描述性概括。

思考题：

1. 试对一件艺术品作艺术学与美学的不同分析。
2. 描述自己的一例审美体验。结合上述思考练习，请回答：

（1）美学的学科对象是什么？

（2）美学学习的方法特性有哪些要点？

▶ 本章小结与回答示例

第一章　审美的本质

审美的本质是美学原理解释审美活动及其经验的第一原理。美学关于审美活动的起源以及审美对象与审美主体分化后对立统一关系的理解，审美活动抽象为形式美并在人类不同领域形成社会美、自然美与艺术美，审美活动类型化为崇高、悲剧、喜剧、优美等范畴……，美学原理各个部分都应有内在而且统一连贯的根据，这个根据就是审美的本质理论。审美的本质是对混沌的审美现象的哲学抽象，它反过来综合演绎出具有内在规定关系的审美形态范畴。

20 世纪之后的西方美学已鲜见对审美活动系统而且逻辑一贯的原理性表述。当代西方美学大多围绕各个相对独立的审美论题编辑美学史诸派理论，而近于美学专题史；或者以美学关键词的语言分析加艺术学，而近于艺术学。是否可能以及如何研究与表述审美本质，已是事关美学原理根基的前沿重大学科理论课题①。

第一节　关于审美本质的探讨历程

本节的述评着眼于代表性观点，以之勾勒出思想史的规律性轨迹。更详细的有关史料可参阅美学史教材。

一、西方思想史中关于审美本质的论述

毕达哥拉斯学派对音乐的数学结构（如八度音程）的发现，根源于对宇宙万物与灵魂本质的理解，数学的比例升华为“和谐”这一最普遍的规律。其审美本质从属于宇宙观。

柏拉图《大希庇阿斯篇》罗列形态各异的“美的事物”（从小姐到马、陶罐等），追问与之有别的“美本身”，是美学思想史上首次专题讨论审美本质的文献。柏拉图提出，“美本身”与“美的事物”不一样，“这美本身，加到任何一件事物上面，就使那件事物成其为美，不管它是一块石头，一块木头，一个人，一个神，一个动作，还是一门学问”②。“美本身”是使一切事物成其为美的共同本质。因此，对“美本身”的提问和寻找，就是对审美本质的追寻。黑格尔因此称赞柏拉

① 消解原理已成为当代人文与社会科学的国际性危机。反省与转变已经开始。世界社会科学论坛（World Social Science Forum 2013）的总结结论是：“数字时代人文社会科学发展的关键是从碎片化走向学科整合。”

② 马奇主编：《西方美学史资料选编》上卷，上海人民出版社 1987 年版，第 13 页。

图说："柏拉图是第一个对哲学研究提出更深刻的要求的人，他要求哲学对于现象（事物）应该认识的不是它们的特殊性而是它们的普遍性。"①

需要注意的是，柏拉图哲学核心根据的"ιδεα"（idea）虽然包含着后世所归结的逻辑概念性质，但并不是抽象的概念，而是可以精神直观（"看"）的存在实体。朱光潜因此译作"理式"。② 也就是说，在古希腊感知方式的背景下，审美本质的"美本身"是可以直观体验到的完美存在实体。20 世纪现象学也肯定对抽象的普遍性概念（如"红"）可以有"本质直观"。③ 但"美本身"永远比"美的事物"更"完善"。

亚里士多德以"如何存在"（"怎样""怎是"）回答"存在是什么"："每一事物的本身与其怎是并非偶然相同而是实际合一的。"④ 因此，"美本身"体现为"美的事物"属性亦即"美的主要形式'秩序，匀称与明确'"⑤。从亚里士多德开始，"存在"（即系词"是"）转化落实为"存在"是"怎样"的实体"存在者"宾词。"秩序、匀称与明确"这些事物具体属性范畴的宾词从此承担了"美本身"的"存在"。这也就是审美对象的本质（希腊词 ousiα）。亚里士多德的转折意义重大，包括海德格尔在内的现当代思想及其争论均要回溯这一转折点。

古罗马普洛丁却将重心从"美的事物"属性重新返回高于其上的"美本身"："美与其说在对称本身，还不如说在通过这对称而放射出光辉来的某种因素，……否则为什么活人的面孔上显出更多的美的光辉，而死人的面孔尽管原形还未腐损，却只剩下很少的美的遗痕呢?"⑥ "光辉"系"神"所"放射"，柏拉图的"理式"实体由此神学化。

英国经验派逆转了此前关注审美对象的目光，审美对象不再是审美本质思考的前提，相反地却是审美主体的派生物。休谟认为："美并不是事物本身里的一种性质。它只存在于观赏者的心里，每一个人心见出一种不同的美。这个人觉得丑，另一个人可能觉得美。每个人应该默认他自己的感觉，也应该不要求支配旁人的感觉。要想寻求实在的美或实在的丑，就象想要确定实在的甜与实在的苦一样，

---

① ［德］黑格尔：《美学》第 1 卷，朱光潜译，商务印书馆 1979 年版，第 27 页。

② 参阅《柏拉图文艺对话集》，朱光潜译，人民文学出版社 1963 年版，第 339 页。

③ 参阅［德］胡塞尔：《现象学的观念》，倪梁康译，上海译文出版社 1986 年版，第 49—50 页。

④ ［古希腊］亚里士多德：《形而上学》，吴寿彭译，商务印书馆 1959 年版，第 134 页。这段话更直白的译文即"每一事物的存在本身与其如何存在必然实际上是一回事"。西方哲学的"存在"同时是语言学中的系词"是"。

⑤ ［古希腊］亚里士多德：《形而上学》，吴寿彭译，商务印书馆 1959 年版，第 265—266 页。

⑥ ［古罗马］普洛丁：《九卷书》第六部分卷七第 22 节，朱光潜译，见北京大学哲学系美学教研室编：《西方美学家论美和美感》，商务印书馆 1980 年版，第 59 页。

是一种徒劳无益的探讨。"[①] 审美本质不仅心理化而且主观化、相对化了，甚至审美本质由于失去了客观标准而不再具有重要性。这一切都与柏拉图美学观对立，并且成为20世纪以降现代西方美学的主流先驱。

康德将休谟的主观心理经验审美观转变为主体审美心理结构论[②]：审美是人性的一种能力；审美能力的稳定可靠（普遍必然）性基于人性主体性的心理结构；审美的心理结构特性在于审美既区别又融合认知与意志而呈现的自由感；审美自由感是人性自由本质的象征体验。

康德的审美心理结构论是静态的剖析，黑格尔使之进入更高本体"理念"的思辨逻辑运动"历史"中，审美本质在于"理念的感性显现"。[③] 这一定义仍然是"本体存在""感性"化（"呈现"，可以感知或想象其存在样态）的传统模式。但是，"理念"空前（亦绝后）思辨化了。

恰是思辨性"理念"成为20世纪分析哲学质疑与消解的对象，并因而牵累到审美本质。分析哲学以自然科学知识为范型，强调命题定义有其经验世界对应的图像，因而需要后者的证实。这也就是前述亚里士多德以来的思路：事物的具体属性可以被感知经验，从而可以抽象为代表这些属性本质的概念或命题。但"理念"却是不能证实的"伪专名"（"空类"）。推而广之，一切没有对应个别事物的概括性名词（从"美"到"正义""能量""颜色"），如果不能分解转化为最具体的经验，反而坚持自己本身就是实体存在，甚至在"本质"观念下强调自己是比真实的个别事物更重要的存在（如说"水果"这个集合名词比手中一个真实的苹果更真实），这种现代柏拉图主义态度观念就被称作"本质主义"[④]。反本质主义遂兴起为时潮。审美本质理论（追问"美本身"）被视为本质主义的"伪问题"。

然而，依据自然科学概念的反本质主义并不适于伦理学、美学等人文学科。图像论的逻辑语义学后来自身也转变为尊重日常语用的语言观。这意味着一个词即使不能直接定义，但只要拥有日常语用经验，就有其虽然抽象却是必要的本质统摄现象的功能。例如，"太阳"作为一颗恒星，人类只能使用特定器官、工具（如眼睛、望远镜）在特定时间与空间限制下看到它，由此获得泰山朝阳、好望

---

① ［英］休谟：《论文集》卷1，朱光潜译，见北京大学哲学系美学教研室编：《西方美学家论美和美感》，商务印书馆1980年版，第108页。

② "主观"是相对于"客观"而言，而"主体"则是具有客观规定性的能动存在，相对于"客体"而言。

③ ［德］黑格尔：《美学》第1卷，朱光潜译，商务印书馆1979年版，第142页。

④ 参阅［英］卡尔·波普：《历史决定论的贫困》，杜汝楫、邱仁宗译，华夏出版社1987年版，第21页。

角烈日、北极极光等不同的“太阳现象”，却永远不可能获得无条件的“太阳本身”的经验。尽管如此，人类并未将形形色色的“太阳现象”视为不相干的存在，而通过“太阳”这一本质概念获得统摄。分析哲学奠基石之一的“摹状词”(description) 理论与审美本质理论并非不相容。摹状词用对象属性的一组描述短语替代抽象概括名词，它特别适合于表述心灵精神观念①。例如，“爱情”无法像“麻雀”一样严格定义，但在恋人的抒情中却获得“摹状”而拥有了真实正当的所指内涵。“美”必须如同“太阳本身”统摄“太阳现象”一样保持对“美的现象”的本质统一语用，即使从分析哲学的消极立场看，“美的本质”也是一个可以描述性意向定位的“摹状词”。从而，前述亚里士多德以属性宾词化解并承担理念名词的本质论仍然正当有效。康德在论证“审美理念”时恰好也使用了“摹状词”(德文 Attribute)：“我把审美［感性］理念理解为想象力的那样一种表象，它引起很多的思考，却没有任何一个确定的观念、也就是概念能够适合于它，……我们可以把想像力的这样一类表象称之为理念：这部分是由于它们至少在努力追求某种超出经验界限之外而存在的东西，因而试图接近于对理性概念（智性的理念）的某种体现，……有些形式并不构成一个给予概念本身的体现，而只是作为想像力的附带的表象表达着与此概念相联结的后果及这概念与另一些表象的亲缘关系，我们把这些形式称之为一个对象的（审美的）摹状词，……这些表象让人思考比我们在一个通过语词来规定的概念中所能表达的更多的东西；它们还提供某种审美理念［感性理念］，它取代逻辑的体现而服务于那个理性理念。”②

后来海德格尔对凡·高画作《农鞋》的现象学描述，被视为海氏追问“存在”方式转折的代表性文字，这在一定意义上也是“摹状词”方法的积极体现。

以柏拉图开端的审美本质求索自始即指向目的论最高价值的“善”，而并非纯认识论的表象抽象，因而，更为根本的并非表述审美本质的方式，而是是否还有能力追求审美经验所指向的更高理想境界。20 世纪消解审美本质思潮表明，这是一个缺乏甚至贬抑理想的时代。

二、中国思想史中关于审美本质的论述

逻辑概念定义并非中国传统思想所长。然而，中国传统美学思想尽管流派众

① 参阅［英］罗素：《论指谓》，牟博译，涂纪亮主编：《语言哲学名著选辑》，生活·读书·新知三联书店 1988 年版。

② ［德］康德：《判断力批判》，邓晓芒译，人民出版社 2002 年版，第 158—160 页。引文中“摹状词”原译为“象征”，但译者注释原义为“摹状词”。此改动依从宗白华译本与拉丁文辞源 Attributum（属性）。

多，目光却一致投向作为审美本质的“美本身”而非审美表象。尽管其关键词并非抽象概念，而恰恰是熔铸审美表象的本质性术语。这些不同角度的形象表述，从“道”“气”“象”“味”到“意象”“意境”“风骨”“气韵”，可以视为“情景交融”的系列“意象”。“意象”及其各有侧重的主客融合审美范畴，呈现了中国文化视野中的审美本质及其特性。

以儒家伦理文化为主干的中国传统文化以“人品”为中心，因而“中国美学竟是出发于‘人物品藻’之美学。美的概念、范畴、形容词，发源于人格美的评赏。”① 孟子说：“充实之谓美，充实而有光辉之谓大。”② “美”是人内在修养的自然呈现，而不是外在装饰。孟子把人格修养进一步感性化为“善养吾浩然之气”，“气”因此成为伦理转化为“充实”之美的本质范畴。“有气方有象”③，“气”之“充实”乃至“光辉”，即外化为“气象”。“气象”自宋代开始成为流行的人格美品评术语（往往与“胸次”联用）。孔子对曾点审美生活的向往流行为经典性的“曾点气象”，“气象”成为诗词品评的流行审美范畴。由于“气”不仅基于人格伦理修养，而且成为通往宇宙本体之“天”，因而“气象”直接显示了审美表象的审美本体根源。

道家比儒家以更为尖锐的方式强化着“道”对审美表象的本体意义。“道”虽“似万物之宗”④，却必须以消解具形物象的“无”体现其无限性。“大象无形”⑤，“天地有大美而不言”⑥，体现其人格美的典型是“光而不耀”⑦ 之内敛拙朴的“圣人”与“至人”，它与孟子“充实”之美同样显示着审美本质之“美本身”对美的表象的超越批判性：“五色令人目盲，五音令人耳聋”。⑧ “信言不美，美言不信”⑨，“恬淡为上，胜而不美”⑩。“大象”也就是保持着对有限形象灵动超越的“象罔”⑪。

意象对感性表象的超越与区别，由此成为中国传统美学的基本方向。佛教“境界”观念更支撑强化了这一方向，唐代成熟的“象外”之“境”亦即“意境”，比“意象”更完整地呈现出一个区别于现实世界的审美世界。汉语“意境”

---

① 宗白华：《美学散步》，上海人民出版社1981年版，第178页。
② 《孟子·尽心下》。
③ 《张载集》，章锡琛点校，中华书局1978年版，第231页。
④ 《老子》第四章。
⑤ 《老子》第四十一章。
⑥ 《庄子·知北游》。
⑦ 《老子》第五十八章。
⑧ 《老子》第十二章。
⑨ 《老子》第八十一章。
⑩ 《老子》第三十一章。
⑪ 《庄子·天地》。

比柏拉图的“美本身”之“理式”更为整体，也具有比认识论更为直观的存在论状态。

第二节 马克思的“美的规律”思想

马克思将审美的本质归结于自由的劳动。

自由的劳动是对资本主义雇佣劳动的价值论批判，马克思称后者为异化劳动。自由的劳动则是人性自我肯定的方式：“正是在改造对象世界的过程中，人才真正地证明自己是类存在物。这种生产是人的能动的类生活。通过这种生产，自然界才表现为他的作品和他的现实。因此，劳动的对象是人的类生活的对象化：人不仅像在意识中那样在精神上使自己二重化，而且能动地、现实地使自己二重化，从而在他所创造的世界中直观自身。”① 这段话包含着两个观点：

1. 劳动改造世界是人的自由能动本质的对象化，因而人的自由本质必须依托于劳动。

2. 与传统意识哲学精神对象化不同，人首先是通过物质生产活动对象化自身。从而有“现实地使自己二重化”与意识中“在精神上使自己二重化”两种直观自身的形态。这一区分对于美学极为重要，它提供了艺术哲学传统视野之外的现实审美观念，以及现实审美与艺术审美相互关系理解的基本框架。以劳动为基础的人类生活普遍而必然的审美性质由此揭示。这也是日常生活审美化与艺术生活化，以及区别于意识哲学的身体美学诸种当代美学趋势的基础根据。

作为人的本质的劳动需要在与动物式劳动区别对比中获得哲学人类学规定：“通过实践创造对象世界，改造无机界，人证明自己是有意识的类存在物，就是说是这样一种存在物，它把类看做自己的本质，或者说把自身看做类存在物。诚然，动物也生产。动物为自己营造巢穴或住所，如蜜蜂、海狸、蚂蚁等。但是，动物只生产它自己或它的幼仔所直接需要的东西；动物的生产是片面的，而人的生产是全面的；动物只是在直接的肉体需要的支配下生产，而人甚至不受肉体需要的影响也进行生产，并且只有不受这种需要的影响才进行真正的生产；动物只生产自身，而人再生产整个自然界；动物的产品直接属于它的肉体，而人则自由地面对自己的产品。动物只是按照它所属的那个种的尺度和需要来构造，而人却懂得按照任何一个种的尺度来进行生产，并且懂得处处都把固有的尺度运用于对象；

---

① 《马克思恩格斯文集》第1卷，人民出版社2009年版，第163页。

因此，人也按照美的规律来构造。”①

泛义的“劳动”（“生产”）是“内在尺度”（需求目的）与“外在尺度”（对象环境规律）寻求统一达成实现的活动。动物式“生产”不仅是本能无自觉意识的，而且只是觅食藏身需求与特定环境规律单一统一方式（或奔跑或飞翔或打洞或造巢）的活动。人类的劳动却由于超越了动物式生存需求与单一特定活动方式而呈现为自由的活动。需要注意的是人类性劳动超越动物式“生产”的自由性质基于一系列全称副词：“任何”“处处”“全面”“整个”……而根据概率论，对世界有所主张的任何全称陈述的概率等于零。概率等于零的全称陈述永远不会终结于特定现实，但正如歌德所说：“十全十美是上天的尺度，而要达到十全十美的这种愿望，则是人类的尺度。”② 自由需要无限超越限定性。这类同于美学史上以不同名称表述的神性维度的本体性理念。但马克思这一本体理念基于人类自身特性的劳动，因而成为关于审美境界最具人类学根基的表述。

作为与动物式劳动相区别的人类劳动一系列对比结语，“按照美的规律来构造”就是体现人的本质的自由劳动。“美的规律”—“自由劳动”—“人的本质”三个概念三位一体。“自由”是对以动物式活动为原型的现实谋生劳动的超越。这种超越敞开为无限性。“按照美的规律来构造”是将劳动定向于超越动物性活动的自由方向中。只有在“美的规律”所昭示的自由劳动方向中，人的劳动才是人的劳动。

这里要注意的是“美的规律”所代表的自由劳动与现实劳动的辩证关系：自由劳动是劳动的理想形态（或者用中国古典美学术语说，“美的劳动”是现实劳动的自由意象），而并非有限的具体劳动。因此，劳动对象化之美并非说有限的具体劳动及其产品本身即是美；但是，每一有限的劳动均可能依托美的规律的自由劳动超越而显示无限性的自由境界（“显示”并非“等于”），从而升华自身的意义。这也是对黑格尔“美是理念的感性显现”的劳动实践论置换。

人的自由本质的无限性必须依托有限而现实的具体劳动对象化，对象化却并非意味着无限的人的自由本质就此穷尽于这一有限的特定劳动中，而恰恰体现于突破有限劳动的无限创新进程中。人类文明史及其趋势证明着马克思这一自由劳动信念：石器、陶器、弓箭、青铜器、铁器、蒸汽机、电器、微电子、人工智能……每一特定劳动都是人的自由劳动的对象化足迹，但人的自由劳动却从未停滞于特定实体劳动形态，而是面向未来无限自我超越的不确定的X，它“不能从过

① 《马克思恩格斯文集》第1卷，人民出版社2009年版，第162—163页。
② 《歌德的格言和感想集》，程代熙、张惠民译，中国社会科学出版社1982年版，第61页。

去，而只能从未来汲取自己的诗情”。① 马克思基于现实劳动并面向未来的立场，标明了马克思美学思想的现代性，从而与其他逃避现实生存的审美乌托邦区别开来。

“美的规律”同时集中体现着人的本质及其劳动的理想性。马克思的审美本质观从而指向以劳动为原型的理想人性。“审美”与“人的本质”，以及与之相关意义上的“劳动”及“对象化”，都因此具有哲学价值本体论性质，而不能视之为实体经验范畴，马克思的审美本质观因而不属于分析哲学所批判的理念实体论的本质主义。由此也避免了将特定的实体劳动或人的活动等同于人的本质对象化的流行误解，如以“杂货铺不是美术馆”质疑劳动对象化的美学意义。再例如，犯罪得逞，犯罪者虽属自然科学科目的人类，却不代表“人的本质”（而被日常用语斥为“禽兽”）；完成犯罪，也并非善良意志的行动“对象化”（而被称为“得逞”）。这些语用都是高度价值论的而非中性表述。

“美的规律”所指向的自由劳动并非青年马克思的形而上学思辨，而属于社会化与历史性的现实生成运动，也是贯穿马克思主义创始人终生的一个基本思想。“美的规律”超越单一动物式“生产”的自由劳动理想，成为渗透分工、经济、个体自由与社会组织、历史进程的价值理想，从多种角度丰富着其意义：共产主义理想社会中劳动将不再屈从于强制性分工或为谋生而终生束缚于单一职业，而成为上午打猎、下午捕鱼、黄昏哲学思考的个性潜能全面施展②；这一个体自由并非浪漫主义与空想社会主义的主观选择，而基于资本主义社会必要劳动时间历史积累所解放出的自由时间：“那时，财富的尺度［Ⅶ-4］决不再是劳动时间，而是可以自由支配的时间”。③ “于是，以交换价值为基础的生产便会崩溃，……个性得到自由发展，因此，并不是为了获得剩余劳动而缩减必要劳动时间，而是直接把社会必要劳动缩减到最低限度，那时，与此相适应，由于给所有的人腾出了时间和创造了手段，个人会在艺术、科学等等方面得到发展。”④ 占据马克思主义核心价值目标的“人的全面发展”观，深刻对应的正是审美的特性：“创造着具有人的本质的这种全部丰富性的人，创造着具有丰富的、全面而深刻的感觉的人”⑤。从《共产党宣言》到《资本论》几乎逐字重申的共产主义的定义——

---

① 《马克思恩格斯文集》第 2 卷，人民出版社 2009 年版，第 473 页。马克思原文是针对乞灵历史的波拿巴而强调无产阶级社会运动面向未来的特性，这一时间-历史定向不仅是对“美的规律”劳动这一哲学表述的历史社会形态印证，而且关键地表明了马克思主义的现代性。“现代性”的核心即面向未来的时间—历史观。

② 参阅《马克思恩格斯全集》第 3 卷，人民出版社 1960 年版，第 37 页。

③ 《马克思恩格斯文集》第 8 卷，人民出版社 2009 年版，第 200 页。

④ 《马克思恩格斯文集》第 8 卷，人民出版社 2009 年版，第 197 页。

⑤ 《马克思恩格斯文集》第 1 卷，人民出版社 2009 年版，第 192 页。

“每一个个人的全面而自由的发展为基本原则的社会形式”①，成为“美的规律”亦即超越单一向度的自由劳动的社会形态展示。

第三节 审美的本质

一、探讨审美本质的若干原则

参考前述美学思想史，可以确定以下有关审美本质探讨原则：

1. 对审美本质的探讨是美学思想史的首要传统。对审美现象深层根据的探讨与表述，是美学思想中心。

2. 审美本质并非经验科学的实体对象或纯认识论对象，而属于精神哲学范畴并具有价值理想性。中外思想史关于审美本质的探讨及表述虽然具有历史性与地域民族文化特性，但都力图从哲学普遍必然性高度概括审美本质。这些观点尽管其审美本质所指内容不同，但其语用用法却显示出维特根斯坦所说的“家族相似”(family resemblances)。因此，美学史上不同的审美本质观具有丰富与互相补充这一论域的积极意义。既不能妄称发现了永恒不变的审美本质，而必须持历史发展与开放的态度，又不能断言这一人类思想数千年耕耘的领域为无意义的假问题，而要立足于本时代新视野参与诠释。美学原理实质即依据审美本质观贯通解释审美活动的哲学美学。审美本质是对审美活动根本性质的抽象，美学不能停留于对纷杂具体的审美现象的表象解释，也不能分裂为相互孤立而缺少统一关系的论丛式导论。只有经由审美本质的抽象，美学才能内在统一地整体把握审美现象的根源、构成及其社会功能。马克思称这种由“抽象”作为逻辑出发点的道路是正确的科学研究方法，它是“思维用来掌握具体、把它当做一个精神上的具体再现出来的方式”。② 美学全部范畴概念都是以审美本质为最终根据的“精神上的具体再现”，这些范畴概念之所以有机统一于美学原理整体而非外在拼凑，端赖于审美本质这一逻辑出发点。

3. 审美本质是包括审美对象与审美意识在内的整体审美活动经验的本质，对审美对象或审美意识各自本质的单一追溯，必然要返回双方关联一体的审美活动本质。这同时意味着审美活动体验优先于主客二分后的审美静观。体验性也正是中国传统美学的一个基点。

4. 活动的人类学原型是劳动以及比劳动更广泛形态的实践，以劳动为核心的

---

① 《马克思恩格斯文集》第5卷，人民出版社2009年版，第683页。

② 《马克思恩格斯文集》第8卷，人民出版社2009年版，第25页。

实践及其结构成为探讨审美本质的基础与出发点。

以生产使用价值为目的的具体劳动本身并非审美，为什么要从非审美的劳动中寻找审美的本质？囿于审美表象的所谓纯粹美学，所揭示的往往是审美经验业已专门化的艺术学规律，或特定适用范围的形式美规律（如形式美一章所介绍的著名的黄金分割率）与心理经验模式（如审美经验一章所介绍的诸多小理论），远未抵达深层支配它们的母体根源。作为人类生活母体的劳动则孕含着人类全部精神形态的普遍必然性与功能必要性①。这里需要注意的是，多数美学均接受劳动及其技术对于审美的文化人类学前提条件、基础意义，艺术人类学已积累了大量劳动与审美密切关系的实证经验研究，但这类研究基本局限于劳动与审美的外在条件关系。例如，“游戏说”与“摹仿说”揭示出儿童摹仿捕猎游戏对于未来捕猎劳动预演训练的实用条件意义，但是，游戏及其摹仿培养的审美形式感对于捕猎劳动本身的哲学人类学提升意义并未得到揭示②。马克思“美的规律”思想远超出一般艺术人类学与具有实用经验性劳动美学的深邃之处在于，它是从哲学人类学本体高度规定人类性劳动区别于动物式“生产”的分界定向：审美对于人类代表性活动的劳动并非外在条件或枝节功能，而具有普遍的必然性与根本的引导性。审美在人类学的劳动中的普遍必然性与根本价值功能，才是审美本质的根源所在。

当代西方美学的前沿转向，也印证着上述马克思主义美学基点。伽达默尔（又译加达默尔）依据海德格尔的存在论，批评近代以来纯审美的“审美区分”，这种区分于生活的纯审美“撇开了一部作品作为其原始生命关系而生根于其中的一切东西，撇开了一部作品存在于其中并在其中获得其意义的一切宗教的或世俗的影响”③；“所以作品通过‘审美区分’也就丧失了它所属的地盘与世界”④。因而主张立足生存世界确定审美意义的“审美无区分”美学⑤，亦即返回人类生存层面的审美观。当代西方美学最新的文化转向，其代表内容，无论是从纯艺术回到技术、从形式分析回到生活美学，还是从静观的感性意识论回到体验性的身体美学，都需要经由技术、生活与身体回溯其实践根基。海德格尔对古希腊“生产”（希腊词 poiesis）与技术—艺术统一性的诠释、杜威实用主义与操作主义的复兴，以及麦克卢汉为电子

---

① 马克思：“工艺学揭示出人对自然的能动关系，人的生活的直接生产过程，从而人的社会生活关系和由此产生的精神观念的直接生产过程。”（《马克思恩格斯文集》第 5 卷，人民出版社 2009 年版，第 429 页）

② 与席勒的名言比较即可见出差距：“只有当人是完整意义上的人时，他才游戏；而只有当人在游戏时，他才是完整的人。”（［德］弗里德里希·席勒：《审美教育书简》，张玉能译，译林出版社 2009 年版，第 48 页）

③ ［德］加达默尔：《真理与方法》上卷，洪汉鼎译，上海译文出版社 1999 年版，第 109 页。

④ ［德］加达默尔：《真理与方法》上卷，洪汉鼎译，上海译文出版社 1999 年版，第 112 页。

⑤ ［德］加达默尔：《真理与方法》上卷，洪汉鼎译，上海译文出版社 1999 年版，第 151 页。

媒介文化奠基的“媒介即讯息”与“媒介即人的延伸”，成为西方美学上述转向的哲学基础。但这些理论恰恰突出了马克思实践论的论域，而实践论远比实用操作主义更具本体深度，也比海德格尔神学渊源的存在论更具现实根基，麦克卢汉基于媒介技术揭示当代人类感知方式生成机制，则是马克思劳动工艺本体论的现代延伸运用。马克思主义美学在当代美学复兴中占据着原理制高点。

二、审美本质及其逻辑

目的与规律相统一是人类学本体的劳动结构。由于劳动不仅是人与物的关系（生产力），而且是人与人的关系（生产关系及社会关系），同时包括人与自我的关系（反思与评价活动目的意义），因而目的与规律关系同时涵括了全部人类行为结构[①]。审美在这一结构中有其源初的位置。这也就是马克思所说的“按照美的规律来构造”。

审美的普遍必然性根源于审美内在于劳动所代表的实践活动的普遍必然关系：

就根源言，**审美的本质是规律与目的相统一的活动所产生的自由形式**；就功能言，**审美的本质是能动协调规律与目的的自由活动方式**；就价值言，**审美的本质是人的自由本质的对象化理想**。

审美本质所揭示的审美与劳动的根源、功能与价值关系也就是审美的内容：（1）劳动是审美的基础与来源（这被表述为“审美起源于劳动”“劳动积淀为审美”）；（2）审美是劳动不可或缺的运行协调功能机制。因而审美与劳动互为因**果**：产生自由形式的过程（劳动积淀为审美）与自由方式运行协调功能（进行劳动离不开目的与规律相统一的自由形式协调），是劳动有机体自我建构的同一过程的两个方面，自由形式是自由形式（方式）参与劳动实践而自我生成的；（3）审美是劳动的理想价值形态，它体现着人类自我超越的自由方向。

上述三项关系有机一体：“劳动”是“人的本质”的现实形态；“目的与规律相统一”是“劳动”的内在结构；“自由”是“人的本质”与“劳动”的理想价值与现代性价值（“自由”并非从来是人类的最高价值，例如古代伦理共同体的“和谐”与宗教共同体的“恩典”都比“自由”更重要）；“对象化”是“人的本质”现实与理想双重的体现，它既体现为“目的与规律相统一”的现实产品，又是“人的本质”与“劳动”“自由”理想的感性显现。由于“自由”的无限性，对象化现实产品的有限实体并不等同于“自由”。但生产这产品的过程与结果却使主体体验到自由：“诚然，劳动尺度本身在这里是由外面提供的，是由必须达到的

① 尽管劳动形态的发展已经趋于体力与脑力融合，从而在实践名义下的活动及其技术工具愈渐丰富（麦克卢汉概述了从语言到货币、武器等26种技术），但维系生命新陈代谢的劳动不仅仍是全部活动不可或缺的基础，而且目的与规律相统一仍是各种人类实践活动的核心结构。

目的和为达到这个目的而必须由劳动来克服的那些障碍所提供的。但是克服这种障碍本身，就是自由的实现。”① 自由存在于既依托又超越于现实劳动的关系中。人的本质及其自由正是在现实劳动对象化中获得对象化“显现”并被体验。

相对于实体劳动而言，这种通过有限活动体验到的无限自由并非实体存在，而是自由的形式，因而，审美的本质是审美基于劳动并超越劳动的自由形式。这一结论适用于解释人类全部活动与审美的关系：在人对物的劳动关系中，为摆放茶具而需要茶几的目的，与用于制作茶几的材料质地性能等规律代表着主客观两个世界。目的与规律的结合形成适宜的制作工艺。这工艺既是意志目的与规律认知相统一的产物，又是统一并协调目的与规律的实践方式（形式），离开这“方式”就没有实践劳动。工艺实践方式统一目的与规律的主体是劳动者，他的身心在目的与规律相统一的方向上紧张发动起来，并在顺畅进展中体验到自由。茶几产品的完成既是目的与规律相统一的实用成果，又是劳动者施展自由本质并确证体验这自由本质的对象化物证。后者超越了实用成果，它使主体在享受茶几提供的功用方便同时，感受体验到作为人的本质的创造自由，这一心态下的茶几成为感性显现人的本质对象化的审美对象（这也是将实用物品转化为艺术品的现代装置艺术的依据）；在人对人的交往中，买卖物品的得体问答与简洁致谢，其形式不仅是商业规律与目的相统一的实用规则，一次令人愉快的交易超出了事务性，从中所感受到的人际文明尊重显现着人的自由气度，伦理礼仪升华为优雅的举止；在人对自我的关系中，当从挫折感的混乱烦恼中理清原因（规律）与反省目标时，心境便会逐渐澄明，这不仅是一次状态的调整，也包含着成长的自由感受与自我超越的审美距离感。

审美作为目的与规律相统一的自由形式，这一马克思主义审美本质观包含着需要展开理解的一系列内容，同时揭示了美学史代表性理论的深层基础：

1. 以劳动工具及其使用（进而制造）技术为中心，劳动双向陶冶着作为主体的人与作为客体的自然。在劳动系统中，人的欲望需求转化为目的，自然力量转化为规律；目的与规律相磨合为合目的的规律与合规律的目的，双方统一为工具技术的自由操作。

但是，如果自由仅仅理解为欲望需求的满足，劳动仍然是欲求驱使下的不自由行为。自由恰恰发端于劳动工具超越劳动特定实用内容的普遍性形式：“手段是一个比外在合目的性的有限目的更高的东西；——犁是比由犁所造成的，作为目的的、直接的享受更尊贵些。工具保存下来，而直接的享受则会消逝并忘却。人以他的工具而具有支配外在自然界的威力，尽管就他的目的说来，他倒是要服从

① 《马克思恩格斯文集》第 8 卷，人民出版社 2009 年版，第 174 页。

自然界的。”① “对于对象的否定关系成为对象的形式并且成为一种持久性的东西。”②

首先要注意的是，“形式”的主要涵义不能理解为直观唯物论静观的对象“外形”（form），而是指使用工具为原型的劳动—实践中介动作“方式”（way）。中介方式（形式）是主客体得以建立关系并导致分化的功能机制，也是尔后人类种种形式感的根源。“方式”是就实践行为而言，它是体验性的；“形式”则是“方式”的对象化表述，它是直观的对象。“方式”先于“形式”。现实审美与艺术审美、审美体验与审美欣赏的差异，均系于方式与形式的不同侧重。

其次，形式之自由，不仅是独立于特定劳动内容所达到的熟练自如操作，而且更根本的是形式迁移③、转化的普遍适宜性。无数个体的劳动经验正是经由工具所凝聚的技术传承（即使是一个扶犁的动作），而积淀为人类普遍性。反之，一种即使是程式化反应的形式，如果仍然束缚于特定活动而单一化（如卓别林在《摩登时代》表演的沦为人形活扳手的旋紧螺母的流水线工人动作），那就不是自由的形式，而是异化的形式。目的与规律相统一的过程性，同时意味着欲望时间上的延迟，它与劳动中介系统（从工具到劳作团队）的空间一道构成了人与消费对象所代表的实际利益世界的距离。正是这一距离使人得以摆脱欲望对象的直接驱迫控制、以自主自在进而自由的态度对待现实世界。这就是“审美距离论”赖以成立的劳动中介结构。它也是审美以静观方式超脱进而可能超越现实的开端。

最后，自由形式又并非无内容的空洞抽象，而引导着超越劳动特定实用内容的新的规律与目的并建构新的统一关系。以使用与制造工具为核心的劳动对自然的改变生成了一种新质。劳动工具突破了自然生物单一的反应模式而趋向于多样全面与自觉有意识的活动方式：一根棍棒即有挑、劈、刺、担、抬、撬等多种使用。从而，劳动工具不仅聚集了多样的自然因果关系，成为打通、联合各个自然物及其环境的中介，并且进一步开发、解放出各个自然物原先被单一存在方式限定了的潜能，创造出新的非自然自在可能的因果联系，使自然物也获得了舒展与释放。孔雀石的纯净光彩凭借石匠的凿刀而显现于世，沉睡在山脉中的矿石经过

---

① ［德］黑格尔：《逻辑学》下卷，杨一之译，商务印书馆 1976 年版，第 438 页。这段话被列宁称为“历史唯物主义的萌芽”（参阅列宁《哲学笔记》，人民出版社 1974 年版，第 202 页）。麦克卢汉“媒介即讯息”强调媒介工具本身特性的意义较之具体用途更根本，其哲学基点也在于此。

② ［德］黑格尔：《精神现象学》上卷，贺麟、王玖兴译，商务印书馆 1979 年版，第 130 页。

③ 形式“迁移”（transfer）已成为现代教育与美育的核心概念之一。参阅［美］J. S. 布鲁纳（Jerome S. Bruner）：《教育过程》，邵瑞珍译，文化教育出版社 1982 年版。

冶炼加工成为浇灌的水管，从而为植物生长提供友爱与帮助，被加速器释放出来的原子能则支持着灌溉系统的运转……

这就是自由。自由不是对自然进行人类利己主义的利用与统治，而是对自然与人的解放和提升①。应当敞开一种超出传统人类中心主义立场的当代自由视野。原始自在的自然，不仅限定人，也限定物：矿石作为灌溉水管的属性能力，在劳动解放之前并非不存在，但其转化可能性的自由被限定了。人及其劳动的使命便是唤醒自然潜能，使包括人在内的各个自然物的小环境汇合并不断发展为“世界”。在“世界”中，万物以协调配合与相互促进扶助的方式各尽其材性。在使万物各尽其材（才）的同时，人也就尽其（实现）人性。

上述劳动的理想状况并非劳动的自发趋势，而恰恰需要审美的自由方式的超越性引导。这正是马克思作为人的理想范型的“美的规律”的自由劳动。自由劳动对现实劳动的超越性表明：审美作为自由形式，其自由涵义并不从属于劳动的技术工具性，而是价值本体论的。审美的自由形式（方式）引导着发端于动物式生存的劳动走向从内容到形式都趋向自由的人性化劳动。

2. 与启蒙运动以来视劳动为人类征服（统一）自然的片面理解不同，黑格尔到马克思的劳动观念重心在于劳动对人类自身任性欲望的陶冶。自然规律因纳入人类目的而“人化”（江河因堤坝不再泛滥），欲望目的遵循规律而“失去了自己的利己主义性质”。后者既可以理解为人自身自然性的“人化”，也可以理解为人吸收自然万物规律而“自然化”。无论是“自然人化”或“人自然化”，都表示着人与自然相互融渗的新型关系。这一关系是自然美乃至当代生态美学与环境美学的主要基础。

但是，包括劳动在内的人与自然世界的联系还深远地包含有人类的生物学乃至宇宙学前提（如毕达哥拉斯学派对宇宙本体的追溯）②。当代人择原理（人的宇宙学原理：Anthropic Principle）揭示：宇宙现状，特别是地球周边的宇宙常数之所以适宜人类生存并能被人类直觉认识，在于人与那部分宇宙拥有共同的初始（起

---

① 马克思：“对私有财产的扬弃，是人的一切感觉和特性的彻底解放；……需要和享受失去了自己的利己主义性质，而自然界失去了自己的纯粹的有用性。”“共产主义，作为完成了的自然主义，等于人道主义，而作为完成了的人道主义，等于自然主义，它是人和自然界之间，人和人之间的矛盾的真正解决。”（《马克思恩格斯文集》第1卷，人民出版社2009年版，第190、185页）海德格尔神学背景的作为万物“牧者”的人学观，成为国内外生态哲学与美学的前沿理论基础，与之相比，马克思基于自然界前提又立足人的实践行动的“美的规律”的劳动，其所包含的新型人与自然关系，则更为切实与真实。

② 当代美学开始发掘劳动之前的人类形式感的生命-生物学渊源。但以自然界为前提的劳动实践论，其自由形式感已涵摄了自然进化所提供的生命-生物前提，因而并不与进化论或遗传学对立。

源）条件。这一原理揭示了人类自由意识受限于宇宙演化特定条件的发生学背景。①

“自然人化”非个体劳动对象化所能成就，而是社会规模与历史传承的人类劳动对象化的成果。人类劳动所包含的目的与规律相统一的技术凝聚保存在劳动工具的使用与制造中，以劳动工具的使用与制造技术传授为中心，有限的个体经验才得以继承扩展为社会化与历史性的人类对象化活动，从而才产生出主客、人物内在相通的人化自然关系。超出私人个体关系的人化自然关系世界，其内在的人化自然生理心理与外在的人化自然的物质结构，不仅为审美活动提供了审美主体与审美对象基础，而且使审美关系超出了私人性而具有人类普遍必然性。审美个体在超出一己对象化活动的社会历史对象中，感受到了人类相通的自由愉悦。这就是康德为美学奠基的“审美共通感”的哲学人类学根源。

审美主体与审美对象似乎天生的对称吻合、现代完形心理美学对心理与物理形式结构情感共鸣的解释，除上述自然前提条件外，直接根源于同一劳动过程对人与自然双向的陶冶。

3. 自由形式不能如工具积淀说所片面归结的，视为规律与目的相统一的衍生物积淀的结果，也是积极协调、整合统一规律与目的的实践性中介功能机制。也就是说，自由形式不仅是工具积淀的结果，而且是工具活动得以运行的前提条件：自由形式与工具劳作互为因果。规律与目的相统一是一个动态的运行机制，这一机制凝聚为主体的中介性技术方式。实践活动中不允许出现分离或游离状态的规律认知与目的欲求，那意味着实践行动的犹豫中断。规律与目的即使在劳动过程的某一阶段才实现了完美自由的统一，双方也必须以统一的形式（方式）才能承担劳作活动（即使初步水准的统一表现为缓慢的摸索动作）。

因此，劳动以及全部人类实践活动的一个基本特性是，它必须体现为目的与规律协调统一的行为方式。方式形式化，标志着规律认识与目的意志已经统一而且内化为神经元反应模式亦即处于行动状态。

从刷牙洗脸到驾车锄草，人类生活形态各异的动作方式—形式都具有哪怕是最简单的微观技术结构，它们并非外在的特性，而是活动赖以有效运作的内在中介机制。这一特性概莫能外。即使是思索前沿规律的科学家，其神经元联系与重组，虽无既定模式，却被对称、均衡等基础性形式引导而不致思维紊乱。科学哲学中受到高度重视的“以美引真”与“科学美”，其深层基础即在于此。

这种既作为规律与目的相统一的后果，又同时作为实践统一规律与目的功能

① 人择原理是渊源于著名物理学家狄拉克（P. Dirac）思想而于20世纪60年代提出并在21世纪受到重大关注的一种关于人类与宇宙关系的宇宙观学说。这一理论突出了人类诞生与宇宙演化特定状态的内在联系，从而为当代生态思想与自然本体论的复兴提供了一种支持。

条件的自由中介方式—形式，就是“美”。这也是审美的存在论。审美首先存在于人类最基础的生存劳动中，审美意识此时融合于整体实践生存感中尚未独立。这就是前述马克思所说的“现实的二重化”中现实对象化的现实审美。

审美的自觉注意发生于劳作活动的方式—形式突出其自由方向时刻。从属于特定实用活动的方式—形式，处于不被自觉注意亦即不进入对象意识与自我意识的状态。当一个活动有成效的方式—形式的自由感被意识到而强化或突出其本身时，方式—形式就开始独立并追求更完美，亦即方式—形式自身特质的充分施展（如庄子笔下著名的庖丁解牛时不无得意的表演，那表演已经超出了实用要求）。

对零件复杂的机器有条不紊、行云流水般完成拆装，被赞赏为“干得漂亮”；步履从容、举止适宜（握手、引路开门、抬手示意、微躬身）的接待，被称作举止“得体”甚至“优雅”。这一方向的评价，均已将重心从实际功用移向实际活动所显露并操演完成实际活动的形式自由度，因而都已经是审美目光。

甚至形式尚未显露，一切顺利完成而无须自觉注意的半无意识日常动作（进餐中轻松移动碗碟、斟茶水、扫地），仍因包含着协调规律与目的相统一的形式感而隐含自由与审美。基于此，杜威所谓完整性亦即未受挫折中断的“一个经验”（an experience），即形式未受破坏的一个流畅行为，便为日常生活普泛的审美性提供了一个平易的基础性解释，① 并成为当代西方日常生活美学与身体美学兴起的哲学根据。

但是，行为的方式（形式）即使突出为受关注对象，只要仍然承担着实践中介功能，就必定包含着特定功利活动内容而还不能算作纯形式或纯审美。

4. 审美作为自由形式，其本源形态乃是以劳动为原型的人类实践活动中介方式，或者更加通俗地说，原初的审美其实就是人感受到超越实用性的自由的生活方式。“方式”标明其实践性质亦即作为行为方式。审美之所以并非消极性解脱而是积极的实践超越机制，即在于此自由方式（形式）的实践功能。自由的审美形式（方式）从无限多样的实践活动中不断产生出来，同时又成为建构整合无限多样活动形态的中介形式机制。作为对象外观形状的形式观念及观照态度，根源于活动方式及其体验。审美对象与审美主体的分化，根源于非对象化的审美活动状态。审美形态的发生与发展，遵循着包括个体在内的人类一般规律：活动形态先于静观。② 这首先是指马克思所说的“现实地复现”自己自由本质的劳动形态的现

---

① ［美］杜威：《艺术即经验》，高建平译，商务印书馆2010年版。

② 这一结论不仅基于以物质生产活动为基础的唯物史观，也被20世纪认知心理科学所强化，参阅皮亚杰关于“活动→中介形式→主体与客体分化形成”的发生认识论顺序（详见第二章）。

实审美。

现实的劳动是人类为维持生命新陈代谢生存而“制造使用价值的有目的的活动”①，而且作为“人类生活的永恒的自然条件”②，劳动的谋生性使之不可能纯自由化，马克思因而一再批评空想社会主义将劳动纯粹审美游戏化的虚妄。③ 但这并未否定劳动者在不同程度上“把劳动当做他自己体力和智力的活动来享受。”④

活动优先于静观的原则同样适于艺术审美。舞蹈者与观舞者的区别在于，前者自我体验的动作行为具有生理—心理的真实存在感，后者却是纯心理意识的想象与代偿性情感投射。基于对后者审美主体与对象合一机制的解释，形成了“移情说”“内摹仿说”、格式塔完形心理结构等诸多美学理论。基于前者则有空想社会主义到马克思的劳动美学，以及晚近实用主义背景的身体美学。

活动优先于静观的原则对于美育具有重要意义：自由形式内化于美育对象之主体，最有成效的是主体行为及操作性的活动，而不是对自由形式的外在静观。因为自由形式实质是活动赖以协调规律与目的的中介方式，它本质上是实践的习得方式而非认识对象。

正是基于现实审美在审美活动中的上述本体地位，才确立了“体验”在审美经验中的本体地位。身处审美活动策源中心状态的自我体验，不仅成为创立审美对象而引发审美观照的起点，而且也是包括外在观照在内的欣赏者移情或模仿的最终归宿：一切真正的审美必须从旁观转变为感同身受的体验；即使是旁观类型的审美，也以达到体验状态为欣赏最高峰。

5. 作为活动中介方式的自由首先被活动者内在体验，但自由方式—形式不仅会被后续扩展的劳动母体持续生产出来，而且势必摆脱从属于劳动的自发状态，被人类第一个文化形态巫术吸收并扩展再生产为独立的符号世界。与单一条件反射的动物“记号”（signs）不同，人类符号（symbols）不仅意义丰富普遍，而且具有启示“可能世界”的自由理想价值。因而人类也被定义为“符号劳动者”⑤。巫术将抽离并再生产出的自由方式—形式原有的中介功能神秘信仰化，赋予方式—形式（旋转、重复与圆，前进与直线，位置与方向等）以符号象征性质，以生死存亡的严重意味空前强化了自由方式—形式在人类生活中的地位。巫术解体之后，其形式激发情感这一特性被艺术继承。⑥

---

① 《马克思恩格斯文集》第 5 卷，人民出版社 2009 年版，第 215 页。
② 《马克思恩格斯文集》第 5 卷，人民出版社 2009 年版，第 215 页。
③ 参阅《马克思恩格斯文集》第 8 卷，人民出版社 2009 年版，第 174 页。
④ 《马克思恩格斯文集》第 5 卷，人民出版社 2009 年版，第 208 页。
⑤ 参阅［德］卡西尔：《人论》第五章，甘阳译，上海译文出版社 1985 年版。
⑥ 参阅［匈］卢卡契：《审美特性》第一卷第五章，徐恒醇译，中国社会科学出版社 1986 年版。

艺术继巫术之后成为人类自觉培育并再生产自由形式的符号系统。与自由形式融于实用活动的现实审美有别，以自由形式本身为主题的艺术审美就此诞生。艺术成为与其曾一体性的技术乃至劳动自由方向的示范与先驱形态。

6. 规律与目的相统一是一个对立统一的动态平衡过程。这也是审美形态及其范畴多样差异性的根源结构。

就内容而言，当自由形式侧重于合乎规律时，由于目的导向隐而不显，规律作为人的对象显得自在。当人与自然规律（从形状到结构性能）的统一关系只表现为形式而难以确定目的意义时，就呈现为自然美。反之，当自由形式侧重于目的内容，其合规律性消融于目的驾驭自由形式的深处，则呈现为社会美。自然美与社会美都具有物质对象化形态，以及与非审美内容的关联性，因而可归入现实审美。对自然美与社会美形式内容的自觉统一，则是审美意识独立自觉后的二次对象化。这种纯粹的艺术审美形态由于是“意识复现”，因而是纯精神活动（画框或建筑艺术材料的物质性并不改变其精神产品性质）。正是在艺术审美中，作为审美本质的自由形式才呈现为完美而纯粹的自由状态。但是，现实审美不仅是艺术审美从之而出的根源，而且是艺术审美向之而归的最终归宿：完美体现自由的纯粹艺术审美是意境，而非真实生活，这自由意境只有回归于现实生活自由的不纯粹状态，才会转化为推动现实走向自由的力量。

规律与目的对立统一运动过程的阶段性差异，是审美范畴差异及其统一性的本质根据：自由形式之推进统一，不仅因阻力而激发高昂的崇高，也可能因内在地伤害乃至牺牲人的自由本性而发生悲剧，确立支配地位之后的优越感会轻松调侃矛盾而喜剧化，最终归于统一的宁静柔和呈现为从容自由的优美。

本书后续各章节均基于上述审美本质逻辑路线展开各自内容。

三、作为元价值的真善美及其对立面的假恶丑

作为目的与规律相统一的自由形式，审美本质既区分又关联到“目的”与“规律”。这一表述已显示出人类三大基本活动的关系。对审美本质的哲学思考，须提升到人类整体活动结构高度以确定其位置，同时提升到人类元价值体系高度以确定其价值。

作为人类核心与基础形态的劳动不仅包含着人类三种基本活动的关系结构，同时也包含了人类三种元价值关系体系：

人类活动系统

性质	认知	⇄ 审美 ⇆	功利
内容	规律	⇄ 中介并超越 ⇆	目的

续表

状态	理（知）性	⇄ 情感 ⇆	意志
学科	科学	⇄ 美学 ⇆	伦理学
元价值	真	⇄ 美 ⇆	善

美是真与善相统一的自由形式。美并非物质实体，而是超越性中介真与善所构成的现实世界、使之趋向自由的意境。

“真善美”作为人类超越时代与民族、地域的共同元价值体系，是人类文明与文化最高亦最集中的元价值表述。这一表述享有人文精神信仰的地位。

现代社会创造了空前丰富多样的价值，但也形成了诸多问题困境乃至危机。其中，有两个问题是根本性的：

1. 对现代性多元平等价值的一个流行误导是价值相对主义。不同于多样差异性的价值相对性，价值相对主义恰是一种绝对“主义”：各种价值无可比性，不存在人类统一的元价值；从而不存在与真善美对立的假恶丑。人类历史评价亦如此。由此导致价值虚无主义。

审美观念史的一个现代潮流是“丑”的扩张。作为狭义的“丑”，原本是与“优美”对立的审美要素，“丑”不仅渗入喜剧、崇高等范畴，而且以其“反优美”的形式与风格获得独立的审美形态与范畴地位。但是审美范畴的“丑”却是以广义的“美”即审美本质为根据的。“丑”的美学地位深刻植根于现代社会生活的复杂冲突，自有其研究价值。然而，“以丑为美”的审美价值取向却可能模糊乃至消解元价值的“美”。在价值相对主义背景下，审美范畴的狭义“丑”可能支持元价值负面体系中广义的“丑”，进而消解元价值体系的真善美与假恶丑的对立。这是当代美学不可忽视的思想史课题。

2. 现代性的另一特性是从社会职业分工到精神活动的分化性。现代性分化性对元价值体系的影响使真善美一体化联系削弱乃至解体。具体状况是，“真善”没落而“美”孤立繁荣。

审美现代繁荣的一个根本弊病是，“美”削弱乃至放弃了对“真善”的依存关系，从而严重弱化了前述作为超越性中介“真”与“善”的审美内容，而空前积累与扩展了形式美。正是无须现实审美实践的符号化形式美，成为教养与身份的象征，并且成为可以货币购买消费流通的商品。“人造美女”与天价艺术品表明，“美”已经成为现代商业消费中最昂贵的商品。

疏离乃至背离“真善”内容的“美”，不仅可能以个体形态畸变为“假恶美”，而且曾经异化为社会群体行为的“假恶美”。前者表现为背离天然的人造美容与炒作艺术品的庸俗时尚，后者则表现为纳粹法西斯以艺术为手段煽情操纵群众运动。

从而，重建“美”与“真善”的元价值联系，首先正是对“美”自身的拯救。

重建现代形态的“真善美”元价值体系，是远超出了美学的当代人文科学根本课题。正是历史性宣告以审美取代传统信仰价值的尼采，在现代性思想史上首次提出了“价值虚无主义”这一现代性根本危机。如何克服“价值虚无主义”已成为西方现当代思想的根本课题。对于正在进入现代化社会并且已经深刻进入现代性精神矛盾困境的中国精神文化而言，这也将愈渐突出为一个根本课题。

与这一根本课题关系特殊的美学因此负有超出学科传统的思想史职责。

思考题：

1. 选取生活与艺术欣赏各一例，结合自己的审美体会说明，现实活动中体验性审美与艺术品欣赏各有何特性。
2. 为什么说审美既是劳动的产物又是劳动的功能机制？
3. 简述审美从劳动中独立的过程。
4. 美与真善的关系及其现代意义是什么？

▶ 本章小结与回答示例

第二章　审美活动经验

本章依据前一章审美本质，进入审美活动经验分析。“审美活动经验”以下简称为“审美经验”，但需要与西方现代美学中相当于审美意识的审美经验（aesthetic experience）观念相区别。

导论从构成角度将审美活动解析为审美对象与审美意识两个方面，这一表述符合主客二分状态的日常审美经验。审美活动的基础经验是，审美活动必定以审美意识状态存在，因而无法脱离审美意识研究审美对象。诚然，审美对象曾在古代神秘信仰背景下凝聚为柏拉图的实体“理式”，也在近代之后依托艺术品与自然风景等客体获得对象性质，然而，现代美学研究的主要结论却是：不仅古代神秘信仰的实体审美对象属于精神现象，而且似乎不容质疑的艺术品存在也会因意识而异。审美意识既可将非审美对象的一件实用器物审美对象化（如杜尚展出的小便池与现代装置艺术），也可将审美对象迁移于非审美背景下而非审美对象化（如马克思所说，心灵被利润攫取的矿产商无法欣赏水晶的美）。但是，由此成为现代西方美学研究对象的“审美经验”一词，却以审美意识心理吞并了审美对象，而将审美活动主观化了。与之相比，中国古典美学的“意象”一词，在确定审美对象的精神形态同时，其“情景交融”规定却包含着“物象”客观基础；“意象”既是审美直观活动的产物，同时又是审美直观的对象。因而意象是在审美直观活动中凝聚成像的主客合一的存在。

马克思主义美学的审美对象同样并非实体生产劳动，而是生产劳动的自由意象，但劳动自由形式却根源于活动形态的生存劳动“物象”的社会历史积淀，因而拥有比直观的意象经验更切实的人类学根基。唯物史观的审美活动研究同样需要从审美经验入手，但对审美经验的原理追溯，势必是对包括审美意识与审美对象在内的审美活动的整体经验考察。因而本章实质是从审美经验现象入手内在地说明审美活动，亦即前述马克思所说“精神上的具体再现”，从审美本质的抽象返回具体审美经验。本章将首先依据审美本质说明审美经验的根源及其前提条件，继而说明审美经验的基本特性，接着更细致地分析审美经验的心理要素，介绍若干审美经验心理模式，最后概述审美经验的文化类型与差异。

第一节　审美经验的根源

一、研究审美经验根源的方法论前提

审美经验的根源是美学中一个聚讼纷纭的带有症结性的基本问题。困难原因

之一在于，由于审美经验的意识状态而容易将之等于审美意识，进一步将审美意识同审美对象分离开来，双双脱离审美活动，一个孤立摆在我们面前作为研究对象的审美意识就似乎是先验的了：每个文明阶段的个体都似乎天然拥有其独立的意识机制能力。这就产生了主观唯心论的审美意识独立自主根源论。

与之相反，如果我们同样把一个孤立的审美对象看成独立自主的先验客体，它就不但成为审美（主体）意识面临的现成对象，而且往往被很自然地理解为引起审美意识活动的根源。这一理解，把审美对象推向绝对独立自在的先验地位，它不仅会导致静观的旧唯物论，而且，归根结底会走向神秘主义的神学客观唯心论。

我们可以更深入地分析上述两种对峙的态度。

1. 如前所述，从 18 世纪英国经验派开始，西方美学历史性地转变了从审美对象中为审美寻找普遍依据标准的方向，而开始将审美的基础和准则转移至审美意识方面。美之为美，不是由于审美意识反映了审美对象，而相反是由于审美对象适合了审美意识独特的感觉。这样，对审美意识主体方面的结构、特性的研究就成为研究审美活动的主要任务（康德美学的历史性地位也部分地基于这方面的研究）。此后的西方美学主流沿着这个方向走得更远。19 世纪德国心理学家立普斯所开创的“移情说”，进一步明确地把审美对象本身也归并入审美意识，认为前者只是审美意识的情感外移所产生的结果。英国心理学家布洛著名的“距离说”把审美的发生解释为一种心理距离所造成的结果，把造就审美对象的审美意识更具体地总结为一种特殊的心理态度，这在现代西方美学中发展成为“审美态度”理论，即认为审美对象无需特殊的客观对象，而依赖于主体的特殊精神状态，或者认为审美对象的多样性基于主体对应的精神状态。总体来看，种种着眼于审美意识的现代西方审美理论不仅大都肯定了审美意识的主体能动性，而且实质上把包括审美意识与审美对象在内的整个审美活动经验都归结于审美意识。审美意识的主体先验性成为一个无须考察的公理性大前提。

但上述立场事实上仍有两类背景：一类是神秘主义的，即否认人类有能力认识审美意识的根源，那只是一个神秘的超验事实。柏拉图的诗人“迷狂”回忆说，即是这类代表。另一类则具有臆断的特点，即在缺乏科学事实，也缺乏逻辑论证的情况下指称审美意识根源于某种特殊的人类感官。例如，英国美学家夏夫茨伯里所提出的审美的“内在感官”“内在眼睛”。他的弟子哈奇生对这种“内在感官”（所谓人类“第六感官”）的系统论证其实仍不脱出臆测：“我们的审美的感官好像是经过设计造出来，使我们享受到断然是愉快的感觉，而不是断然是苦痛或嫌厌的感觉”；“对事物的美感或感觉力是天生的，先于一切习俗、教育或典范”。① 臆断美感的天生性质，这与近代心理学、生理学或人类学相结合，又发展出其他臆断。例如，弗洛伊德基于自己泛性欲的人类本性观念，把审美意识看作性欲的升华状态，“看来，所有这些确实是性感领域的衍生物。对美的爱，好象是被抑制的冲动的最完美的例证。”② 而达尔文则从其进化论出发，强调审美意识的自然生物性，在他看来，美感不是人类特有的能力，雄孔雀在雌孔雀面前开屏展示美丽的尾羽，雄鹿美丽的鹿角对母鹿的吸引力，种马鲜艳发亮的皮毛和高大匀称的躯干，交尾期间雄鸟优美嘹亮的啼声，这些都是动物具有审美意识的证明。因此，审美意识只是一种生理本能，是生物界长期自然进化的产物。达尔文实际是以文明人类的审美现象去比附自然生物界外表相像而实质完全不同的现象。在生物界里，孔雀开屏是为了交配，鸟叫是召唤同类觅食，它们对一定的颜色、形状、声音的反应，是由于满足了食欲或性欲而引起的官能快感，这只是生理刺激的信号，所引发的也只是先天的本能反应，无论就其内容意义、基础还是发生条件而言，都和人类的审美意识是两类不同的现象。包括性欲在内的生物自然生理本能无疑参与构成了审美意识的自然基础，但同样显而易见的是，生物性基础并不等于包括审美意识在内的人类超生物精神现象的根源。

一种孤立自足的审美起源论亦即排斥了外部环境与机体活动条件的先天意识论，已为现代认知心理学等科学结论所驳倒。现代心理科学充分证明了意识发生对机体活动的依赖性和晚近性。从美学自身逻辑来看，主观论的审美意识起源主张，其初衷意在从主观心理的直接经验角度为审美活动建立一个普遍可靠（亦即客观）的准则，但主观心理的个性差异立即成为一种障碍，它使审美的趣味性和鉴赏性突出了，从而突出了审美的相对性：“每一个人心里见出一种不同的美。这个人觉得丑，另一个人可能觉得美。每个人应该默认他自己的感觉，也应该不要求支配旁人的感觉。”③ 这样，一种客观有效而普遍必然的审美标准恰恰需要到审美意识自身之外去寻找。

2. 从审美对象方面寻找审美意识的根源同样遇到了两方面的困难：一方面，审美对象也不具有独立自主的根源，它归根结底纳入审美活动关系的本质中才能得到说明。这一结论已蕴含着将审美对象与审美意识不可分割地联系一体考察的意思。另一方面，审美意识是否可能以及如何可能与审美对象直接发生关系？

---

① ［英］哈奇生：《论美和德行两种观念的根源》，见北京大学哲学系美学教研室编：《西方美学家论美和美感》，商务印书馆 1980 年版，第 100 页。

② 《弗洛伊德论美文选》，张唤民、陈伟奇译，知识出版社 1987 年版，第 172 页。

③ ［英］休谟《论文集》卷 1“审美趣味的标准”，朱光潜译，见北京大学哲学系美学教研室编：《西方美学家论美和美感》，商务印书馆 1980 年版，第 108 页。

与这两方面问题相关，我们在此需要特别考察一下“审美意识是对审美对象的反映”这一朴素的审美静观信念。

首先，这一命题已经预先设定了审美对象先于审美意识存在着。从人类审美关系总体来看，一种先于审美意识的审美对象同时也就是不处于审美关系中的审美对象。一个这样孤立自在、毫无关系的审美对象对谁而言是“美”的呢？它又是谁的“对象”呢？这里我们可以看出，审美对象作为人化了的自然与一般自然物有一个重要区别：后者（例如一块岩石）先于人类（从而也先于意识）自然地存在着，但它不是作为对象物存在着。离开了人类主体，无任何“对象”可言①。一个处于审美关系之外（亦即人类以外）的审美对象，只有作为神性的创造物才能成立。

其次，这一命题把审美意识的内容归结为对审美对象的反映，这并不准确。审美意识的内容固然与审美对象的内容有对应同一的方面（完形心理学侧重揭示了这一方面），但审美意识的内容中还包含有与审美对象内容不同一、超出后者的方面。正因为这样，审美意识才具有主体能动性。

因此，这一命题由于在缺少实践前提条件下直接谈审美意识对审美对象的反映，实质倒退回到了马克思实践论之前的旧唯物论（经验论）的静观认识论立场。“从前的一切唯物主义（包括费尔巴哈的唯物主义）的主要缺点是：对对象、现实、感性，只是从客体的或者直观的形式去理解，而不是把它们当做感性的人的活动，当做实践去理解，不是从主体方面去理解。”② 现代心理科学与认知科学都从微观角度证明了马克思实践论的宏观结论。例如瑞士心理学家皮亚杰结合儿童心理学的发生认识论研究结论：“认识既不是起因于一个有自我意识的主体，也不是起因于业已形成的（从主体的角度来看）、会把自己烙印在主体之上的客体；认识起因于主客体之间的相互作用，这种作用发生在主体和客体之间的中途”。③“一个既无主体也无客体的客观实在的结构，提供了在以后将分化为主体和客体的东西之间唯一一个可能的联结点——活动”。④“一开始起中介作用的并不是知觉，……而是可塑性要大得多的活动本身”。⑤ 包括审美意识在内的人的意识，不可能单单凭借感知觉去直接“反映”对象，而只能通过“活动”这一中介才能与对象发生关系。因此，要说“反映”，实际情况是，审美意识首先“反映”的不是审美对

---

① 马克思甚至说：“被抽象地理解的、自为的、被确定为与人分隔开来的自然界，对人来说也是无。”（《马克思恩格斯文集》第1卷，人民出版社2009年版，第220页）

② 马克思：《关于费尔巴哈的提纲》第1条，《马克思恩格斯文集》第1卷，人民出版社2009年版，第499页。

③ ［瑞士］皮亚杰：《发生认识论原理》，王宪钿等译，商务印书馆1981年版，第21页。

④ ［瑞士］皮亚杰：《发生认识论原理》，王宪钿等译，商务印书馆1981年版，第23页。

⑤ ［瑞士］皮亚杰：《发生认识论原理》，王宪钿等译，商务印书馆1981年版，第22页。

象，而是作为中介与基础的实践活动。这才是唯物史观涵义的“社会存在决定社会意识”。

以上分析表明，对审美经验根源的探讨，不可能局限于审美意识或审美意识与审美对象分裂的格局，相反地，审美意识不可避免地要同审美对象一起纳入审美活动关系经验整体中探讨。

二、审美活动的生理与心理基础

人类的五官（特别是眼睛和耳朵）、大脑和神经系统，是进行审美活动最主要的生理基础。这些生理器官及其生理机制是怎样产生、形成和完善起来的，这与人类本身的起源一样，是一个至今尚无法具体弄清的问题。但是，这一起源的基本动力基础是劳动，这却并无疑问。“首先是劳动，然后是语言和劳动一起，成了两个最主要的推动力，在它们的影响下，猿脑就逐渐地过渡到人脑……随着脑的进一步的发育，脑的最密切的工具，即感觉器官，也进一步发育起来。”①

人与其他动物生理器官的外形区别并不具有本质性意义。审美生理基础的人类学性质，更重要的应当联系心理基础去理解，即从其内在的能力和功能性质方面辨析其特质。人类的生理和心理机制从动物局限于生物本能的适应生存转移到与自然界全面物质变换的人类社会化劳动基础上来，从而摆脱了单一片面的状态，而不断丰富发展、敏锐与深化着人的感受。没有不断突破动物单一适应生存方式的人类劳动的全面性、丰富性与深入性，也就没有与此相适应并生长发育起来的人类感官的社会化。后者不仅仅是前者改造外界自然时的附带产物，人类感官的人类化同时更是人类劳动得以进行发展的必不可少的条件，从而又是在劳动的积极促进下演化的产物，正是在这双重意义上，马克思才认为，“五官感觉的形成是迄今为止全部世界历史的产物”。② 人的感官社会化，也就是“使人的感觉成为人的”。③ 更具体地讲，这种区别于其他动物的人所特有的感官特性，体现在以下三个基本方面：

1. 概括性：人类的感官具有由此及彼、由表及里的概括性。值得注意的是，这一特性并不局限于思维。从而，马克思才说，人类化了的“感觉在自己的实践中直接成为理论家”④。人类对客体对象的感觉在语词符号的指引下，不但能比较深入地反映事物的各种具体性能，而且能把握某些具有概括意义的性能。语言文字艺术（文学）的审美感性学特性即基于此。对冰雪的描写，甚至仅仅“寒冷”

---

① 《马克思恩格斯文集》第 9 卷，人民出版社 2009 年版，第 554 页。
② 《马克思恩格斯文集》第 1 卷，人民出版社 2009 年版，第 191 页。
③ 《马克思恩格斯文集》第 1 卷，人民出版社 2009 年版，第 192 页。
④ 《马克思恩格斯文集》第 1 卷，人民出版社 2009 年版，第 190 页。

二字，也可以多少使人感到寒意。人的感觉摆脱了对具体可感对象的依赖而具有间接抽象性，这就扩大、加深了人的感觉能力。所以“鹰比人看得远得多，但是人的眼睛识别东西远胜于鹰。狗比人具有锐敏得多的嗅觉，但是它连被人当做各种物的特定标志的不同气味的百分之一也辨别不出来”①。

2. 联系性：这表现在各种感官不是互相隔绝而是互相沟通和互相补充，形成人类特有的“通感”。例如宋代诗人宋祁的名句“红杏枝头春意闹”。“‘闹’字是把事物的无声的姿态说成好像有声音的波动，仿佛在视觉里获得了听觉的感受。”②“颜色似乎会有温度，声音似乎会有形象，冷暖似乎会有重量，气味似乎会有锋芒。”③ 通感所突出来的人的感官间的联系性或互换性，实质上表现了这些各自功用不同的感官乃是同一个主体的感官，因而它们对事物的感受不会陷于瞎子摸象式的片面性中，而总是趋向于对事物的整体性把握。

3. 创造性：是指感官凭借丰富的联想和想象而超出具体的实际感觉对象，自由地扩充感受。前边提及的“移情说”正是基于这种感觉的主体自由创造性建立自己的理论的。这种创造性集中地表现出人化了的感官的主体能动性。

感官的人化，为审美活动提供了生理和心理基础。

三、审美经验的发生

当原始人开凿出第一块尖石头时，这块石头首先是作为他的狩猎工具，相应地，他对这块石头的意识也是把它作为供自己支配使用的工具手段来看待的意识。这种基于实用功利关系的意识不是审美意识。尖石作为工具使用所提高的人的劳动效能，不仅会逐渐增长使用者对尖石的亲密感，而且终会出现这样的意识飞跃，即把尖石不仅看作自己的助手伙伴，而且把尖石的威力直接归因于主体自身。这样，人会从实用之外的角度看待尖石，把它看成自己力量和智慧的体现物。这正是创造性劳动向人所展现的人的本质，或者说，是人的本质的对象化。

原始人从尖石中直观到自己独特于动物的人的本质时，会油然产生一种快感，这就是马克思所说的那类“能成为人的享受的感觉，即确证自己是人的本质力量的感觉”。④ 这种感觉就是审美意识。与此同时，尖石也就不仅作为人的工具存在，而且也作为人的审美对象存在了。

上述过程，既是审美意识的发生起源过程，也同时是审美对象的发生起源过程。二者之间不是反映与被反映的先后生成的静观认识，而是作为相互依存、对

① 《马克思恩格斯文集》第 9 卷，人民出版社 2009 年版，第 554 页。
② 钱锺书：《通感》，收入《旧文四篇》，上海古籍出版社 1979 年版，第 51 页。
③ 钱锺书：《通感》，收入《旧文四篇》，上海古籍出版社 1979 年版，第 52 页。
④ 《马克思恩格斯文集》第 1 卷，人民出版社 2009 年版，第 191 页。

立统一的审美活动关系的建构。两者的发生起源是共同的：基于实践—劳动母体的审美活动关系（审美意识—审美对象）的发生起源。审美意识与对象作为构成审美活动关系的两个方面，就总体而言，其发生起源是同步而非先后的。

这种观点是不是回到了某种唯心论或折中论的"主客观统一说"？那种"主客观统一说"把审美对象的产生归结为特定的主观意识与外界相应的物质属性结合。例如，一棵松树之成为审美对象，是其四季常青、岁寒不凋的自然对象属性与相对应的坚贞气节等精神因素的结合结果。这一理论的缺陷及其与实践论的审美关系同步起源说之间的主要区别在于：

1. 应该把作为人类总体的审美意识与作为个别审美主体的审美意识区别开来。我们所谈的原始审美意识的发生，实质即是人类审美意识的发生（例子中的原始人在此代表着人类）。所以，我们说审美意识与审美对象在实践中同步发生、相互构成审美关系，都是从整个人类总体，也是从审美意识与审美对象的总体，从审美活动关系角度立论的。

如换作个体的审美者，情况就会不同。例如一件艺术品作为审美对象，它的存在并不因个别欣赏主体的审美意识活动而发生根本性的改变：《蒙娜丽莎》不因失明者而消逝，因为它依然保持着与人类审美意识（作者达·芬奇及其他不同时代不同民族的审美主体）的对应联系而处在审美关系中（作为艺术美，它本身就是审美意识的自觉产品）。《蒙娜丽莎》之所以似乎不依赖于今人的个别欣赏者张三李四的审美意识而自在，不是说它无须审美意识作为必要对应条件，而只是说它不需要以张三李四特定审美主体的意识为必要条件。所谓"主客观统一说"把个别审美主体的意识混同于人类总体意义上的审美意识，因而，在这种理论观点看来，任何特定的审美主体张三李四不欣赏（或不曾观赏过）《蒙娜丽莎》时，这幅艺术审美对象也就不成其为审美对象了。

2. 同时，有必要把发生学意义的美的创造与传播交流意义的美的欣赏区分开来。① 审美意识与审美对象在发生学阶段的审美创造中是同步对应的，而在后来的审美欣赏中，这种同步关系则往往打破为不平衡的先后发展状况，这就需要更为具体的分析。

四、审美经验的发展

发展是发生的继续。因此，审美经验在发生阶段所遵循的基本规律对发展阶段依然有效。但是，发展阶段要比发生阶段复杂。

---

① 现代"接受美学"强调审美意识在美的欣赏中参与构成审美对象的地位与作用，这并不改变本书上述结论。

1. 生产劳动的分工状况制约规定着审美经验的分化独立状况

在发生期与发展的早期阶段，审美经验与其他意识经验（原始的科学意识、宗教意识等）混沌一体而未分化独立。原始意识这种混沌整体性与原始人类的对象意识的未加分化是相对应的。但后者并不是前者的原因，反之亦然。意识的未分化性与对象的未分化性都共同源于原始实践（生产劳动）方式的未分工状态。

随着实践活动的发展，实践（生产劳动）出现了分工，实践（生产劳动）方式日趋多样化，实践对象以及实践意识也渐趋多样化并变得可以区分开来，审美经验才由此逐渐独立。

实践方式的变化是审美经验发展的直接动因。例如，原始狩猎民族在花草极为繁盛的地方却偏偏以动物为其审美对象，而不去理睬这些在现代文明人看来是美丽的植物。只有在那些农牧阶段的民族里，植物才进入他们的审美视野，这种发展，正是以其与植物发生实践关系的农牧生产方式为先导的。所以，“审美趣味的发展总是与生产力的发展携手并进的。”①

2. 上层建筑以及其他意识形态对审美意识的重要制约影响作用

经济基础之外的社会因素对审美意识的发展发生着重要的影响制约作用。其他意识形态诸如原始社会中的巫术、欧洲中世纪和现代政教合一的国家地区中的宗教、中国古代的伦理、近代以来的科学，以及上层建筑中的政体等，都曾深远有力地制约影响了各自不同时代的审美意识发展。这种影响性质不一定是积极健康的促进，但无疑重大地改变、塑造了审美意识的状态。

3. 艺术对审美意识的巨大促进作用

艺术是诸种意识形态中与审美意识关系最为密切、同时对审美意识的促进最为直接的意识形态。

尽管艺术的社会职能有多重性质，但审美是近代独立艺术的基本属性。从审美角度看，艺术是审美意识的集中体现，是满足和发展人类审美需要的物态化手段。本来仅以精神形态存在于主体意识内的审美意识，通过一定的物质材料（语言、声音、动作、形体、色彩、线条等）而转化为物态化的现实对象。艺术对审美意识形态的这一转化，其意义不只在于记录、保存审美意识使之对象化，而且它成为人类得以交流、传递，从而丰富、交汇和发展审美意识的基本手段和途径。因此，艺术的出现，是审美意识独立和发展史上最重大的飞跃。在强制性分工与资本主义异化劳动条件下，现实审美受到严重的限制，从而，艺术审美又成为人

① ［俄］普列汉诺夫：《论艺术（没有地址的信）》，曹葆华译，生活·读书·新知三联书店1964年版，第32页。德国格罗塞已成经典的《艺术的起源》（商务印书馆1984年中译本），同样基于以生产为中心的社会经济考察艺术，他批评自然环境学派的立场，“气候经过了生产才支配艺术”（第238页），也从专业角度印证了马克思主义美学的真理性。

类审美主要的活动形态。

但是，归根结底，艺术对审美意识的重大能动作用仍然来源于实践基础：艺术创作所依赖的高度发达的审美生理与心理机制（从脑的思维到手指的灵巧动作）是实践的产物，艺术作为独立的精神生产部门是生产实践发展到脑力劳动与体力劳动分工时的产物，从艺术家的创作到艺术欣赏的社会化，艺术活动的每一个环节的成熟都要依靠实践为动力基础。

4. 审美对象对审美意识的促进作用

审美对象与审美意识一经同步发生，双方就互相作用，并在漫长的审美发展中呈现出复杂的不平衡发展状况。前面已经指出，审美意识可以经由艺术这种方式外化出新的审美对象（艺术品），从而将审美意识提高到策源地位；另一方面，既经问世的艺术品又作为先行的审美对象出现在大众审美个体面前，刺激其审美意识，从而出现了审美意识反映（尽管仍须基于欣赏者自身实践体验经历）审美对象、被审美对象塑造培育的情况。"艺术对象创造出懂得艺术和具有审美能力的大众……为对象生产主体。"① 审美对象对审美意识这种促进作用不只体现在艺术审美中，也体现在现实审美中。艺术之外的广大现实审美，无论是社会美还是自然美，都在熏陶、培养着观赏者的审美意识。

5. 审美经验系统内部各个部分之间的互相促进作用

审美经验是包含着审美感受、审美心理结构、审美态度、审美趣味、审美理想等形态在内的一个大系统。

（1）审美感受：即狭义的美感（广义的美感是审美意识的简称，它与审美对象简称"美"相对应），指人们进行审美活动（包括美的创造与欣赏）时的心理活动过程。审美感受在全部审美经验中居于基础地位与核心地位。说它居于基础地位，是因为审美经验和它的各个方面及各种形态（审美观念、审美能力、审美趣味、审美理想等），都是在审美感受的基础上形成的。说它居于核心地位，是因为审美经验的这些方面和形态又都是通过审美感受才能在审美活动中更好地起作用。正是由于它在审美经验中居于这样重要的地位，它才常常被人们当做审美经验的同义语使用。现代西方美学中作为主要研究对象的"审美经验"，正是与审美感受涵义相近的一个概念。

（2）审美心理结构：是由人类社会历史性积累、影响而形成的审美生理—心理机制。它是审美感受以及整个审美经验的物质基础。

（3）审美态度：指人基于审美心理结构而对外界对象主动构成审美关系的特殊心理状态。审美态度这一术语在现代西方美学主观派那里已获得了日益重要的

① 《马克思恩格斯文集》第 8 卷，人民出版社 2009 年版，第 16 页。

地位。

（4）审美趣味：是指在一定审美感受的经验基础上逐渐形成的审美爱好，即有所偏好、具有独特心理定势习惯的审美风格倾向或个性化的审美态度。

（5）审美理想：是对审美最高境界的向往和追求，是审美的最高范型和标准。审美理想具有升华概括性，但它是非概念、非逻辑的，是一种典型的意象。意象在此不仅指其形象性，而且强调是包含主体愿望在内的审美对象。它不是现成既定的。审美理想还具有个性，就此而言，它是审美趣味的升华和结晶。

系统内各个形态的发展并不平衡，这必然引起整个系统的发展变化。例如，一个时代的审美趣味和审美理想，往往是引导审美心理结构变化发展的重要力量。魏晋时代，以“竹林七贤”为代表的名士，以“清”为审美理想，形成了长袍宽袖、饮酒赋诗、不拘小节的潇洒风度，由此而带动了社会性的审美趣味的变迁，并给那一时代广大的知识分子阶层的审美心理结构造成了富于个性特征的印痕。现代审美时尚化潮流的更替，也策源于特定阶层审美趣味的示范。

总之，审美经验的起源与发展尽管受制于多种复杂因素的影响，但从根本上说，无论是审美经验的生理、心理基础，或是审美经验的发生与发展，其最终根源仍然应归于实践，亦即人的本质力量对象化的活动。实践是包括审美意识与审美对象在内的审美活动的本源动因和基础。审美意识和审美对象以实践为母体结成审美活动关系，双向发生、双向发展，又彼此促进。这就是我们关于审美意识与审美对象关系的辩证观，也就是统一于马克思实践论的审美活动关系的审美本质观。

第二节 审美心理结构与审美感受特性

一、审美心理结构

从人化自然的角度来看，实践的社会性和历史性成果是两方面的：一方面造就了外在的人化自然，构成了审美对象的世界，同时另一方面又造成了内在的人化自然，建构了审美心理结构。这个审美心理结构是审美意识的基础。如马克思所讲：“工业的历史和工业的已经生成的对象性的存在，是一本打开了的关于人的本质力量的书，是感性地摆在我们面前的人的心理学；……通常的、物质的工业……以感性的、异己的、有用的对象的形式，以异化的形式呈现在我们面前。”①这个实践论的审美关系起源观点中有两点需要注意：

① 《马克思恩格斯文集》第1卷，人民出版社2009年版，第192—193页。

（1）基于实践而建立的审美关系具有客观规定性，这种客观规定性集中体现于结构性。不仅审美关系及其外在客体对象方面具有客观结构性，而且作为审美主体一方的审美意识也具有客观规定性：审美心理结构具有物质性（生理与心理机制），因而，审美经验才具有稳定的规律特征而不流于主观随意性。

（2）内—外人化自然与审美意识—审美对象基于同一实践母体，因而它们具有相称对应的性质。审美意识与审美对象作为审美的主体与客体是相异的形态，但是它们作为同一审美关系的双方又具有同一对应的结构。如同阴阳凹凸相配的模具，审美意识与审美对象具有同构异态的性质。这就是马克思所说的外化的心理与内化的工业，二者因而发生互相共鸣（欣赏与被欣赏）。现代西方美学重要流派之一的格式塔心理学（完形心理学）美学依据物理学与心理科学认为，外在物理世界与内在心理世界的运动具有“同形同构”的结构对应关系，因而特定的外界形式结构可以引起人脑中相同的电脉冲，由此造成主客协调、物我同一的愉快感受，此即审美。因此，形式有其相对独立的内容涵义。例如，“鹰击长空”的快速直线上升，与人脑振奋昂扬的生理—心理运动形式对应，而哀愁低沉的情绪与缓慢下降的曲线相对应，所以“自在飞花轻似梦，无边丝雨细如愁”中，飞花与梦境、绵绵细雨与感伤才有其内在必然的联系，特定的形式才激发、揭示出了特定的情感与审美涵义。

这样，对审美经验更深入一步的研究就必须结合对审美心理结构的研究进行。

二、审美积淀

审美心理结构是个体性的，但是审美心理结构的生成又不单单是个体活动的结果，更重要的，它是社会历史总体文化背景下的成果。审美心理结构的生成，不可能是一次性的行为或短期实践的结果，它不仅需要个体自身长期的实践活动，而且更需要人类千百代实践历史性的继承、积累和传递影响；同时，审美心理结构的生成也不可能在狭小的、单一形态的活动范围内形成，它需要人类全社会范围所进行的全面的实践方式的哺育。这也就是说，外在的社会生活结晶为内在的审美感受，宏观的人类历史沉积为微观的个体心理结构——这样一种内化的过程，称之为“积淀”。

审美积淀与人类实践活动的全部物质文明与精神文明的创造都有关系。其中，尤以三种积淀方式为重要。

1. 生产积淀

人类不同于动物的文化—心理结构根源于使用和制造工具的生产劳动。以操作、制造工具为核心的生产劳动在社会历史进程中造成双向发育：一方面，是外化的劳动对象、工具、资料的结构水平的不断提高；另一方面，是人类大脑皮层中同使用工具的肢体（其中手又更领先一步）活动相应的、运动中枢与感觉中枢相配合的反馈性神经联系系统的结构及其心理活动功能水平的不断提高。后一方面即是心理结构的建构发育。这里须注意的是，生产劳动的积淀侧重在运动中枢部分造成改变，它更多地塑造着人的感知觉方式。后来发达阶段中审美心理结构最普遍、最大量的对节奏、对称、变化统一等形式的感受，都可以追溯到劳动操作活动。康德所揭示的人的感性基础框架是时间与空间，由于时空基础框架是生产方式的产物（如现代微电子技术所策动与培养的现代人的简捷快速感知特性），因而生产劳动积淀具有基础意义。由于现代劳动趋于智能化，从而麦克卢汉又强调现代电子媒介技术活动主要延伸与塑造人的中枢神经系统①。

2. 以巫术为主的原始文化积淀

远古巫术具有极为重要的社会功能。它在操练演习和回忆的过程中，把生产活动中分散的东西集中起来，一方面培养提高了生产技能和想象力，另一方面使群体得到协调和动员。这些能力的培养和协调统一（协同），对于生产力水平低下的原始群体来说关乎生死存亡。因而，这些巫术仪式对氏族个体成员便具有极大的强制性和约束力。由于这种强制和约束是以超人的神性威慑笼罩人心的，它根本不能进入认识领域，而必须绝对地、无条件地、全身心地服从和感应；并且其操演实习具有严格的、传统悠久的规则形式，因此，它们对心理结构的塑造和规范力量远超过了后来文明时代的法律或道德。

随着社会的发展，这种原始巫术的威慑力量会减弱以至于消失，但作为一种原始文化，却仍可保留在民族习俗和节日、日常礼仪、禁忌观念和审美意象中，从而潜移默化地制约作用于个体的文化心理结构。从审美角度来看，原始巫术文化对审美心理结构的影响特别表现为审美形象—意象的制约，以及对想象力的刺激。

这种源自原始巫术的心理制约力量是深层的，往往是不自觉、无意识的；同时它由于源于一种超人的领域，从而在模糊朦胧、不确定之中仍透射出使人敬畏、视为天然的力量；此外，它往往固定凝聚为某些根本无从言说解释的形象标记，如神像背后的光环圆圈“曼荼罗”②、“卍”之类符号。这些特性不仅直接塑造了审美中的某些意象，也深远地规范了民族审美心理中某些结构模式（如中国审美传统中的“大团圆”结局、东西方各民族童话中普遍出现的小红帽与狼外婆类型的人物角色与故事结构等）。

瑞士心理学家荣格认为，与对于氏族先民攸关重大的巫术活动相关联的是集体意识，它经由文化保留传递而成为一个民族的“集体无意识”；原始巫术活动某

① ［加拿大］马歇尔·麦克卢汉：《理解媒介》（增订评注本），何道宽译，译林出版社 2011 年版。

② 佛教梵文词音译，意指“坛场”，也指佛象，但其广义却远超出了实指对象。

些重要的对象事物在历史的发展中削弱了原先稳定的内容，而形式化、模式化为深层心理结构中神秘发生作用的“原型”。这为从梦境到神话、艺术主题等广泛的人类意识提供了一种结构线索。原型的集体无意识性质清楚地显示出个体心理结构中人类总体社会历史活动塑造作用的力量，从而揭示了原始巫术文化积淀的存在地位①。

3. 以艺术为代表的日常文化积淀

直接脱胎于巫术的原始艺术的发展方向不同于法律道德或节庆礼仪，它最终完全丧失了巫术的功用内容。在这个层次上说，原始艺术恰恰是原始巫术积淀生成的二次文化形态，它突出地保留并发展了巫术的形式。例如，山顶洞人埋葬死者时撒红粉，这种巫术礼仪净化为红色的色彩感受时，它就成为原始艺术的构成因素。同时，原始艺术还保留并发展了生产劳动的形式。例如，当原始人从对石斧的实用操作注意转移向对加工过的石斧的形体线条的感受时，作为劳动心理的活动就进入了审美心理领域。

从巫术积淀与生产劳动积淀的交汇中发展起来的艺术，此后仍然始终不断地从物质生产为基础的人类社会发展的各个历史时期抽取、提炼出形式，返转来以对象化的形态使社会成员集中而强烈地感受这种形式。例如，现代迪斯科舞蹈正是使人纯粹而鲜明地感受现代工艺技术及社会生活节奏的一种艺术形式。

这样，艺术成为从审美角度塑造个体心理结构，把社会总体运动内化为个体心理感受最集中而有效的形态。以艺术为中心代表的这种日常文化积淀在现代已十分广泛深入，从传统艺术欣赏（音乐、美术、文学等）到大众传播媒介影视节目、广告、时装、流行口语等，都在塑造着个体心理结构。

与侧重于影响同使用工具的肢体活动相应的运动中枢感知方式的生产劳动积淀不同，以巫术为主的原始文化积淀与以艺术为代表的日常文化积淀，同人类大脑皮质中使用语言符号的器官活动，以及言语运动中枢与言语感觉中枢相配合的反馈性神经系统关系更为密切，文化积淀使心理活动多样化、复杂化和丰满化。

由此可见，个体的审美心理结构的形成与发育，乃是一种人类文化社会的、历史的、全面的哺育积淀过程。

上述积淀形态的分析同时表明，生产劳动积淀是最根本性的积淀。这一结论不仅揭示了包括艺术积淀在内的诸种派生于、根源于、后于生产劳动积淀的文化积淀根源，而且它指示了审美心理结构产生、发展与更新变化的动力机制基础。后一点对于我们全面理解积淀理论有着特别的意义。作为被社会总体塑造的个体

① 审美与艺术的巫术起源说具有重大影响。但是，巫术赖以进行的时空框架与秩序形式，仍根源于作为人类生存基础的劳动所产生的形式感。由此得出的一种观点是：审美源于劳动，艺术源于巫术，审美先于艺术。

性的审美心理结构，它是积淀的成果，但一种定型定势化了的心理结构却又势必成为阻碍主体接纳、体验新的感受形式的结构。因此，每一个个体的人只有保持与实践本源的联系，不断更新自己的活动方式（“突破积淀”），才能保持个体心理结构的开放性与发展前景，这也就是参与新的社会历史积淀的创造；同时，也只有立足于自己直接的活动经验，才能在社会总体文化塑造个体的积淀中不流于盲目被动，保持自主选择的个性。这一点，在日益覆盖包围个体的现代时尚文化符号环境中，具有越来越重要的意义。

三、审美感受特性

依据审美积淀的过程分析与审美心理结构的构成，我们对于审美感受的特性才可能获得内在的、更为深入细致的把握。

作为审美的心理特征，审美感受的性质首先须要从审美的本质得到规定。

以生产劳动积淀为本源的审美积淀，必然同时是合规律性与合目的性社会历史性地向审美心理结构的转化：合规律性与合目的性成为审美心理结构的内在构成方式，从而同时成为以审美心理结构为机制基础的审美感受的特性。

但是，客观规律与主观目的在审美关系中已改变了原先独立自在的状态性质：客观规律成为符合人类目的的合规律性，主观目的成为符合客观规律的合目的性，二者在统一的过程中生成了新的性质——自由的形式。同时，审美积淀是无数特定的审美活动在漫长的时间（历史性）与广阔的空间（社会化）中的融汇提炼。作为这种提炼结晶的成果，审美心理结构内在的合规律性与合目的性不仅早已脱离了客观规律性与主观目的性原先孤立自在的性质，而且也与特定审美关系所对应的规律性与目的性内容大为不同：每一次特定的现实审美中合规律性与合目的性的统一都有具体特定的内容。例如，原始人对石斧的审美感受包含着有力击伤野兽的目的与石质的硬度及锐角所具有的锋利性规律的结合统一，陶罐曲线造型适宜适意的背后伏有盛装液体的目的与圆柱体容积较大、加工工艺简便之类规律的统一背景内容……但经由漫长广阔的审美积淀时空转换，这些特定的规律与目的（包括它们的统一）内容都隐逝而去，只有重复相似的形式在一再使用、刺激、感受的积淀中保留凝聚为审美心理结构的生理—心理反应模式（例如划桨、打铁、伐木所共同具有的对称均衡用力，积淀抽象为节奏感）。基于这种心理模式的审美感受，与那些参与生成它的规律与目的内容已失去联系，然而它又在普遍化的形式感受中受制于普遍化的规律性与普遍化的目的性。这就造成了审美感受以下两个表面上看似乎是悖论的基本特性：美感非认识而直觉地合规律性，美感非意志（意欲）而直觉地合目的性。

对这两个基本特性须作多方面深入细致的辨析界定。

1. 认识总是对具体的规律内容的认识，这个意义上的认识及其规律内容在审美积淀过程中已经蒸馏掉了，所积淀于审美心理结构的是抽象而普遍的规律形式（它表现为节奏感、对称感、均衡感等）。美感的这种对规律形式的感受不能还原为特定的规律认识，否则美感将失去普遍性与自由性而回复到具体而局限的前积淀状态。就此而言，美感是非认识的。但是另一方面，美感对规律形式的普遍性把握却又对特定具体的规律有着包涵性与适宜性，因而美感又普遍地合规律性。

美感普遍适宜的合规律性积淀源自认识，却又超越了特定认识的局限，包容了认识最为一般性的规律。从而，当人类探索认识新的规律时，美感以其超前的普遍合规律性感受往往提供发现的契机、预示模糊不确定然而可靠的思路。这种"以美引真"的现象在创造性思维活动领域有着突出的表现，它甚至在现代美学中获得了"科学美"的专题性论域。①

爱因斯坦在评价科学史上著名的"迈克尔逊—莫雷实验"的成功时认为，这在很大程度上要归功于迈克尔逊的"科学的艺术家的感触和手法，尤其是对于对称和形式的感觉"②。迈克尔逊自己也认为他的选题"要求研究者有着学者的分析的智慧、艺术家的审美知觉和诗人的形象性语言"③。德国著名数学家魏尔说："我的工作总是力求把真实和美统一起来，但是当我必须两者择一时，我通常选择美。"魏尔以他对引力规范理论的发现过程为例。从逻辑概念认识的角度看，他承认这一理论作为引力理论是"不真实"的，"但觉得它是如此之美而舍不得抛弃它，因而由于它的美而把它保存了下来。"可是，过了很久，当将规范不变性的体系纳入量子电动力学时，果然弄清楚了魏尔的直觉终究是对的。德国天文学家刻卜勒为引导他发现行星运动定律的审美和谐感而激动，他在《世界的和谐》中写道："现在，或许要问这种精神力，它并不参与概念的思索因此不会有先验的和谐关系的知识，何以竟有能力认出外部世界赋予了什么……对此，我答：所有纯粹理念，或和谐的原型模样，都是本来就存在于那些能领会它们的人们之中的。但是它们并非由理性过程首先收入心中的；倒不如说，是那些人先天的本能的直觉结果。"后来，现代物理学创始人之一的泡利进一步分析了刻卜勒的思路，他写道："从一开始杂乱的经验数据通往理念的桥梁是灵魂中某些先在的原始影像——刻卜勒的原型。这些原始影像不应该位于意识中或与可有明确理论表达的一些观念有关。它很可能是一个属于人类灵魂的无意识区的，有着强烈的感情内容的影像

---

① 科学与审美关系的进一步阅读，可参阅刘兵主编"大美译丛"系列丛书，吉林人民出版社2001年版。

② 《爱因斯坦文集》第一卷，许良英、范岱年编译，商务印书馆1976年版，第491页。

③ [美] S. Chandrasekhar，方兆炷：《科学中的美和对美的追求》，载《世界科学译刊》1980年第8期。

结构问题，它们不是被想出来的，而是好像看到绘成了图画。一个人醒悟到了一点新认识而感到的愉快，是由于这类先在的影像和客观事物的特性相和谐一致而产生的。”泡利在这里已经明确地把美感的普遍合规律性归结于一个“有着强烈的感情内容的影像结构”。① 但是由于不明白实践的积淀这一社会历史性的转换环节，个体的审美心理结构那种超出特定个人经验的普遍适宜性就成为神秘先验的了。

马克思说：“感觉在自己的实践中直接成为理论家。”② 这也就是深层历史学积淀为深层心理学，在其中个体无意识地代表族类在思想。千百代人的规律性认识内容结晶为内涵广阔的审美心理结构。因而，美感无意识的预感具有超出个体思维视野的更大背景范围，其合规律性才具有“以美引真”的力量。

2. 特定的意志欲望表现为具体有限的目的，这个意义上的目的内容同样在审美积淀过程中被蒸馏掉了。早在生产劳动积淀中，生产劳动工具的出现，已经是超越了特定规律性认识与特定欲望目的的人类超生物中介结构诞生的标志。如前所引述的黑格尔的著名命题：作为有限的特定的规律性认识与目的欲望统一的中介物——劳动工具，本只是有限目的欲望的手段，但这手段作为造就人类本质属性的核心基础，却获得了比有限目的更高的地位。人类为了生存，劳动的直接目的首先恰恰要求掌握并非消费对象的劳动工具，从而，手段转化为目的。人类劳动工具的产生与发展，是由于无数特定目的欲望与规律性认识的结合推动，其结果，则是劳动工具扬弃了具体有限的目的欲望而取得了更普遍更高目的的地位性质。劳动工具因而成为人的本质的对象化，成为审美对象。在这同时，劳动工具操作运用及其传承的过程，也就是与之对应的人类文化心理结构积淀生成的过程。经由审美积淀，人类内在的审美心理结构及其审美感受，也就具有了人类学水平的合目的性。

审美感受对特定目的欲望的排除，是对特定生存需要所规定的有限片面目的的扬弃。经由人类漫长历史与广阔社会的积淀转换，审美感受已获得了与外在审美对象同具人类学性质的更高合目的性。美感合目的性所引起的不是对特定功利对象的亲切友善，美感指向康德所谓最高的目的、超越了特定善的内容的“至善”。并非偶然，康德把美定义为“道德的象征”，认为正是审美感受把个体的人引导向人类乃至自然界最高的目的。

所谓美感非意欲的合目的性，是指千百代人目的欲望所升华积淀的普遍性目的亦即人类总体目的对个体的价值定向，以期个体的美感能为族类整体选择和安排最好的东西，以期使现实事物的组织结构和形式特征符合人类生活的目的性。

---

① ［美］S. Chandrasekhar，方兆炷：《科学中的美和对美的追求》，载《世界科学译刊》1980 年第 8 期。

② 《马克思恩格斯文集》第 1 卷，人民出版社 2009 年版，第 190 页。

所谓审美享受，作为目的，实际上正是这样的信息：它宣告选择和安排是适当的，是符合人类自由创造性劳动本质的。

3. 合目的性与合规律性在美感中是统一于一体的，它们统一于特定的审美感受（如匀称感、节奏感等）中。因此，某种审美感受，如匀称感，它既是合规律性的，同时也是合目的性的。从而，审美感受对于认识和意志欲望（意欲）这两大人类心理具有协调、中介的性质。

4. 审美直觉性包含了多层涵义。首先，直觉是直接感觉到，而不是由感觉传导给大脑、经由思维来间接把握对象。因而直觉是快速瞬时的、当下即得的。其次，直觉不同于一般感知觉，后者作为较低阶段的感性不能透过现象把握本质。直觉则不仅达到了一般理性水平，而且在快速反应、超前预感等方面超出于一般理性水平之上。作为审美直觉，它所把握的又不是特定个别对象的本质，而是更为普遍的内在联系和人生至关重大的价值定向，因而所把握的对象不仅超越了认识与伦理等领域的界限，而且具有更为普遍的意义。最后，审美直觉在不抛弃感性现象的情况下把握本质，具有现象与本质相统一的方法论特性。从而，它是整体性的（而不是局部片面的）、综合性的（而不是分析性的）。

审美直觉在对象、方法等方面独特而重要的功能性质，从古代开始，就为人类思想界所重视。这种重视一般有两类基本背景：一类是从本体论高度重视审美直觉对于人类认识（严格讲应是“体验”）本体的特殊功用。例如柏拉图（及其后的柏拉图主义者）关于非理性的迷狂状态可以使人直观理念本体的说法，庄子“心斋”“坐忘”，“用志不分，乃凝于神”而“同于大通”的自由境界，谢林断定对世界本体只可能以艺术态度直观，等等。另一类以纠正、反拨人类文明进程中逐渐增长的片面重视逻辑概念分析推理的倾向为针对性，而着力挖掘、恢复和发展审美直觉的认识功能，这已特别成为现代人文哲学批判唯科学主义的重要方面。例如现代现象学创始人胡塞尔对一种将全部逻辑概念搁置之后直观本质的现象学方法的论证和强调，现代西方科学哲学发展中以费耶阿本德为代表的重情感直觉派别，① 以及19世纪末叶以来越来越多的自然科学家对审美直觉的重视与强调等。

但是，上述大多数非马克思主义实践论的直觉论者，不仅未能科学合理地解释说明直觉的社会历史根源（一般不是作生物学解释就是作神秘主义的宗教性解释），而且极端地将直觉与理性认识截然对立，从而，直觉论往往成为现代非理性主义的重要来源。

与非理性主义往往不可分割地混为一体的是非功利主义。审美感受非意欲的

① 费耶阿本德（P. Feyerabend），当代美国科学哲学家，主张一种反科学规范的非理性主义的“认识论无政府主义”。

特性同样被极端地与功利绝对对立起来。

一个引人注目的美学史现象是，如果说在人类美学史发展的早期，更常见到的是将审美与认识、伦理等活动联系甚至混同的话，① 那么，在近代以来的美学中，占主流地位的现象则是将审美与认识、伦理等活动割裂乃至敌意地对立起来，将前述美感两个基本特性中美感非认识、非意欲的一面与美感合规律性、合目的性的一面分裂开来，只把前者作为美感的基本前提条件，再以直觉形态出现，这已成为现代西方美学中代表性的美感模式。例如，英国美学家布洛提出的“心理距离说”②，其主要原则即是对对象保持适当的心理距离，以疏远、排除功利意欲与认识求知的日常心态，从而获得一种直观审美对象的审美心态。这种将审美同认知、意欲对立的美学观点之所以能拥有足以印证的审美经验的支持，恰是由于经由审美积淀的社会历史性转换，审美感受已经脱离了具体、现实的认知与意欲活动内容，而个体审美心理结构的真实社会历史来源亦由于积淀这一巨大的转换环节而不为审美个体所自觉认识。

因此，与片面割裂审美感受特性的非理性主义、非功利主义、直觉主义相反，审美感受的特性恰恰应当是：当前直觉与历史积淀的统一，情感性与认知性的统一，个体愉悦性与社会功利性的统一，个体自由性与普遍必然性的统一。

第三节 审美心理要素

多种心理因素的交错融合，是审美感受较之其他单一的生理或心理活动更为丰富、更为持久的重要原因。从心理学角度来看，审美感受中有五种心理因素是基本性的。

一、感觉

感觉是对事物各种个别感性属性（如色彩、声音、形状、硬度等）的感受。

---

① “诗，可以兴、可以观、可以群、可以怨。迩之事父，远之事君，多识于鸟兽草木之名”（《论语·阳货》），“里仁为美”（《论语·里仁》），“尽美矣，又尽善也”（《论语·八佾》）。“有益的就是美的”，“美是善的父亲”（《柏拉图文艺对话集》，朱光潜译，人民文学出版社 1983 年版，第 198 页），“我们看见那些图像所以感到快感，就因为我们一面在看，一面在求知”（亚里士多德：《诗学》，人民文学出版社 1962 年版，第 12 页），“美是一种善，其所以引起快感正因为它是善”（亚里士多德：《政治学》，见北京大学哲学系美学教研室编：《西方美学家论美和美感》，商务印书馆 1980 年版，第 41 页），等等。

② 布洛论证“心理距离说”的论文中译文载《美学译文》第 2 期，中国社会科学出版社 1982 年版。

感觉是审美经验的门户，而且是整个审美感受及其心理结构所依靠的基础。感觉是作为主体的人与客观外界发生实践关系最直接也是最可靠、最明确无误的心理现象。所以，强调、重视感觉在美感中的基础地位，是美学史上所有唯物论倾向的美学家的共同点之一（从亚里士多德到英国经验派的培根，从费尔巴哈、车尔尼雪夫斯基到马克思，无不如此）。又因为美感是感性特征突出的精神活动，所以，如果不立足感觉性，美感也就丧失了感性特点，从而失去了审美区别于其他意识形态的重要特征。这样，包括唯心论倾向的美学派别在内，对感觉基础地位的起码肯定，也是普遍的美学倾向。

坚持肯定美感的感性及其基础作用，势必同时要肯定感觉的生物（生理）性，这也就突出了美感与生理性快感的联系问题。心理科学及实验美学早已证明，人对单纯的颜色就有本能的感觉反应，这属于视神经的生理性活动。外在物质世界的诸方面如音响、硬度、光滑度、亮度等，无不刺激人的五官感觉使之做出生理、心理反应。这些感觉的生理性快感必然会构成美感的一部分："假如希腊巴特农神庙不是大理石的，皇冠不是金的，星星不发光，大海无声息，那还有什么美呢？"① 为造型艺术重视的"质感"即对材料本身质地的感觉，突出的恰是感觉中较为低级、与生理快感直接相通的触觉的地位：青田玉雕比一般玉雕更美，恰是因其特殊的材料质地所引起的人的触觉快感（因而，观赏玉雕艺术时爱不释手及禁不住想要抚摸的心理，正是快感参与了美感的确实证明）。青铜器黝黑与沉重所产生的深邃凝重、绢绣使人感到秀美等，表明质感与审美形态、风格也密不可分。审美感受中更为高级重要的心理形式，例如想象，其相当一部分活动也正是以唤起身体感觉为依归的："清辉玉臂寒""晨钟云外湿"之类诗句之所以优美，是与想象所唤起的感觉不可分的。这也正是前面谈及"通感"时所说的美感的生理—心理基础问题。它更加清楚地表现了感觉在美感中的基础地位。因此，像黑格尔那样强调"艺术的感性事物只涉及视听两个认识性的感觉，至于嗅觉、味觉与触觉则完全与艺术欣赏无关"②，就用唯理主义的偏见歪曲了审美感受的本来状况。需要注意的是，如麦克卢汉所强调的，电子媒介（特别是后来触屏智能手机）的使用特性使触觉在当代的地位空前突出了。

感觉所具有的生理快感虽然和美感有一定的联系，但是不能过分夸大这一联系。感觉的生理快感因素在美感中的作用一方面是局限的，另外，更重要的是，这种快感主要是通过与其他更为高级的心理因素的联系参与美感的。

在各种感官中，主要是视、听两种器官发展成为审美的官能。心理学的实验

---

① ［美］桑塔耶纳：《美感》，缪灵珠译，中国社会科学出版社 1982 年版，第 52 页。

② ［德］黑格尔：《美学》第 1 卷，朱光潜译，商务印书馆 1979 年版，第 48 页。

报告表明，如果失去触觉和味觉而仅靠视、听感觉，会失去对外界对象的确切体察，但是仍可在一种可理解水平上把握对象。但如果失去视、听觉而光有触、味、嗅觉，对象将混沌、不可把握。更高级的心理诸如想象、记忆等，都会伴随视、听觉，特别是视觉。这是由于，触、味、嗅觉感受对象的范围更狭小直接，而视、听觉的感受范围则更为广泛，有深入对象、加以概括和把握的能力，因而与人的高级心理或精神关系更为密切。而视、听觉之所以能有上述性质与地位，根本上缘于与劳动的密切关系。视、听觉与其他感觉相比，与个体直接的生物性需要较为间接，而在从猿向人类过渡形成期，站立姿势与把握劳动工具、注意劳动对象、互相配合呼应等活动恰恰更需要的是视、听觉（特别是视觉）的配合。从而，在以劳动为动力的人化自然进程中，视、听觉的人化成为人类内在自然素质人化程度最高的感觉。这样，视、听觉才更为突出地失去其生物类的直接适应性、受动性与片面性，而愈益成为社会化的审美的主要感觉。

二、知觉

知觉不同于只是感受事物个别可感属性的感觉，而是把感觉的材料联合为完整对象的整体性感觉。

知觉以感觉为基础，但知觉并不是感觉要素的复合。所谓知觉，并不是先感觉到个别成分而后才注意到整体，而是相反地先感知到整体的现象，之后才注意到构成整体的各个局部。例如我们面对一个三角形，并不是先注意到三条不同方向的线段，然后再组合成三角形，而是直接就感知到那个三角形。也就是说，人是以完整的形式而不是以破碎的形式去把握对象的。强调这一原则的格式塔学派因此也称作完形心理学。这种形式的完整性可以是相对的。例如一个人又可划分为头部与躯干，而头部可再划分为耳朵、鼻子等，但是，最小的细部决不能成为让人无从判认的形状。人总是以某种熟悉的结构形式去知觉对象的。知觉是人把握一个完整对象的基本心理单元。感觉在感受对象时是融化于知觉中发生作用的，因此，一般统称“感知”。

相对而言，感觉的对象是质料，而知觉的对象是形式。感觉只有在知觉的总体中才会有相应的审美意义：感觉到的红色处于鼻子上，与处于女孩子脸颊上，其美丑正相反。审美感受的知觉性的一个基本表现即是：知觉所提供的表象是构成审美意象（或形象）的基础条件之一。完整的审美意象（或形象）是审美得以成立的起码条件，知觉因此给审美感受提供意义内容，给艺术提供主题。这不仅使抽象绘画（或中国书法艺术）这类艺术品获得了审美内容（主题和意义），而且引导了一种排除理性分析、专注于知觉对象形式的审美鉴赏态度。

完形心理学美学对形式的推重（形式自身即是内容意义的化身而不是盛装内

容的外在容器）与对知觉的唯一化强调，使它不仅批评基于感觉的构造主义，而且对强调形式之外的内容以及强调感知形式之外还须联想内容的联想主义等学派持否定态度。这样，人类更高级的其他心理形式诸如想象、思维、情感等对审美感受的重要作用意义也就被抹杀了。知觉机能的孤立化，也就实质上抽掉了知觉自身与其他心理因素共同构成审美心理运动的基础。就审美实践来看，对外界形式与内在审美心理结构经由积淀造成的同形、同构的对应共鸣意义内容的揭示，以及对感知形式的审美鉴赏特性的强调，对于指导审美（特别是视、听觉艺术审美）无疑有独特的意义，但推广运用于更依赖思维与想象的语言文学艺术（例如情节生动的长篇小说），就不适宜。

就知觉自身特性的更进一步考察来看，知觉对特定对象形式的把握是有条件的。知觉具有选择性。人总是选择特定事物或事物的特定方面的形式去感知的，知觉在对特定对象的把握同时，也是对其他部分的“背景化”和忽略。因此，如何突出选择对象更具本质性或特征性的方面以更好地把握对象，始终是知觉的重要问题。审美感受的主体评价（情意状态）性质更突出地要求知觉的能动选择。例如儿童画中的人物不成比例，头大，五官中又以眼睛和嘴巴为大，所画的风景图里太阳永远是高挂当空的红球，最感兴趣的景物总是占据画中央；“春风又绿江南岸”中的“绿”本是色彩性实感，但却有意地忽略掉对象其他更多的结构要素（整个“江南岸”的形状都不见了），只突出了审美意象（那是主体知觉、审美趣味与审美对象主要特征的结合产物）的主要特征等。

可见，在审美知觉的选择中恰恰突出的是审美感受主体的主体能动性。而审美感受的主体性——无论是审美个性和趣味还是审美观念、审美理想，它们都是在以往的经验基础上形成的。人们过去经验所形成的暂时联系，在对当前的刺激物的分析综合的心理活动中起着重要作用，它影响着知觉的选择。不同的人对同一个对象的知觉，甚至同一个人在不同时间地点或不同心理状态下对同一个对象的知觉，都可能不同。例如这里的“多义性图形”：

（a）可以看做是悬挂在一个正方框架中的一个正方形；

（b）可以看做从灯罩顶部看下去的灯罩；

（c）可以看做从灯罩内侧看过去的灯罩；

（d）可以看做一个纵深的隧道；

（e）可以看做从空中俯视的截去了尖顶的金字塔；

（f）农业经验者则容易视为盛粮食的斗。

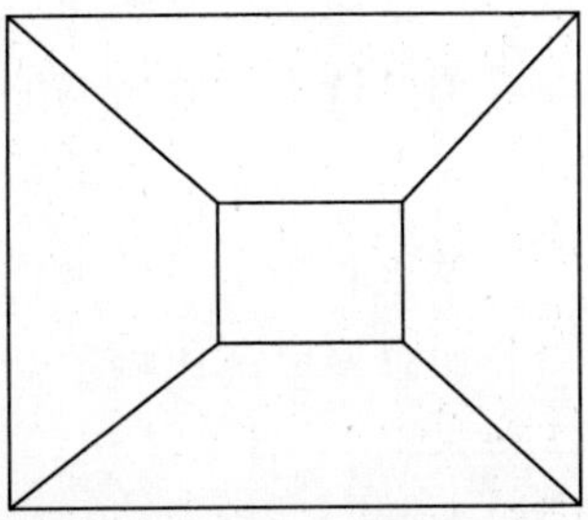

虽然图形的空间方位没有改变，但是知觉的对象（或者知觉到的意象）却是不同的。因为看到了什么，要以观察者过去的经验（“想到的东西”）为条件；而过去的经验得以参与现实的

知觉，则是以联想这类心理活动为条件的。这同时也就证明了那种孤立自足的知觉中心论的片面。

三、想象

从感觉发展到知觉，人的感受从个别到整体扩大着范围，主体表现出越来越能动的力量。而当主体不仅能够感受当时直接作用于主体的事物，并且还能感受当时不直接作用于主体的事物，甚至能够感受不曾作用于主体或根本不存在的事物的表象时，想象这种“人类的高级属性”就出现了。①

如果说，知觉对于感觉来说主要是人类心理感受在空间中的拓展，那么，想象较之感知觉而言，则是人类心理感受对时间与空间的超越；由于打破了时间三维性的界限，想象同时也就把人带入了更广阔的心理活动空间，即所谓“精骛八极，心游万仞”，“观古今于须臾，抚四海于一瞬”。② 想象使个体心理从当时当地的直接感知走入超时空的自由感受，这也就使个体审美心理结构把人的本质力量对象化的纵向时间的历史性成果和横向空间的社会性成果得以在有限的形式中融合。也就是说，人化自然及其所积淀的无限性时空内容在有限时空的审美心理结构中，正是借助想象才被保留住并且复活了。在这个意义上说，个体审美感受的超个体的人类性或者说个体与人类的联系性，也正是由想象所提供的纽带保证的。

想象是个具有广阔内容的心理范畴。它的初级形式是简单联想。简单联想又可分为多种形式，其中重要的有接近联想、类比联想等。

接近联想是由于两件事物在时间或空间上的接近而形成的经验性联系，这种联系基于实践而在心理中积淀为某种条件反射。接近联想在审美活动中不仅可以打破特定对象的局限，由此及彼地从时空上扩大感知对象，而且可以由此引发造成这种联系的特定的实践的主体性情感内容。如陆游著名的《游园》诗：“城上斜阳画角哀，沈园非复旧池台。伤心桥下春波绿，曾是惊鸿照影来。”陆游重游旧地，沈园池水与桥作为空间中介，将此时游园与彼时情人相遇两件事联系起来，并且由此抒发了怅惘与思恋之情。李白《宣城觅杜鹃花》则正相反：“蜀国曾闻子规鸟，宣城还见杜鹃花。一叫一回肠一断，三春三月忆三巴。”杜鹃花开与子规鸟叫分别是诗人两处所遇的事物，但都发生在三月时节，这一时间中介引起了联想，并油然引出了对故乡的思念。

类比联想是一件事物的感受和引起该事物在性质上或形态上相似的事物的联想。如以暴风雨比喻革命、山鹰比喻猎人，梅、兰、竹、菊比喻人的高尚情操，这

---

① ［德］马克思：《摩尔根〈古代社会〉一书摘要》，人民出版社 1965 年版，第 54 页。
② 陆机：《文赋》。

是取其性质的类似而联想为一体的；而“江作青罗带，山如碧玉簪”（韩愈：《送桂州严大夫》），则是因为江的形状、颜色同青罗带相似，从而引起联想。与接近联想相比，类比联想更多地摆脱了对实际事物时空条件的依赖，而把人类的抽象概括能力引入了感受中，从而为人类联想打开了更为普遍、广阔，更加深入细微的领域。前面曾讲到过的“通感”现象，所谓红色的热烈激动性，绿色呈现出的安详宁静，直线的坚硬，曲线的柔和等，都正是由于类比联想更为间接曲折然而也更为普遍广泛的概括包容，才大大扩充、丰富了人类审美感知的范围与内容的。

想象较之联想具有更进一步的主体自由性。尽管想象与联想都以知觉所提供的表象为前提基础条件，但是，联想是在对当前事物的感知中回忆有关的其他事物，是中枢神经中已经形成的暂时联系的恢复，是对知觉所提供的表象群的重新分类聚合。而想象则或者是改造旧日的表象，或者是以旧表象为材料创造出新的意象。因此，想象不是对知觉现成表象的外在处理，而是新表象的生产，它不是旧有中枢神经联系的恢复，而是新的中枢神经联系的建立。

改造旧表象的想象属于再造性想象，它更倚重于记忆，从而与联想更为接近。较之联想表现出新质的创造性想象则是审美意象的主要来源。审美感受中亲切而又新鲜、熟悉而又陌生的审美意象则表现了想象对旧有表象的再现与创新的统一。这两类想象在不同的审美活动中有不同侧重的结合统一。例如，在审美欣赏中以再造性想象为主，同时也包含着一定的创造性想象；而在审美创造（包括艺术创作）中则以创造性想象为主，而再造性想象则往往成为一种准备性与辅助性的活动。

为创造性想象所集中体现的自由性与创造性，是作为人的本质的自觉、有意识劳动的最重要属性。因而想象在凝聚着人的本质的审美活动的诸心理因素中占有突出的地位（与之地位接近的只有情感）。感知觉在生理上、思维理解在逻辑程序中都是被限定的常数，正是想象才使它们活跃起来，构成独特的审美心理现象。感知觉从被动地接受发展为主动的审美感受，从有限的既定表象发展为超越现实时空的审美意象并呈现出无限丰富的样态；思维理解不执著于实在对象与特定的联系，因而不是走向逻辑概念化而演化为多义宽泛的审美领悟；情感、欲望从对直接的目标对象的需求扩展、弥漫为无限性的向往、憧憬意向……这都与想象力的活跃有重大关系。

通过与科学想象的比较区别，审美想象上述独特而重要的性质就会看得更加清楚。

一般的科学想象虽然也组合或创造表象，但科学的表象是作为研究客体的表象，而审美想象的表象是作为主体性的人的意象。如导论关于美学人文学科特性论述时所说，这种对象基本性质的区别具有根本性的规定作用。

由于是关于客体的表象，因而处于手段性地位上。科学想象本身只是达到自身之外的某一直接功利目的的手段，机械图、原子模型都是供人想象实在客体的辅助工具。而审美意象作为主体性的人的意象，其自身即是目的，因而审美想象并无直接功利用途。

由于是研究客体的过渡性手段，科学想象不具有情感色彩，相反却力求保持客观性。而审美想象以主体自身为对象，因而必然采取体验认同的评价态度，从而给审美想象带来鲜明的价值取向与情感色彩。正因为如此，审美想象才将客观对象范畴的表象改造为与主体情感意向融合一体的审美意象。

审美想象以对象化的人的本质为中心意象，它本质上是自由的、具有无限可能性的；同时，审美想象的创造性又具有鲜明的个性和独特性、新颖性，因而是不可重复的。由于上述情况，审美想象有明确意象却又无确定概念。科学想象则不然，它以揭示规律为终极目的，因而科学想象的表象实质上是一种最终可以约简、还原为概念的象形符号或感性结构。艺术创作中图解化或概念化的弊病，就方法论根源而言，正是由于混淆了上述两类想象的区别，甚至破坏了审美想象。例如，电影艺术中依据审美类比联想，用蒙太奇手法将人物情感激荡、内心震撼与自然界里的狂风雷电或海潮大浪剪接组合，此种艺术表现手法最初出现时让人忘怀其中，却并不从中追索什么概念性结论，从而获得审美享受。但是以后用得滥了，形成了重复性的规律条件反射，这些想象意象就退化为符号模型，成为概念规律的象征。类比联想的审美想象性质就演变成了逻辑思维的类比推理（“人一激动发怒，就要来风雷雨电”），这就不再是审美了。

四、情感

情感是美感心理形式中地位最为突出的一种因素，它往往被人们视作审美与艺术的象征代表，甚至是特质所在。知意情与真善美并提已是人类古老的传统。情感在相当多美学家或艺术家那里占有中心地位。例如，列夫·托尔斯泰就是把交流情感当做艺术的本质，而在西方美学史上影响深远的“移情说”，也正是以情感运动为审美特性的。我国美学界里也曾有人建议以情感取代形象在审美和艺术中的传统中心地位，主张改“形象思维”为“情感思维”。情感对于审美感受的重要性，于此可见一斑①。

情感是人对客观事物是否符合自己需要的一种心理反应。跟认识活动不同，情感不是对客观对象本身的反映，而是对对象与主体之间的某种关系的反映。所以它表现为对待客观对象的一定的主观（肯定或否定）的评价态度。因此，确切

① 陈炎主编的《美学》（高等教育出版社 2013 年版）将美学定义为“情感学”，是一本情感美学的教材。

地讲，情感不是反映，而是评价性地感受、体验，情感不是再现，而是表现。情感这一特性是它不同于感知、记忆、思维理解等其他心理因素的主要之处。而情感性成为审美最引人注目的特征，又正表现了审美与艺术区别于认知、美学区别于科学的人文学科的价值规范性。

审美感受的情感活动有时被称作审美快感。这一称呼容易引起的误解，是把审美情感归于生理性的快感。生理快感是由生理欲望和冲动得到满足而引起的身心快适，它是本能性的，无论就其内容范围还是就其形式特征而言，都与社会化了的人类高级精神现象审美情感有本质的区别。尽管作为人化自然的成果，处于文明阶段上的人类生理快感已经不再等同于纯粹的动物性生理快感，而且人类多样丰富的情感无不具有社会化的性质，但是审美情感仍然是人类情感形态中最完美的典范。其根本原因在于，审美情感的对象就是人的自由本质；审美情感就是对人区别于动物、为人所特有的自由创造性的本质的体验感受，它具有与人的本质正向度的关系。因而，并非所有的情感都可能诉诸审美或艺术：少女可以歌唱失去的爱情，守财奴却不会歌唱失去的财富。二者情感之人性正负取向，决定了它们能否成为审美情感。

情感同想象一样，是审美感受诸心理因素中最活跃的因素之一。情感的评价态度使之较其他心理因素更为积极主动，更突出地具有主体能动性，因而情感在审美感受诸心理因素中起着动力作用，并且规定着审美心理活动的方向。由于情感的弥漫扩散性和包容性，因而协调着其他审美心理因素，维系着审美感受的有机整体性质，使审美感受普遍地染上情感色彩并最终呈现为一种情感状态。“枯藤老树昏鸦，小桥流水人家，古道西风瘦马。夕阳西下，断肠人在天涯。”（马致远：《天净沙・秋思》）如此纷杂的感知表象，正是凭借一种感伤凄清之情的中介联系，才构成了一个审美整体。

在情感与审美其他心理因素相互作用的关系中，值得提出的是“情景”这一中国古典美学范畴。所谓“登山则情满于山，观海则意溢于海”，就是指情感的积极主动扩散、包容的运动性。这里应特别注意的是情感对感知觉的渗透。因为，感知觉所提供的表象正是形成审美意象（形象）的一个基本来源。情感与表象的结合，即“情”与“景”的结合：“情景名为二，而实不可离。”① “夫景以情合，情以景生，初不相离，唯意所适。”② “情景”的出现，是主体情感与客体对象的统一的结果。这一审美心理过程的两个基本方面正是情感与感知觉（想象则使之更加活跃动态化、拓展使之更加广阔深入）。

---

① 王夫之：《薑斋诗话》。
② 王夫之：《薑斋诗话》。

将“情景”所脱胎的视觉形象进一步推广普遍化为包括想象在内的表象感知，并同时将情感泛化为意向，就产生出更为普遍也更加重要的另一个中国古典美学范畴“意象”。“意象”是以情感为代表的“意”与以感知提供的表象为代表的“象”的统一，它鲜明而准确地表达出审美活动的物我同一、主客同一、合目的性与合规律性同一的独特本质。

西方美学史上旷日持久的“表现说”与“再现说”的争执则表现出对审美意象上述统一特质的形而上学割裂。严格意义上的“表现说”，指 20 世纪从克罗齐开始，以英国美学家柯林伍德（又译科林伍德）与阿诺·理德为代表，把审美看作情感的表现的美学与艺术学流派。柯林伍德的美学代表作《艺术原理》①，系统地论证了艺术表现情感这一基本原理。这种从自我表现角度说明审美与艺术动因根源的理论，实际上与弗洛伊德的精神分析美学具有相同的性质，前者只不过是用情感表现取代了后者的（性）欲望表现。而早在此之前，“移情说”与联想主义的争论，其实也是围绕审美情感的性质所发生的“表现说”与“再现说”的对立。“昔我往矣，杨柳依依；今我来思，雨雪霏霏。”（《诗经·采薇》）在联想主义看来，事物的情感性质是主体根据过去的经验推断和联想出来的。杨柳无所谓依恋，雨雪也无所谓凄愁。只有当人们通过它们的形态联想到人的惜别依恋与凄凉悲愁时，它们才再现了人的情感。这种解释已与古典“模仿说”和现实主义的立足于再现外界对象的立场有了很大距离，在一定程度上它也是属于情感表现说。它们仍然重视对象的客观性状，并据此判断与之相关的经验内容。但它面临非具象的抽象艺术时就无能为力了。“移情”不同于“联想”之处在于，联想是一种更多被动性的感知，而移情却是一种积极主动的投射。因此，“杨柳依依”的根源完全是主体自身惜别之情外化的结果。

但审美情感的能动外化是有客观规定性的，特定情感与特定外界客观对象的结合也是有客观规定性的。仁者乐山，智者乐水。仁之操守立场与山之坚实稳定，智之敏捷动态与水之活动流转，主客、内外之统一都不仅有各自的条件性，而且双方之可能同形同构发生对应关系，也归根结底根源于实践活动及历史积淀所产生的审美心理结构。

五、领悟

作为审美心理因素的“领悟”，近似地相当于一般心理学所说的“思维”或“理解”。但在审美感受中不存在概念逻辑性质的“思维”，也不宜说存在着仍然未脱出思维范畴的“理解”。逻辑思维或一般认知活动中的“思维”和“理解”，与

---

① ［英］科林伍德：《艺术原理》，王至元、陈华中译，中国社会科学出版社 1985 年版。

审美心理形式的“领悟”之间的关系，远不是初看上去那样简单。

审美感受中的领悟，并不是指文艺欣赏中对故事背景或细节象征内容之类的知识的理解，而是内在地贯穿审美感受全过程、与其他审美因素（感知觉、想象、情感）交融一体地对审美意蕴本质的把握；特殊地讲，审美领悟只是指把握审美意蕴本质的一刹那间主体审美感受发生质的飞跃时的心理状态，就此而言，它好像禅宗中的“顿悟”。

审美领悟的独特性质根本上取决于它所把握的对象——审美意蕴本质独特的人文性质。审美意蕴本质是体现于特定审美对象中的审美本质，它是一种意蕴。审美本质作为人的本质的对象化，或合目的性与合规律性相统一的自由，总是体现在特定的审美对象中，从而形成了各自的特定审美意蕴。审美领悟不能摆脱特定的审美意蕴去抽象把握审美本质，从而形成了审美领悟的个性特色。但是审美领悟的核心乃是对审美本质的感悟，因而，审美领悟对审美意蕴本质的把握又具有可与理解水平相媲美的深刻性和普遍性。

审美领悟的基本特点是：

1. 情感性

由于审美领悟的对象其核心本质是理想态、典范性的主体自身，因而审美领悟普遍地呈现为参与型的情绪状态：或者是惊喜兴奋，或者是激动昂扬，或者是崇高肃穆，或者是意境超越。这种体验认同及评价倾向的情感状态，与科学思维为典范的逻辑概念认知的客观中立形成了鲜明的对照。

2. 非概念化与感知性

从艺术创作审美创造角度讲，审美领悟性体现为不是通过概念及其逻辑而是通过形象（意象）来表达某种本质性的东西；从审美欣赏角度讲，则是不通过概念（及其逻辑）而是通过感知觉来领悟对象的意蕴内涵本质。它们都突出地表现了审美领悟与感知觉（及其所提供的表象）密不可分的关系；由于感知觉是借助想象（包括联想）活跃扩展起来的，因而同时也表现出审美领悟与想象密不可分的关系。正是与感知觉、想象这种密不可分的关系，使审美领悟总是呈现为特定审美意蕴的完整性领悟，而不是“剥离现象，抽取本质”式的思维认知。这一特点在审美与艺术中是如此突出显著，以至于人们长期用“形象思维”这一术语来概括审美领悟乃至整个审美活动的本质特征。

“形象思维”及其对审美领悟感知觉性质的强调集中表现在语言文字艺术——文学的审美领悟的特征中。语言的概念化本性使之与科学性思维有着不解之缘。因而，文学的感知化亦即形象化，成为文学保持自身审美性质的关键问题。诗家传统的锻词炼句，都主要是为了避开、化解概念性语言而将其还原为感知性的表象；所谓艺术的感染力或形象性，一个基本方面也正是指艺术品对象的这种可感性程度。“不着一字，尽得风流，语不涉难，已不堪忧。”① 诗词原是语言文字艺术，而“不着一字”反倒成为最高的艺术成就。这并非说不用字（也不可能不用字），而是说要避用概念化的字，尽量用可感知性的形象化的字词。王安石“春风又绿江南岸”中“绿”字的几易其稿的改动，是中国诗家“炼字”传统的著名例子。从“到”“过”“入”“满”改定为“绿”，正是语言的可感知性的增大：色彩性质的“绿”已深入到比心理更深厚原始的生理反应层次了。② 李白诗：“玉阶生白露，夜久侵罗袜，却下水晶帘，玲珑望秋月。”后人评论：“无一字言怨而隐然幽怨之意，见于言外。”这不仅是指其中对具体可感知表象（玉阶、白露、罗袜、水晶帘等）的选用，更主要的是这些局部细节的感知性表象又塑造出诗中一个行动中的整体的人物形象（从外貌形象到动作形象），造成了新的感知系列，从而不仅取代了概念，而且取代了抽象逻辑的推导过程，使人获得了不离开感知觉的对审美意蕴的领悟体会。

3. 趋向无限性

审美领悟之所以非概念化，除与感知觉不可分离外，还因为审美领悟的对象不是有限性的实在物，而是在对象化中展现的人的自由创造性。这种作为人的本质的自由创造性是不可限定的无限性，因而它无法为有限的特定概念所包容概括。正因为如此，审美领悟才伴随感知而又不等同于感知。审美领悟是通过有限的、特定的、偶然的感知性表象指向无限性意蕴，从而在审美中造成一种“张力”，使有限静态的表象趋向无限性的审美意蕴。因此我们可以进一步明白，前述想象之可能活跃推进心理运动并表现出不可限定的时空无限性，其中同时有着审美领悟超越感知、趋向无限的张力所起的作用。

审美领悟趋向无限性的特征同时对艺术创作（审美创造）与艺术欣赏两方面都有重要意义。对艺术创作而言，艺术所包含的审美意蕴不仅要比特定的艺术素材丰富得多，而且也远远超出了创作它的艺术家特定的创作意图。从而，对于欣赏艺术品的人而言，任何真正具有审美价值的艺术对象都是意蕴无穷、向同时代与后代敞开新的解释领悟的无限前景的对象。这就是文学理论经常说的“形象大于思想”。审美感受如果不愿限定为概念化的思想而保持无限性的趋向，那就必须使思想成为领悟。

4. 直觉性

审美意识的直觉性前面部分已经谈过，此处着重从审美心理因素的领悟特性角度再加以说明。

---

① 司空图：《诗品》。

② 动物对色彩也普遍具有生理性反应。

领悟之"悟"，本身即含"开窍"、豁然贯通的意思。狭义的审美领悟，特指审美感受中把握住审美意蕴本质的一刹那。凭审美经验我们可以明白，这一刹那往往是审美感受的高峰，它使审美领悟成为审美感受中心理飞跃的一个关节点或中枢环节。而这一刹那间不经思索过程所飞跃达到的审美领悟，其基本特征正是直觉性。

审美领悟的直觉性在电影蒙太奇中有着典型的表现。把两个镜头对列在一起，它们就必然会联成一种从这个对列中作为新质而产生出来的新的表象。蒙太奇这一新质正是以审美领悟方式获得的，它并非既定的镜头，而是作为一种意蕴蕴藏在两个对列剪接的镜头之间有待揭示领悟的关系中。例如电影《青春之歌》中卢嘉川就义时高喊"中国共产党万岁"之后，紧接着是林道静张贴"中国共产党万岁"的标语的镜头，观众从这一联结的刹那间即可领悟到革命前赴后继的历史力量。由于电影中两个镜头转换速度异常快（基于电影艺术特性的要求，它只能是瞬间完成），因此，对这一关系及其意蕴的领悟只能是直觉性的。从而，影片镜头转换的瞬间性客观地证实了同时发生的主体审美领悟的直觉性。

第四节　审美经验模式

审美经验有不同类型，其中，静观与体验是两大代表性类型。二者又相互包孕而不可截然分割。在心理学模型的基础上，19世纪以来一些美学家从不同角度对审美经验的心理模式作了描述，由此形成了一些适用于特定角度范围的解释理论。

一、审美体验

1. 审美体验在审美经验中的地位

严格讲，审美体验作为审美经验的一种类型，并非特定角度的模式，而在审美经验中占有基础性地位和奠基性作用①。但在西方美学史上审美体验成为理论研究专题却是相当晚近的事情，英文 experience 至今兼有"经验"与"体验"双重语义而未作分梳。同样，英文 aesthetics 也统称活动经验的"审美"与理论学科"美学"，由此导致重要误解混淆。因此，汉语美学研究须立足汉语语义语境，而不能单向度依据西方美学词源。根据伽达默尔的研究，在西方观念史上，与汉语"体验"对应的西文词直到19世纪70年代才由狄尔泰以德文加以概念化。体验的德文原词（Erlebnis）是"经历"（Erleben）的再构造，"经历"又是生命、生存、生活（Leben）的动词化。而前置"Er"是自主反身性的，因此，"体验"不仅是

① 王一川著《美学原理》（中国人民大学出版社2014年版）是一本以体验论为中心的美学教材。

跟生命、生存、生活密切关联的经历，而且是区别于被动经验的精神性经验①。汉语“体验”之“体”直接表明这是基于“身体”而非纯意识的经验；鉴于身体在中国思想史中的根基地位，“体验”又通向中国思想史具有本体性质的“本根”(庄子)。但近代以来独立的美学长久受主客二元对立认识论和科学方法论的影响，审美对象与审美意识在割裂的状态中分别成为美学研究的主要对象，审美经验被局限在审美意识领域，却忽视了审美活动中审美体验之于审美经验的始源性和先在性，而使得作为源初性的审美体验活动蜕化为二元区别基础上非体验的审美静观，这就从根本上僵化了审美经验。

2. 中西方审美体验理论概观

正是囿于这种静观意识论美学思维范式的影响，在探究审美体验的发生之谜时虽不乏对这一审美现象的片面认识，如有的美学家将之归结为“直觉”（克罗齐、柏格森、马利坦等)、“想象”或“灵感”（柏拉图)，有的则归结为“移情”（立普斯）或“内模仿”（谷鲁斯)、“高峰体验”（马斯洛）等，但基本囿限于心理，而不能揭示出这些心理经验的活动根源。审美本质一章以马克思主义实践观奠基意识经验，实践劳动不限于肢体体力劳动，也包括概念思维的脑力劳动，正是这些活动才形成了神经元生理与心理的联系模式而成为经验。因而，经验起源于广义劳动的“体验”。作为对意识美学纠偏的现象学美学，提供了更精微的分析。在现象学美学看来，人在一切指示、区别、对象的构成或主客之分之前，已处于对世界的生动体验之中。现象学对于这一存在性的“世界境域”的揭示经历了一个发展的过程，它发端于胡塞尔的“意识现象学”，中经海德格尔的“存在现象学”，而成熟于梅洛-庞蒂的“身体现象学”。在梅洛-庞蒂这里，人与万物始源一体的“存在性世界境域”经由身体（生命）才本源性地展示出来；而这一本源性世界境域唯有通过审美体验才能完整地向我们呈现出来。

当代美学的生命美学、生活美学、生态美学甚至身体美学，与现象学这一方向密切相关。但是西方美学的审美体验这一认识上的转变，对于中国传统美学来说，却并非陌生新视域。因为中国传统美学一以贯之的主导型思维就是建立在“天人合一”基础上的，无论是儒家美学所提倡的“感兴”还是道家主张的“妙悟”，抑或禅宗倡导的“顿悟”，以及陆机的“直寻”抑或王夫之的“现量”学说等，无不是对审美体验中个体生命践履性的强调。这种个体的审美体验就在于“不尚知解，而尚体验”②，崇尚“身之所历，目之所见，是铁门限”③ 的亲履践行之学。正是在这种对审美对象的非概念的把握和亲身领会中，我们将“重临物、

① ［德］加达默尔：《真理与方法》上卷，洪汉鼎译，上海译文出版社 1999 年版，第 78 页。
② 许敬庵语，见《明儒学案》卷四十一。
③ 郭绍虞、王文生编：《中国历代文论选》第 3 册，上海古籍出版社 2001 年版，第 301 页。

真、善为我们构建的时刻”。[①]

3. 审美体验的基本特征

总括中西方对于审美体验的认识，审美体验具有以下几方面的特点。

首先，审美体验具有源初性。这一规定必须联系审美本质一章关于审美根源于活动性实践来理解。审美活动及其体验的本体地位根源于实践先在于客体对象与主体意识的本体性规定。审美活动的体验先在于二分格局的审美主体与审美客体静观。以第一章所分析的舞蹈为例。舞蹈活动并非对一个既定审美对象的欣赏，而是身心一体的自身体验，它同时是为观舞者生产出审美对象的策源中心。因而，就其总体发生而言审美首先是体验而非观照。关于审美对象与审美主体意识各自特征的众多描述或表述理论居于第二义层面。这使审美体验在全部审美经验中占据着本体性地位。只有基于审美体验，才不仅使全部审美经验及其心理形态的感知、想象、情感、领悟被激活，而且使这些审美经验呈现为一个生命统一体。

其次，审美体验具有亲历性。这不仅是指现实审美活动阶段身心一体的切身性，也是指，即使在艺术审美的主客二分格局中，面对既成审美对象时，审美主体的欣赏也不像自然科学的认知那样对对象进行概念的把握和功利主义的考量，而是全身心沉浸于对对象的审美观照，在对对象的审美观照中寄托主体的情思和意绪，在对对象的审美观照中我们不需借助于理性推理或逻辑的思考而达到对对象的本质直观。特别是，审美主体力求回溯到现实审美的感同身受状态，如一幅画作与一首乐曲，从而引领欣赏者从艺术符号状态返回生存体验、沉浸于体验状态。这种感同身受的体验，也往往就是审美的高峰经验。

这种亲历性使审美体验往往带有独特的个性，不同的个体在审美体验中对于同一审美对象形成了不同的审美体验和人生感受，甚至同一审美对象对于处在不同时期的同一审美主体而言审美体验也是不相同的。人生的悲欢离合、喜怒哀乐的情感无不与独一无二的体验密切相关，所以正是审美体验的亲历性的特点，往往带有他人不可重复的个性和生存经历的烙印。

最后，审美体验是整体性的。在审美体验活动中，审美体验活动不是对审美对象某一方面的把握，而是对于审美对象整体的感受。一如卡西尔所言：“在科学中，我们力图把各种现象追溯到它们的终极因，追溯到它们的一般规律和原理。在艺术中，我们专注于现象的直接外观，并且最充分地欣赏着这种外观的全部丰富性和多样性。”[②] 在审美体验活动中，我们体验着对象本身的多样性和丰富性的意蕴，在这种审美体验中我们不仅感受着对象的形、色、声、态、味等的个别性，而且

---

① ［法］梅洛-庞蒂：《知觉的首要地位及其哲学结论》，王东亮译，生活·读书·新知三联书店 2002 年版，第 31 页。

② ［德］卡西尔：《人论》，甘阳译，上海译文出版社 1985 年版，第 215 页。

也在这种感受过程中与对象达成了浑然一体、物我不分、妙合无垠的整体境界。达到了苏轼所谓“其身与竹化，无穷出清新”的身心俱遗的整体境界。

4. 审美体验的现代意义

审美体验在现代社会的不利处境在于，现代文明是科技中介间接经验空前发达的社会化网络，个体在享受科技文明所带来的空前便捷的同时，却缺乏主动参与特别是身体参与的直接体验，从而陷于身体体验空前局限的贫乏状态。现代性精神的发展状况是，不仅由于技术工具理性使审美经验习惯于审美对象与审美意识主客二分的静观格局，而且在现代传媒无孔不入的图像化视觉环境下，作为“受众”的审美经验成为被动接受的观看与灌输塑造对象。现代影视借助3D技术甚至立体眼镜使观众身临其境的体验效果追求，一方面是对现代体验贫乏的补偿，另一方面又使观众空前被动化接受而剥夺了主体的个性体验，被音像场景震慑的观众的体验已被编导及其技术模塑。

因此，重树审美体验在人类审美生活中的意义和价值，恢复审美体验中生命感受的丰富性和多样性，不仅是维护审美经验，而且更根本的是维护与提高现代主体的生存质量与个性化创造性，这关乎前述马克思“美的规律”所指向的“创造着具有丰富的、全面而深刻的感觉的人”这一现代社会最高发展目标。

二、审美注意

注意是审美活动的开端。没有注意，就没有审美。注意的形成是由两方面的因素形成：客体吸引我们注意，主体具有注意力。客体具有某种特征，从而具有吸引我们注意的能力。注意是由客体的特征与主体的能力结合在一起才形成的。

“注意”作为一种心理活动本身，很难区分一般注意和审美注意。它只是一种心理指向性而已。同样，审美态度与日常生活态度也很难用一种先验的方式加以规定。审美的态度要超越直接的功利性，但它又与日常生活的态度有着千丝万缕的联系，无法截然分开。这也就是前一章所介绍的与艺术审美相区别的现实审美。以艺术审美为代表的纯粹的审美经验成为大多数美学分析的对象，现实世界与审美世界的区别因此成为强调方向，然而，真正复杂而更有深度的是如何分析现实活动之中的现实审美及其注意特性。马克思主义美学的深刻性也在于此。

可以通过庖丁解牛的例子分析寓于谋生劳动及一切实用活动的现实审美中的注意特性。庖丁以解（杀）牛为目标，其目的与规律娴熟统一所臻于的自由形式却使实用技术成为技艺，其行动流程因而“莫不中音，合于桑林之舞，乃中经首之会”①。但是，庖丁解牛的血污场景及其即使游刃有余也需要保持的肌肉紧张

① 《庄子·养生主》。

（甚至微喘）不可净化，他的行为性质是生存性劳作。但也正是在此场景中，庖丁解牛结束之后“提刀而立，为之四顾，为之踌躇满志”① 的自我欣赏，才不是戏子的表演，而拥有生存本身的实在魅力。这种不脱离生存处境的审美就是现实审美。这里的精微之处是：杀牛的劳作对象意识主导着庖丁的视线注意力，转向主体自我意识的审美亦即自我欣赏是在劳作结束之后；尤其是，这种自我欣赏即使在游刃有余的劳作过程中已经进入主体注意视野，那也必定是伴随性的边缘意识，亦即劳作行进中的眼角余光。这种对美的体验并非外在的静观，而是当事人内在的自我体验。这也是中国古典美学关注的重心。

在讨论一般经验与审美经验的区别时，美国学者约翰·杜威提出了“一个经验”的概念。他认为，在日常生活中，经验常常是杂乱、零碎的，各种各样的经验错杂，我们的注意力被不同的事件吸引。但是，经验本身有着自我完善的要求。这在根本上基于前述劳动的规律与目的相统一的人类学行为趋势，即完成（统一）劳作的行为是一种最深层的心理定势。就像一块石头从山上滚下，不到山谷不会停一样，一件事没有做完，我们就会总想着它；一盘没有下完的棋，会让我们惦念不已；一句话没有说完被人打断，会使人不快以至恼怒。但这一心理定势只有超越无意识惯性而被意识为主体的自由进程结果时，才是审美的。因此，“审美的敌人既不是实践，也不是理智。它们是单调；目的不明而导致的懈怠；屈从于实践和理智行为中的惯例。”② 具有整一性、丰富性、积累性和最后的圆满性的经验，也就获得了自由形式感亦即审美的特质。

三、审美心理距离

“心理距离”（psychical distance）说是由英国美学家爱德华·布洛提出来的。布洛于 1912 年发表了一篇标题为《作为一个艺术因素和审美原则的“心理距离”》的长篇论文，其中提出这种观点。

“心理距离”的意思是说，在对自然物和对艺术品的欣赏中，人们需要保持一种心理距离。“心理距离”的一个经典的例子，是“海上大雾”。如果海上遇到大雾，会是一件极不畅快的事。大雾可能会使人呼吸不畅，会耽误行期，甚至还可能撞船、撞上礁石，撞上漂来的冰山，使人们充满担忧。但是，如果人们在心理上与这些切身的思考拉开距离，换一个角度，就会发现，海上的大雾也能成为美景，使人有飘飘欲仙的感觉。同样，我们在荒野中也是如此，想到会有野兽出没，有无常的气候变化，有迷路的危险，就不能达到美的欣赏。抛开这一切，拉开与

---

① 《庄子·养生主》。

② ［美］杜威：《艺术即经验》，高建平译，商务印书馆 2010 年版，第 47 页。

实际人生的距离，才能欣赏眼前的自然奇观。

“心理距离”也适用于艺术欣赏。英国老太太看到《哈姆雷特》一剧的最后一幕，王子哈姆雷特与人决斗时，情不自禁地大叫起来：那剑上是有毒的。朱光潜举例说，中国观剧者要提刀上台去杀演曹操的演员，也是如此。有著名演员回忆道，他由于演《白毛女》中的黄世仁曾挨打。所有这些，都是没有把戏当做戏来看，而与实际生活混淆了。这都是失去距离的例子。

布洛还讲到了“距离的二律背反”（the antinomy of distance）。艺术需要有距离，失去了距离，就与生活混为一谈了。但是，距离又不能太远，太远了读者与观众就会觉得不切身，失去了艺术观赏的兴趣。布洛认为，最好的艺术欣赏，是距离很近但不失去。朱光潜则认为，还是不远不近最好。这两种不同的观点，反映了不同的艺术趣味。

这里讲“心理距离”，是强调它既不是指时间距离，也不是指空间距离。在艺术中，人们把场景放到古代，或者放到异域，都可能造成时间和空间的距离。人们讲故事时，开头常有这样的套路：“在很久很久以前，在某某国中，有某位王子……”这是利用时间与空间来制造距离，向读者暗示这是故事，要将它作为故事来看。这种制造距离的方式是允许的，也是常用的。但是，空间与时间的距离，归根结底不过是为了制造心理距离而已。通过时空距离，可以制造心理距离。但是，光有时空距离，也不一定就能造出心理距离。《奥赛罗》的故事，对于猜忌的丈夫来说，会距离太近，尽管它讲的是古代和外国的故事。至于那些描写古代外国的凶杀色情故事，不管时空有多远，都可能会失去距离。从另一方面看，讲述此时此地的故事，也能保持距离，遵守“距离的二律背反”规律。

布洛还强调距离的连贯，认为在一件艺术作品中，要保持距离的一致性。例如，一部现实主义的小说，不要突然出现神魔的故事插入其中。亚里士多德就反对在戏剧中“机械降神”。现实的小说，就让它按照现实的逻辑发展，例如，《三国演义》这样的现实小说中有战争，有人物的悲欢离合。小说背后虽然也有命运观念起支配作用，但命运要通过人物的故事来展开。这代表着一个距离层面。与此不同，《西游记》作为神魔小说，人物则在另一个距离层面上活动。它们各自有着自己的距离，不可混同。关羽可以同吕布或颜良在战场较量，可以过五关斩六将，小说尽管已经将人物神话化，但还是保持了一个现实的距离层面。如果由此扩展，设想关羽与项羽比武，张飞与岳飞比武，所打破的也只是时间距离，并没有打破神话与现实间的距离，因而，仍可被人们想象，具有某种可比性。但是，很少有人会设想让关羽与孙悟空比武。这两个人物处在不同的距离层面之上，没有可比性。如果要衡量这两个人的“武功”，就会有完全不同的尺度。因此，如果硬是要拿他们相比，就会犯距离不连贯的错误。

"心理距离"说的优点在于，它将传统的审美和艺术"无功利"的观点作了一个很大的修正。审美与艺术欣赏，并不在于追求一种纯而又纯的无概念和无功利，更不是新生儿那样的"天真的眼睛"，相反，它所做的，是通过拉开"心理距离"使概念和功利得到暂时的消除，在审美欣赏的那一瞬间不想到概念和功利。这也就是审美的超越性，只不过是弱化的"超脱"。从"无功利"到"去功利"，这里面有一个很大的差别。"无功利"是说审美欣赏中不夹杂任何功利的考虑，这实际上是不可能的。概念、道德和功利，这些因素实际上无时无刻不在影响我们的知觉。"心理距离"的观点提供了一个可能，就是将这些思考和体验放在一定距离中来看。不是幸福本身，而是我们对幸福的回味可以成为歌，不是痛本身而是痛定思痛可以成诗，这些都是拉开一定的距离来观看最切身的感受，从而使它们成为审美欣赏的对象。

经过一个世纪的反思，人们指出了"心理距离"观点的一些缺陷。其中重要的一点是，"心理距离"说，实际上仍是一种"审美态度"说。依据这种学说，讨论对象的美是无意义的，只要主体有了审美态度，就可以从对象中获得审美的感受。对于"心理距离"如何能产生，布洛并没有作出合理的解释。面对大雾，只要不去想它的不利方面，换一个角度去看，就能从中看出美来，实际上，这是不可能的。人在面对对象时，的确有着自己的审美态度，但这种审美态度不是无缘无故产生的，它实质依赖于前章所述规律与目的相统一所积淀的自由形式感。人不可能像打开电灯开关一样依赖于一个简单的操作就可以形成或改变对待对象的态度。面对大雾，不想行程耽误和危险可能降临，只是幻想进入了仙境，一般人没有这番修炼功夫，也不应把审美寄托在这种修炼功夫上。我们还是需要保持着美的欣赏的种种具体条件的关注，这包括对象的状况和环境的状况，如果没有对这些因素的考虑，就会将美学研究指向一个纯主观的对心理状况和心理调适能力的要求，这样的美学是有缺陷的。

"心理距离"说的另一个重大缺陷在于，它是借助于心理学在全球的兴起而形成巨大影响的，然而在实际上，这仍然只是一种关于人的审美和艺术心理的哲学假设，不符合当时正在走向实验的科学心理学潮流。"心理距离"不能在实验中得到证明，而只能依赖于人的内省。当我们今天重新审视这种学说之时，一个适当的做法是，保留这种表述，将之看成对审美和艺术欣赏的一种机智和概括性的表述，同时，意识到它在当今的种种困境，对新的理论可能性持开放的态度。

四、审美移情

"移情"一词是从德语 Einfühlung 和英语 Empathy 翻译成汉语的，意思是"情感移入"或"神入"的意思，即情感或感受从自我向对象的投射。这种情感的移入，有两个方向：一是将自我的情感向外界的移入，即由我及物，如心情悲观沮丧，便天昏地暗；与之相反的方向是对象状态移入主体而成为情感共鸣，即由物及我，如面对跳跃的小鹿，主体受到感染而心情活泼①。

当我们聚精会神地注视审美对象时，就会将情感注入对象中，感到对象具有了某种情感色彩。人的这种情感投射现象由来已久。原始人的万物有灵观念，古代哲学中的物活论，近代哲学中的泛神论思想，中国哲学中的天人合一思想，都可视为这种思想的渊源。《庄子·秋水》中有一个著名的故事："庄子与惠子游于濠梁之上。庄子曰：'儵鱼出游从容，是鱼乐也。'惠子曰：'子非鱼，安知鱼之乐？'庄子曰：'子非我，安知我不知鱼之乐？'"庄子认为，他是知鱼之乐的。知鱼之乐的唯一办法，是设身处地，推己及物。

移情从情感的投射始，但又不仅限于投射。当我们通过投射，设想对象也具有情感时，就有了情感的反馈。我们会把动物、植物和无生命的自然界当做我们的朋友。李白的诗"相看两不厌，只有敬亭山"，也许可以说成是拟人，但这不是仅仅作为一种修辞手法的拟人。山成了朋友，不仅将情感移到山之上，而且在一种与山共处的感受中，得到美感。

移情现象虽然有着悠久的历史，但是，作为一种对审美经验进行系统描述的学说，它的形成是晚近的事。到了19世纪后期，R. 菲舍尔明确提出了移情说，而只有在立普斯那里，才对这种观点作了详尽的阐述。立普斯在他的《美学》一书中指出，美的价值是一种客观化的自我价值感，移情是审美欣赏的基本前提。人的审美活动，实际上都与移情有关。移情有多种多样，具体说来，他将移情区分为四种类型：

第一，对象的形式被赋予生命，例如，原本抽象的线条转化成一种运动或延伸。这时，抽象的线条变成了具有活力的人的活动。

第二，向自然界移情，使自然对象拟人化，例如，风在咆哮，树叶在低语，大海怒号，小溪歌唱。这些都是把人的活动和表情赋予了自然，使自然在表现着人的情感。

第三，氛围移情，使色彩富于性格特征，使音乐富于表现力。

第四，生物感性表现的移情，把人们的外貌作为他们内心生命的表征，使人的音容笑貌充满意蕴。

在这四种类型中，前三种都是人对物的移情，而第四种是人对其他人的移情。因此，这四类，其实可以分成两类。

---

① 参阅谷鲁斯对移情说多种含义的列述。转引自朱光潜：《西方美学史》下卷，人民文学出版社1979年版，第616—617页。

20世纪初年，沃林格发表了著名的《抽象与移情》。他进一步把“移情”与“抽象”对立起来。他认为，移情仅仅促使人们进行艺术再现，即根据对象的形象进行生命的还原。除此以外，从埃及艺术，到非洲艺术、哥特式或巴洛克以至现代艺术中，都可以发现一种不同于移情的抽象冲动。这就是说，立普斯所说的第一种移情，实际上是一种抽象冲动，它与第二种和第三种移情才是真正的移情。他认为，只有这两种冲动的相互作用，才是艺术的根源。

朱光潜也将“移情”当作对物质对象的感情移入，他更重视这种移情的动态的由我及物的过程，与“心理距离”说所代表的去除功利，从而静观对象的形象，并从中获得情感，构成鲜明的对立。

移情的另一种情况，是指对其他人进行设身处地的思考，设想自我处在与他人同样的情境中，因而具有的同样的思想状况。这一类的移情一方面深化了前一类移情的涵义，不再仅仅将对象涂上主体的情感色彩，而且与对象进行换位思考与感受，同时，这一类移情也摒除了前一类移情施及于无生命对象和几何形式的无限扩大化，仅将移情对象局限于与主体直接发生个人关系的他人。

儿童心理学认为，幼儿在与人交往中试验自己的行动在别人身上的反应，意识到别人也是与自己同样的人，并进而通过将自我客观化而形成对自我的认识，这是儿童智力发展到达一个阶段的标志。类似的情况在原始人类学研究中也存在，人类学家发现，只是到了旧石器时代晚期的新人出现以后，人类才具有了这种移情的能力。

胡塞尔在《纯粹现象学通论》中，将“移情”当做与现象学相对的心理学事实，人通过“移情”获得对他人的体验，并以“移情”为中介，形成一种主体之间的经验，从而构成一种主体间的世界。后来存在主义哲学的“与他人共存”思想，就从这种观点生发开来。胡塞尔的门生埃迪特·施泰因所著的《移情问题》一书，对胡塞尔的“移情”思想，特别是这种思想在艺术欣赏方面的意义作了进一步的阐发。

俄国学者巴赫金在讨论他的“应答性”与“对话主义”理论时，也论述了“移情”问题。他认为，审美活动是在“移情”之后才出现的。“移情”是通过将自我投射到他人的位置之上而获得的经验。但是，巴赫金认为，文化领域没有内在的疆域，每一个文化活动都存在于边界之上，这些思想有助于纠正“移情”的单向性，即单向地将情感向对象移入，从而将审美建立在人与人之间的相互关系中。

除了上面的两种对移情的理解外，还存在着演员对所扮角色的“移情”，以及在一些地域艺术，特别是南亚的艺术中，人对动物的“移情”等，这些都是研究“移情”时应考虑的现象。

“移情说”与“距离说”一样，都对审美经验过分从主观一面来理解。它们都是一种审美态度论，也就是说，主张审美经验的形成，依赖于主体所具有的一种态度。对象本身无所谓美丑，一切都依主体的态度来决定。距离可以拉开，情感可以投射，都依赖于一种意识活动。如果这两者之间有区别的话，那么，这也只是：“距离”是为了去欲去我以去蔽，以澄明之眼观看对象，“移情”是使物着我之色彩，将我的情感赋予对象。尽管前者无我，后者有我，但不管是无我还是有我，审美经验被归结于主观态度。然而，诚如马克思所说，“五官感觉的形成是迄今为止全部世界历史的产物。”① 在此基础上的审美态度是劳动社会化与历史性成果亦即人化自然双向积淀的主体方面，它已经处于与审美对象对应的审美关系客观存在中并以之为前提。因而审美态度论不能成为从根本上解释审美经验的理论。这一局限与下述完形心理美学对比就更明显。

五、完形心理

心理学构造主义特别强调对于感觉的分析，例如，铁钦纳（1867—1927）确定，感觉是一种基本的心理过程，它至少由四种属性，即性质、强度、明晰性和持续时间所构成。构造主义者坚持对感觉的研究，包括视觉、听觉、肤觉、动觉等，在视觉中，研究线和色彩所形成的心理过程，取得了许多成果。但是，这种观点后来受到格式塔学派的批评。格式塔学派发现，人对事物的感知，并不像构造主义学派所理解的那样，由单一到综合。正好相反，人的知觉具有整体性，这种整体常常先于部分。格式塔学派把研究的重点放到知觉上。这个学派主张，我们不是根据线条和色彩的相加与综合，才认出图像中的人或物，而是先认出了图像中的人或物，然后才注意它的线条和色彩。同一图像即使用不同的色调，我们还是能认出这个图像所表现的人或物。同一个图像经过变形，被拉长或压扁，我们还是能够认出。一个熟悉的老朋友多年不见，长相肤色都有变化，但我们仍然能够认识，或者在人群中将这位老朋友辨认出来。这都说明，知觉有着超出单纯线条和色彩独特的特性。不仅视觉是如此，听觉也是如此。我们对于音乐曲调的感知，也不是音符的简单相加或结合。同一曲调，可以用不同的音高演奏出。我们可以合唱《黄河》，也可以用钢琴独奏。同一首歌，比方说《我爱你，中国》，民族唱法歌手可以唱，流行唱法歌手可以唱，摇滚歌手也可以唱，音区不同，演唱风格也不同。但是，只要通过声音间的关系保持了同样的旋律，就仍是同一首乐曲。格式塔学派嘲笑构造心理学是“盲人摸象”，只见部分不见整体。对于他们来说，整体要先于并大于部分，感知对象的性质，是由整体或各要素间的关系决

① 《马克思恩格斯文集》第1卷，人民出版社2009年版，第191页。

定的。因此格式塔学派也称作完形心理学。

完形心理学美学不仅主张完整的知觉优先于个别的感觉，而且揭示出外在事物与内在心理之间存在着基于相仿结构的对应关系，这种“同构”是“异质”呼应共鸣的基础（如“杨柳依依”与柔弱曲线的关系）。审美欣赏与共鸣因而获得了比传统联想或拟人说更深入的解释①。完形心理学美学不仅克服了前述主观论的审美态度观的片面性，而且所突出的完形结构作为审美主体与对象共同的基础，其根源已触及作为审美经验根基的劳动活动及其人化自然积淀，因而更值得重视②。

第五节　审美经验的历史演变与文化差异

一、审美经验的历史演变

人的审美观会随着时代的变化而发生变化，并由此形成不同的审美趣味，从而产生不同的审美经验。

中国出版了许多审美风尚、审美观念和审美趣味史的著作。这些著作记录和描绘了中国人的审美经验的发展变化历程。从记录了“远古图腾”的鸟兽图形，到狞厉的“青铜饕餮”，向我们展现了上古时期中国人的审美风貌。到了春秋战国时期的百家争鸣，艺术风格也趋向开放。青铜器的风格趋于轻灵精巧，《诗经》中各国的国风，也有了纯美的抒情主题的诗歌。其后，经儒道两家的兴起，佛教的传入，有了像“马踏飞燕”那样的气势飞动的作品。承续南国楚风，在汉代实现南北融化，有神奇的汉画之美。其后，在魏晋六朝时，有了新一轮的解放，诗文中提出以“气”为主的宗旨，艺术中提出“气韵生动”的原则。盛唐之音，诗人中出现追求“复元古”（李白句）的“清词丽句”（杜甫句），画家中有一代画圣吴道子，文人画鼻祖王维，音乐作品虽没有留下许多，但白居易的《琵琶行》和其他人的一些诗作中，都有精彩的描写。其后再经宋元的转折，到明清的繁盛。几千年匆匆一瞥，可以清楚地看到，没有什么不变的趣味。一切都在改变，人的审美趣味随着时代、社会、生活的改变而发生着变化。

一部艺术史，常常就是审美趣味变化的历史。在欧洲，古希腊人对美有着理想主义的态度，希腊雕塑主要雕众神和英雄的像，展现的是理想的人体。古罗马雕塑家留下的，多为将军或达官贵人的雕像，风格也更具现实主义的特点。中世

---

① 参阅［美］鲁道夫·阿恩海姆：《艺术与视知觉》，滕守尧、朱疆源译，中国社会科学出版社1984年版。

② 参阅滕守尧：《审美心理描述》，四川人民出版社1998年版。

纪教堂里所画的神像身体修长，面目庄严，通过眼睛表达内在的精神性。意大利文艺复兴时期，开启了形体与色彩和谐，重新回归美的理想。法国的古典主义艺术开始了对城市和宫廷的关注，而相应的巴比松画派又把关注点转向乡村，荷兰画派追求平民趣味，如此等等。每一个时代，都有一个时代的美的趣味。

回到人体美的话题，古今中外，都有著名的美人美女图。一方面，我们可以赞美那种可以百世流芳的美；另一方面，如果做一些实证研究，就会发现，美属于时代，不同的时代，有着不同的审美趣味和风尚，也产生不同的审美经验。汉代留有楚风，因此赵飞燕的掌上舞受到赞美，唐人有西北高原的雄强之气，因此杨玉环的丰盈受到宠爱。病美人林黛玉在清朝可被描绘成绝代佳人，但这种美只能属于那个时代。到了现代社会，“倾城倾国貌”与“多愁多病身”之间，很难形成因果关系。

对审美经验的时代性与历史性话题的一个最大的挑战，还是对自然美的欣赏。人类对自然的欣赏，产生得很早。自然作为人的生活环境，应该在史前时期就开始了。人类原本就生活在自然之中，只是城市文明的发展，才使人离开了自然。因此，大自然作为人的家园，原本就给人以愉悦。关于自然美的欣赏，有一种观点认为，人类只是由于城市文明的发展，在离开自然之时，才产生了回归自然的要求。这时，自然的美才引起人们的注意。这种说法是不对的。离开了自然后的回归自然的要求，固然能刺激人回归自然的愿望，从而产生描绘自然的艺术作品，如风景诗和山水画，但这不是人对自然欣赏的起源。这就像人离开家会想家，因此会写思念家乡的诗，但对家园的喜爱并不是由于离开了家才开始的一样。相反，人类在自身的生存和进化的过程中，形成对自然环境的情感关系。

但是，人对自然的审美感受，在人类社会的不同发展阶段，也有着明显不同，它们获得在艺术中表现的情况，也不相同。最早获得艺术表现的，并不是山川草木、鸟兽鱼虫，而可能是人本身。

从文学和艺术的历史，可以揭示一个事实，作为艺术题材，对人的关注要早于对山水和动植物的关注。在《诗经》中，很少有对自然美的直接歌颂。“美”字大多都被用来歌颂人之美，只有一处讲“彤管”之美，也特别指出，“匪女之为美，美人之贻”（《诗经·邶风·静女》）。诗中也有鸟兽草木等自然风光的描写，但主要还是作“比”“兴”之用。到了魏晋之时，山川之美受到重视，有大量的山水诗出现。曹操的《观沧海》，通篇写海边景色：“水何澹澹，山岛竦峙。树木丛生，百草丰茂。秋风萧瑟，洪波涌起。日月之行，若出其中；星汉灿烂，若出其里。”壮阔的海景，显示出宏大的气魄，观景时作者的深情，溢于言表。陶渊明的《归园田居》中，则是另一种情调：“方宅十余亩，草屋八九间。榆柳荫后檐，桃李罗堂前。暧暧远人村，依依墟里烟。狗吠深巷中，鸡鸣桑树颠。户庭无尘杂，虚室有余闲。久在樊笼里，复得返自然。”其中寄托着一种平民对农家生活环境透入到心灵深处的喜爱之情。

山水画的起源，及其与人物画的关系，则表现得更加突出。汉代的绘画，以神话人物为主，山川树木等，只起配合或作为某种特殊意义的象征作用。从魏晋到唐代，有大量的山水画出现，宗炳、王微写出了山水画的专论，据说吴道子也画过嘉陵江三百里，王维被认为是创始了文人山水画。但直到唐宋之际，才完成了从人物居先到山水打头的转换。

无论从哪一个侧面入手，只要进入到对审美经验的历史叙述之中，就会发现，美是随着时代的发展而发展的。当我们进入到一个具体的时代时，我们会根据直觉，确定某些自然、人和艺术是最美的。对此，我们会像康德所说的那样，有着“主观的普遍性”，坚定不移地捍卫我们的审美直觉，认为只要人们不带偏见地直面某一对象，就会形成与我们同样的审美经验。但是，从另一方面说，我们还应该清醒地意识到，我们的审美眼光，以及由此而产生的审美直觉，都是历史地构成的，与我们的时代、生活等各种因素有着千丝万缕的联系。

二、审美经验的文化模式

不仅纵向地对历史进行回顾会发现这种美的时代性，而且横向地看，我们也会发现，不同的文化之间，也有着不同的美。这种不同的美，有着双重来源。一种来源是指向着过去的“集体无意识”。荣格认为，人的“无意识”可分两层，在“个人无意识”之下，还存在着“集体无意识”，这是“包含着连远祖在内的过去所有各个世代所累积起来的那些经验的影响”。[①] 不同的种族和文化，有着各自不同的经验的积淀，因而形成各自的民族和文化特性。除了这一点以外，还有一种指向现实与未来的，由民族、阶级和文化的现实处境，以及哲学和美学观念所决定的对自身民族、阶级和文化的塑造。两者相互作用，使民族、阶级和文化的审美趣味得到强化。前者遵循从无意识到意识的路径，后者遵循从意识到无意识的路径。

文化间的差异可以从审美和艺术的各个方面表现出来。例如，宗白华在总结中欧绘画观念的差异时，就曾经指出：“中国画的主题‘气韵生动’，就是‘生命的节奏’或‘有节奏的生命’。……西洋绘画的境界，其渊源基础在于希腊的雕刻与建筑。”[②] 中国艺术趋向于有生命节奏的、体现人的活动的线，由此发展出“一

① ［美］杜·舒尔茨：《现代心理学史》，沈德灿等译，人民教育出版社1981年版，第359页。
② 宗白华：《论中西画法的渊源与基础》，《美学散步》，上海人民出版社1981年版，第110页。

画”的思想，认为“出笔混沌开”；而西方绘画趋向于符合数学规律的美的结构，追求用透视的规律建筑画面，或者将对象简化成各种美丽的几何图形。这构成了传统中西绘画的根本的区分。

与此相似，中国音乐与欧洲的音乐也有着巨大的差别。欧洲音乐重视由数构成的和谐，想象音乐中的数与建筑的数之间的对应关系，后来发展出和声、对位等各种技巧，并将掌握这些复杂的数学关系看成是音乐家的基本功。相反，中国人认为音乐是诗歌的延长，“诗言志，歌永言，声依永，律和声”（《尚书·舜典》）。重视音乐与口头语言，以及语音语调的关系，重视音乐的情感表达，从而重视声音的质本身。

类似的区别，可以在舞蹈、建筑、戏剧等各种艺术门类中见出。对于中西艺术上的差异，在过去几十年中，有大量的研究成果出现。这些研究成果，丰富了中国人的视野，也改变了过去的那种只是用西方的理论来解释中国的材料，从而忽视中国人的独特审美经验、中国艺术的独特特点的做法，并对中国理论的重要意义作出了有价值的总结。

三、审美经验的客观标准与个性差异

作为一种审美感受，审美经验是一种精神现象，而且它是个体性的活动：美不美，要靠自己去感受。这样，审美意识的个性差异就成为十分突出的现象。于是，便有“趣味无争辩”“情人眼里出西施”的流行格言。审美经验的客观标准因而成为一个争论很大的问题。

休谟虽然否认审美对象的客观性，但却强调审美意识自身有其普遍性基础。他归之于人类内心结构和生理器官：“尽管趣味仿佛是变化多端，难以捉摸，终归还有些普遍性的褒贬原则；这些原则对一切人类的心灵感受所起的作用是经过仔细探索可以找到的。按照人类内心结构的原来条件，某些形式或品质应该能引起快感，其他一些引起反感。”① 后来，康德沿着休谟的方向作了进一步的探索。康德指出了美感的二重性，即一方面是纯粹主观自由的愉快，另一方面又要求“人同此心”，要求他人承认自己的审美判断的普遍有效性。因而审美区别于快感的一个关键特性，即在于判断性先于愉悦性。但是，审美判断之所以是普遍有效的，其基础和依据却是一种无法进一步深究的先验“共通感”。

如审美本质一章所述，康德先验的“共通感”，其实是人类实践劳动经由社会历史积淀而结晶的人化自然内在成果。社会化和历史性所集中代表的超个体特定

① ［英］休谟：《论趣味的标准》，见北京大学哲学系美学教研室编：《西方美学家论美和美感》，商务印书馆 1980 年版，第 111 页。

经验的普遍性规定，是审美经验具有普遍性的根源。

审美经验的客观标准包含有两个互相联系的方面：一方面，审美经验发生的基础和条件具有客观、普遍的规定性；另一方面，由此规定的审美经验客观标准又是相对变化的，因而具有历史具体性。

审美意识客观标准的这种客观普遍性与历史具体性不可分割地统一于特定的审美活动中，它集中于审美经验客观标准的时代性、民族性和阶级性三个方面。这三个方面对于其内部成员来说，即是审美的客观标准，但对于在其之外的成员来说，则成为审美的差异性。对于现代审美而言，趋同成为更重要的形势：作为人类共同基础的生产方式的传播，特别是现代化空前推进的科学技术的全球化运用，形成了跨地域的相同或相近感知方式。

人的审美经验处在不断变化之中，也由于不同的文化传统而不同，那么，是否有跨越一切时代、跨越一切文化的共同的美？

有一种观点认为，在不同的历史时代，存在着永恒的美。例如，一些艺术精品的美，如米诺岛的维纳斯，达·芬奇的名作《蒙娜丽莎》，顾恺之笔下的"洛神"，具有永久的价值。一些自然风景，如雪后天晴的阿尔卑斯山、雨中的九寨沟、云雾中的张家界，都具有不变的美。

不必说这些神奇的景色，即使在人们的日常生活的环境之中，也有着美丑之分。人们喜欢住在依山傍水、绿树成荫之地。"绿树村边合，青山郭外斜"（孟浩然）的景色，人人都喜欢。"天苍苍、野茫茫，风吹草低见牛羊"的景色，人人都向往。这是普遍美的代表。我们也看到许多城市里的贫民窟，许多被污染的工业废墟，那代表着普遍的丑。

我们的一些与审美经验有关的活动，也在暗示有着一种共同的美的标准。例如，我们常常有各种国际选美大赛、模特大赛，仿佛像竞技体育根据一个标准选出优胜者那样，确定比赛的名次。人们还不断地发明各种文学、绘画、音乐、舞蹈、摄影、电影和电视的大奖，并试图设立全球奖项，将来自不同文化背景的艺术作品放在一道进行比较，以发现最美的作品。我们也常常看到有人宣布，发现了世界上最美的风景，最美的建筑，最美的城市。这种评选，这里所使用的"最"字，都意味着要求对美有一个普遍的认定。

不仅如此，科学美学也在追求通过科学测量和心理测试，研究出美的最佳比例关系和最佳色彩搭配。例如，曾有过关于美的"黄金分割"说，有关于最美的线条说，有色彩的对比关系的规律。这种被总结出的数学或物理的美的规律，是否代表着普遍的美？这些科学家们是否能发现美的尺度？人们曾围绕着这些问题，进行过思考和争论，也有着大量的研究成果出现。

对审美经验的共同性根源的研究告诉我们，由于以下一些原因，人们的审美可以跨越时代和文化：

第一，作为审美欣赏者的人可能会具有共同的人性，有着来自于地球自然演变影响，以及人类远祖在共同生活方式下形成的共同的生理—心理构造。最重要的是，作为人类共同基础的生产方式的传播，特别是现代化空前推进的科学技术的全球化运用，形成了跨地域的相同或相近的感知方式。

第二，人们日常的认知和实践活动，以及伦理观念的相似性使他们在审美标准上具有一致性。

第三，思想与文化方面的纵向的历史传承与横向的相互交流，使得人们在审美标准上趋同。

由于以上种种原因，审美经验的共同性，在一定程度上是存在的。但是，在美学研究界，更多的人所关注的，是不同历史时期人们在审美观上的差异，以及在不同的文化中人们审美经验的不同。

来自不同种族和文化的人，有着不同的美，选美大赛只是根据这种比赛的规则，用投票的方式决定一次比赛的优胜者，而决不是在寻找最美者。说到城市与乡村的风貌，他们会说，各个地方都有自己的美，人们既想看东方的宝塔，也想看西方的教堂，想去看南美的丛林、北极的冰川、非洲的大草原、美洲的大峡谷……走到哪里都带着一双好奇的眼睛，想找寻当地特有的美。至于文学艺术方面的奖项，更不是普遍美的证据。泰戈尔凭借《吉檀迦利》、加西亚·马尔克斯凭借《百年孤独》而获得诺贝尔文学奖，南亚或拉美的当地文化、当地的独特传统和人的观念，是这些作品美之源。在这方面，没有也不可能存在一个统一的标准。至于音乐美术奖、电影奖，也同样如此。中国的文学、艺术要想在国际上得奖，总是存在一个怎样正确对待、深入挖掘和巧妙运用中国元素的问题。

我们对自然的欣赏，有着不同的欣赏层次。我们可以被自然的形貌或力量所吸引，去看高山峡谷、急流瀑布、大江大海，感受康德所说的数学或力学的崇高。我们也可以由于历史、文学或艺术的原因，去看名山大川。然而，比起这一切，在我们心灵最深处扎下根的，却是我们从小在那里长大的家园，无论是乡间的小河还是城里的小巷，在那里留下的点点滴滴的记忆会留在心灵深处，影响着我们以后的审美旨趣。对自然美爱好的倾向，要从我们自身成长过程来寻找解释。每一个人都有自身的自然条件，自己的成长经历，个性、文化观和审美观形成的文化氛围，从而有着自己的审美眼光。人的五官感觉发展，是世界史发展的成果，是民族史发展的成果，更是个体史发展的成果。这里面有着不同的层次，不可混为一体。

我们对艺术的趣味的培养，也是如此。歌德曾提出伟大的预言，说“诗是人类的共同遗产”，“世界文学的时代已经快来临了”。他还特别指出，他理解外国文学的原因，是由于与外国人在人性上的相通之处。然而，歌德一方面提“世界文学”，一方面又谈艺术的“模范”，认为，“模范”还是要经常回到古希腊人那里去找。[①] 因此，他还是强调，人们总是在一种文化之中成长起来，形成基本的趣味、情感和教养，再以此来看待别国文学，从中发现与自己的情感相通之处，丰富自己的视野。这样形成的“世界文学”，是文化间的“相互看”，相互欣赏。

这不是主张一种相对主义的美学。相对主义美学认为，世界上各个国家，各个民族，各种文化，都“各美其美”，各有自己的美的标准，无法分出高下。这种说法是有害的。世界在进步，美的标准也在进步。中国人也曾经以女人裹小脚为美，也有一些民族以戴着多个颈圈以拉长脖子，戴鼻环唇环为美。他们非常热烈地追求这种美，不惜以自残为代价。相对主义美学，就是这种小脚老太的美学。

这也不是主张一种复古主义的美学。世界各民族各有其自身的文化传统，也各有其传统的美学。传统都具有两面性：好的一面是，有传统总比没有传统好，传统是文化的根基，是文化身份的表现；不好的一面是，容易固守着传统，拒绝进步。

如审美本质一章中所指出的，马克思“美的规律”的自由劳动意象是对有限的现实劳动的无限超越，这已包含着审美的普遍信念与孕育这一信念的地域种族时代甚至个人劳作特殊性的张力。一方面，审美本质的人文理想价值指向及其所依托的人类生产生活方式的全球传播交流，使不同时代与不同社会背景的审美经验具有普适共性，从而才会有审美共通感的共鸣，这也是经典作品超越时代与地域而被欣赏的根据。另一方面，审美经验又不能脱离特定历史与社会（包括民族与阶级）的实践经验积淀，因而必然具有个性差异。不同的时代、民族与阶级既构成差异性，又对于同一时代、民族与阶级内部的个人构成普遍性。因而，审美经验的普遍性与差异性是辩证共存的。

思考题：

1. 为什么审美经验是包括审美对象与审美意识的审美活动整体经验？
2. 简述审美体验在审美经验中的地位。
3. 完形心理学美学解释审美经验的优点有哪些？试以马克思“五官感觉的形成是以往全部世界史的产物”命题解释完形心理学美学的根据。
4. 审美领悟与逻辑思维的区别有哪些？

---

① 参见［德］爱克曼辑录：《歌德谈话录》，朱光潜译，人民文学出版社 1978 年版，第 113—114 页。

5. 如何理解审美经验的普遍性与差异性的辩证关系？

▶ 本章小结与回答示例

第三章 形 式 美

审美本质上是人类活动的自由形式（方式），因此形式对于审美具有特殊的意义。但是，作为与活动未分离的形式并非形式美。形式美是脱离实践活动后独立的自由形式。

世界充满了美，而这美，又都是以一种客观的、具体的形态存在着的。法国哲学美学家狄德罗强调过美与真、善的联系与区别，他说："真、善、美是些十分相近的品质。在前面的两种品质之上加以一些难得而出色的情状，真就显得美，善也显得美。"① 这里，"难得而出色的情状"就是美所具有的形式特性。德国哲学美学家黑格尔说："美就是理念，所以从一方面看，美与真是一回事。这就是说，美本身必须是真的。但是从另一方面看，说得更严格一点，真与美却是有分别的。说理念是真的，就是说它作为理念，是符合它的自在本质与普遍性的，而且是作为符合自在本质与普遍性的东西来思考的。……真，就它是真来说，也存在着。当真在它的这种外在存在中是直接呈现于意识，而且它的概念是直接和它的外在现象处于统一体时，理念就不仅是真的，而且是美的了。因此可以给美下这样的定义：美就是理念的感性显现。"② 在黑格尔看来，真与美的区别在于：真是思考的对象而不是感觉的对象，美却是感觉的对象，真只有在达到"感性显现"时才成为美，美必须是具有感性形式可以呈现于意识的。所以，美与感性形式直接相关。因此，人们在审美时，必定先通过具体感性的形式，先感知到美的形式，进而理解形式中所包含的内容，感受到对象的深蕴的美。正是在这样的感知中，人们从具体感性的形式中提炼出了形式美。

第一节 形式美的自由历程

一、从形式到美的形式

世界上的一切事物都可以分解为形式与内容两个部分。内容是指构成事物的内在要素的总和，包括事物的内在矛盾运动以及由这些矛盾运动所决定的事物的属性、运动过程、发展趋势等，是事物的本质方面；形式是指内容诸要素的结构方式和表现形态，是事物的外在表现与外观。内容决定着事物的性质，也决定着

---

① 北京大学哲学系美学教研室：《西方美学家论美和美感》，商务印书馆1980年版，第135页。

② ［德］黑格尔：《美学》第1卷，朱光潜译，商务印书馆1979年版，第142页。

事物的形式，形式是内容的存在方式，为内容服务。但形式又有独立性，能反作用于内容。实际上，形式与内容是互相独立又互相依存的，二者的关系是对立统一的关系。如黑格尔所说："形式与内容是成对的规定，为反思的理智所最常运用。理智最习于认内容为重要的独立的一面，而认形式为不重要的无独立性的一面。为了纠正此点必须指出，事实上，两者都同等重要，因为没有无形式的内容，正如没有无形式的质料一样，这两者（内容与质料或实质）间的区别，即在于质料虽说本身并非没有形式，但它的存在却表明了与形式不相干，反之，内容所以成为内容是由于它包括有成熟的形式在内。"①

形式作为内容的存在方式，可分为内形式与外形式。黑格尔在强调形式与内容的互相独立时这样说："关于形式与内容的对立，主要地必须坚持一点：即内容并不是没有形式的，反之，内容既具有形式于自身内，同时形式又是一种外在于内容的东西。于是就有了双重的形式。有时作为返回自身的东西，形式即是内容。另时作为不返回自身的东西，形式便是与内容不相干的外在存在。"② 黑格尔指出了形式具有"双重"性，一种是与内容有直接关系的形式，这时的形式即是内容；另一种是与内容关系比较间接的形式，即"与内容不相干的外在存在"，也就是具有独立性的形式。前者就是内形式，后者就是外形式。

本章现在所讨论的形式，是指具有独立性的外形式。

世界万物都是有形式的，但它们的形式不一定都是美的形式，美的形式是对人具有审美价值的事物特有的。而具有审美价值的事物一定是具有感性形式的。某种形式被人们认定为美的形式，是人们在实践中逐步认识、体会与把握的，也就是伴随目的与规律统一过程方式（形式）的自由感。形式美的独立则是这种自由感逐渐强化而导致人类审美活动与其他活动分离的产物。

人类的生命活动主要包括两个方面，一是生命体自身的活动，二是谋生的活动。人类的生命活动在自由地开展时，就会产生生命的自由感与和谐感。因此，原始人会模仿自己的生命活动的形式，以求获得在真正的活动中所体验到的快感。原始人类的艺术证明了这一点。德国人类学家格罗塞在对原始人的舞蹈进行研究后提出："原始人类无疑已经在舞蹈中发见了那种他们能普遍地感受的最强烈的审美的享乐。多数的原始舞蹈运动是非常激烈的。我们只要一追溯我们的童年时代，就会记起这样的用力和迅速的运动，倘使持续的时间和所用的力气不超过某一种限度是会带来如何的欢乐。因这种运动促成之情绪的紧张愈强，则快乐也愈大。人们的内心有扰动，而外表还须维持平静的态度总是痛苦的；而得能藉外表的动

① ［德］黑格尔：《小逻辑》，贺麟译，商务印书馆 1980 年版，第 279 页。
② ［德］黑格尔：《小逻辑》，贺麟译，商务印书馆 1980 年版，第 278 页。

作来发泄内心的郁积，却总是乐的。事实上，我们知道给予狩猎民族跳舞的机会的，就是那触发原始人民易动的感情的各种事情。”① 普列汉诺夫发现，原始人的恋爱舞直接表现着生命的欢乐，因为“这类舞蹈同任何经济活动都没有直接的联系。他们的表情是基本生理需要的毫不掩饰的表现，大概同大的类人猿的爱的表情有不少共同之点。”② 他对野蛮人在自己的舞蹈中再现各种动物的动作和狩猎的动作有一种解释，认为这“只能解释为想再度体验一种快乐的冲动，而这种快乐是曾经由于狩猎时使用力气而体验过的。请看一看爱斯基摩人是怎样猎取海豹的：他伏在地上向它爬去；他竭力像海豹那样地昂起头来；他模仿它的一切动作，等到悄悄地接近它之后，最后才向它射击。因此，模仿动物的动作，是狩猎的极其重要的一个部分。所以，毫不足怪，当狩猎者有了想把由于狩猎时使用力气所引起的快乐再体验一番的冲动，他就再度从事模仿动物的动作，创造自己独特的狩猎舞。”③ 原始岩画、洞穴壁画等史前艺术的一部分内容，也是可以用这种观点解释的。在这种模仿活动中，活动的形式与活动引起的快感始终联系在一起，这种活动对人具有审美价值，是人的审美对象，这种形式也就是美的形式。

物质生产劳动是人类特有的活动，工具的使用与制作是人类的劳动与动物的活动区分的标志，因为工具的使用与制作表现出人的活动有了自由与自觉的性质。正如恩格斯所说：“动物仅仅利用外部自然界，简单地通过自身的存在在自然界中引起变化；而人则通过他所作出的改变来使自然界为自己的目的服务，来支配自然界。”④

毫无疑问，工具形式的出现与变化，首先是为了劳动中使用的方便、顺手，服从的是实用的要求。但当工具给人带来了成功时，人就感到了自己的力量和成功的快乐亦即规律与目的相统一的自由感，同时对这些使用“顺手”亦即规律与目的相统一的工具也产生满意的感觉。在千百次、千万次的使用工具的重复中，每一次重复都加深了满意的快感与形式感的联系，工具形式就被认为是美的形式，后来就被广泛地应用于象征物的制作，作为货币样式等。它们正起源于作为审美本质的自由形式及其自由形式感。

当人有了工具，有了使用工具的劳动时，人的创造活动就开始了。开始时的创造，就是改变自然物质的形态，使之合乎人的需要。马克思曾经说过：“很明显，人通过自己的活动按照对自己有用的方式来改变自然物质的形态。例如，用木头做桌子，木头的形状就改变了。可是桌子还是木头，还是一个普通的可以感

---

① ［德］格罗塞：《艺术的起源》，蔡慕晖译，商务印书馆 1984 年版，第 165—166 页。
② 《普列汉诺夫美学论文集》I，曹葆华译，人民出版社 1983 年版，第 405 页。
③ 《普列汉诺夫美学论文集》I，曹葆华译，人民出版社 1983 年版，第 376—377 页。
④ 《马克思恩格斯文集》第 9 卷，人民出版社 2009 年版，第 559 页。

觉的物。"①"活劳动通过把自己实现在材料中而改变材料本身，这种改变是由劳动的目的和劳动的有目的的活动决定的——（这种改变不像在死的对象中那样是创造作为物质的外在物，作为物质存在的仅仅转瞬即逝的外表的形式）——，因此，材料在一定形式中保存下来，物质的形式变换就服从于劳动的目的。劳动是活的、造形的火；是物的易逝性，物的暂时性，这种易逝性和暂时性［Ⅲ—41］表现为这些物通过活的时间而被赋予形式。"② 在这种赋予物质以形式的制作中，人们首先会按照客观事物的规律、特性来进行，要合"真"，只有这样才能达到"善"，即符合自己的需要。凡是能满足人的需要的人类创造物，都会给人带来愉快，让人觉得美，而这类物品的形式也就是美的形式。

人与动物的区别不仅在于人会使用工具劳动上，更在于人类通过劳动发展起来的特有的精神属性。人类的精神活动使他们在解决人与客观世界的对峙时，会从物质和精神两个方面进行。在物质活动方面受到的限制，可以以精神活动来超越。这是人类特有的、在劳动中发展起来的特性，是人类具有文化的标志。人类的精神活动首先体现在想象力的产生与发展上。有了想象，人们在物质生产活动中所受的限制有了现实的突破的可能。原始巫术、图腾崇拜、禁忌、文身、神话传说等既是想象力的直接产物，又是超越物质生产中所受的限制的"现实"行动。所谓"现实"行动，是指这一切都不是在纯粹的想象中进行，在想象中萌生的意象要进一步具体化，要赋予一种感性的形式。原始人认为这些具体化的意象具有同人们的劳动实践一样的征服力。西班牙阿尔塔米拉洞穴中中箭的野牛，不管它是否出自巫术的要求，都能看出这是人的原始征服力的复现。它表达着人的愿望，是人的超越性心理与精神活动的一种表现。

图腾崇拜、巫术仪式首先是与劳动实践过程结合在一起，是人们为了达到劳动的目的而进行的活动。如狩猎民族的野牛舞，它是狩猎活动的正式组成，用意是为了召唤野牛，因此他们称这种舞蹈为"工作"。这种舞蹈有时要连续跳上好几天甚至更长，直到野牛出现时为止。这些精神性的活动与物质活动的密切联系表现在它们的共同的功利目的上，却有着独立的精神活动的形式。当人们把物质活动的成功——如在跳了两三星期的野牛舞后，野牛真的出现了并被捕获了——与自己的精神活动相联系的时候，他们会认为是精神活动起了作用，因而对这种活动形式产生极大的信任与满足感，这种活动形式就是美的形式。久而久之，人们只要看到这种活动的形式就能感到愉快，这类活动原有的性质也就有所淡化。英国人类学家弗雷泽在《金枝》中记载："在印度卡纳格拉地区，少女在春天遵循一

① 《马克思恩格斯文集》第 5 卷，人民出版社 2009 年版，第 88 页。
② 《马克思恩格斯文集》第 8 卷，人民出版社 2009 年版，第 73 页。

种习俗，与前面描写的某些欧洲的春天习俗极为近似。这种习俗叫做拉里·卡·米拉，即拉里的庙会，拉里是湿婆或帕婆提的一个小小的涂色的泥塑偶像。这个习俗在整个卡纳格拉地区都流行，对它的纪念完全限于年轻妇女，……她们把花扔成一堆。她们使花堆站成一圈，唱着歌。一连十天，每天如此，直到花草堆已经相当高的时候。然后，她们在林子里砍两棵树枝，每根树枝头上戴三个尖，然后把它们尖朝下地放在花堆上，……为这两个偶像举行婚礼……。它们原来都是巫术的仪式，目的在于促使自然界在春天复苏。”① 然而后来，它就是一种习俗，一种成人的游戏，一种艺术的雏形，一种审美活动了。无疑，这种活动的形式就是美的形式。

人体装饰的形成也有着同样的过程。人体装饰的起因也是多元的、复杂的，性的吸引、对付敌人的威胁、保护自己、力量与技巧的展示、图腾崇拜以及等级差别的表示等都是人体装饰的原因。其中，一个比较重要的原因是展示自己的力量与技巧。格罗塞观察到：“一个澳洲人的腰饰，上面有三百条白兔子的尾巴，当然它本身就是很动人的，但更叫人欣羡的，却是它表示了佩戴者为了要取得这许多兔尾必须具有的猎人的技能；原始装饰中有不少用齿牙和羽毛做成功的饰品也有着同类的意义。对那种用肉体的苦楚换来的永久的装饰的欣赏，理由大概也很相同。我们决不能怀疑澳洲人承认在黑色皮肤上长成的淡色的瘢痕是一种装饰的事实；但我们也很可疑问如果这种装饰同时不是他们的勇敢和忍耐的荣证，他们为它所付的代价是不是太大了一点。澳洲狩猎者对于他们创伤的自傲是和德国学生对他们刀伤的态度一样的。”② 普列汉诺夫同样发现，“野蛮人在使用虎的皮、爪和牙齿或是野牛的皮和角来装饰自己的时候，他是在暗示自己的灵巧和有力，因为谁战胜了灵巧的东西，谁自己就是灵巧的人，谁战胜了力大的东西，谁就是有力的人。”③ 一般来说，原始部落中只有打到猎物的人才有资格佩戴以猎物的某一部分制作的装饰品，它们以感性的、直观的形式展示着佩戴者的勇敢、灵巧、技能等本质力量，佩戴者能因此强烈地感受到自我实现的快乐。这正是马克思所说的，“人只有凭借现实的、感性的对象才能表现自己的生命”④。当一个人因佩戴这些装饰品而受到部落里人们的尊重——装饰品展现着他曾为集体带来的利益，就会更加增进他们的心理愉快。装饰品先是以感性的美的形式来吸引人的。

所以，美的形式是指能带给人们审美愉快的物质活动与精神活动及其产品的

---

① ［英］弗雷泽：《金枝》（上），徐育新、汪培基、张泽石译，中国民间文艺出版社1987年版，第466—467页。

② ［德］格罗塞：《艺术的起源》，蔡慕晖译，商务印书馆1984年版，第78页。

③ 《普列汉诺夫美学论文集》I，曹葆华译，人民出版社1983年版，第314页。

④ 《马克思恩格斯文集》第1卷，人民出版社2009年版，第210页。

感性形式。

二、从美的形式到形式美

美的形式包括内形式与外形式，强调的是与内容的联系，也就是说，美的形式不能离开内容而独立存在。原始人类对美的形式的理解，开始时是与内容密切相关的，是不能离开内容——欲望的满足、工具的顺手、实用以及精神上的满足等——而单独存在的。但是在发展的过程中，形式感进一步被抽象出来，并且脱离内容而具有独立的审美意义，这就形成了形式美。形式美可以看作相对独立于内容的美的外形式。

形式美是从美的形式中经过进一步的抽象而提取出来的。美的形式一般还都与内容有着直接的联系，而形式美与内容就脱离了直接的关系。工具的装饰化造型与装饰的出现最能说明问题。

器物装饰出现在新石器时代。由于人对工具的钟爱，独立的器物装饰最早出现在工具上。如在吴江梅堰出土的新石器时代的石钺，两侧的直线被改变成为上翘的翼状，前刃部平缓的弧线改变成大弯度的对称抛物线，使石钺的造型更加美观。尽管石钺的实用功能没有改变，但也很可以作为一件具有审美价值的东西来看待了。工具的装饰化造型与装饰是与工具的“顺手”“好用”即实用功能无关的，是独立于内容的形式美。而当时的日常生活用品与其他器物上也出现了装饰，如我国甘肃的彩陶。陶器的彩绘是与陶器的实用功能无关的，是为了满足人的审美需要的，彩绘表现着人们对形式美的追求。

普列汉诺夫阐述过纯粹的装饰品的产生过程，他说：“那些为原始民族用来作装饰品的东西，最初被认为是有用的，或者是一种表明这些装饰品的所有者拥有一些对于部落有益的品质的标记，而只是后来才开始显得是美丽的。使用价值是先于审美价值的。但是，一定的东西在原始人的眼中一旦获得了某种审美价值之后，他就力求仅仅为了这一价值去获得这些东西，而忘掉这些东西的价值的来源，甚至连想都不想一下。”① 也就是说，原始人的装饰品开始是具功能性的，如吸引异性、象征力量、恫吓敌人等，逐步地，装饰的功能性内容淡化了，消失了，形式美的意义凸显出来，只是为了满足人的审美需要了，这时的装饰品具有了独立的意义。

人们在生产中按照“美的规律”来塑造物体，说明美的规律已经成为人的一种内在尺度。当人们具有了这种内在尺度后，就不仅在生产中按“美的规律”去塑造对象，也会把它运用于其他方面，如艺术创造。而且，人们会把它作为一种

---

① 《普列汉诺夫美学论文集》I，曹葆华译，人民出版社 1983 年版，第 427 页。

评价标准，或审美标准，用来衡量世界上的一切具有形式、形象的东西。形式美就是这样形成的。

形式美包括两个方面，其一是指各种形式因素，它们是一种感性存在，是一种自然形态，能直接作用于人的各种感觉器官，引起人们不同的心理反应。对应于人的各种感觉器官，作用于人的视觉器官的形式因素有色与形，作用于人的听觉器官的形式因素是声音，作用于人的触觉器官的形式因素主要是材质，作用于人的味觉器官与嗅觉器官的形式因素则是味道和气味。而作为形式美的构成要素，是指那些能引起人的喜爱与好感的形式因素。

其二是指在长期的审美活动中，人们从形式因素的各种组合中提炼、概括出了能引起人的普遍的审美愉快的形式规律，并称之为形式美法则。形式美法则主要有对称与均衡、比例与尺度、节奏与韵律、多样与统一等。

第二节　形式美的构成要素

一、色

色是由视觉器官接受的形式因素。

从物理学上讲，色是为人类视觉器官所感受到的不同强度、不同波长的光，即不同频率的电磁波。从生理学上讲，色彩是由光的刺激在大脑视皮质区所引起的一种感觉。因此，“色是光之子，光是色之母”。17 世纪中叶，英国科学家牛顿透过三棱镜，发现了阳光是由赤、橙、黄、绿、青、蓝、紫七色组成的奥秘，将其称为光谱色或标准色。后人认为蓝是介于青、紫之间的颜色，不应看作标准色，因而通用了六标准色。这六标准色便是色的色相，即色彩的相貌，它使不同种类的色彩可以得到区分。构成色彩的要素除了色相之外，还有明度与纯度。明度是指色彩由明到暗的变化程度，一般有两种涵义：一是指同一色相受光后由物体受光的强弱不一产生不同的明暗层次，如红色受光后会有浅红、淡红、暗红、灰红等不同明度的变化；二是指颜色本身的明度，在六标准色中，黄最明，紫最暗，其明度顺序为黄、橙、绿、红、青、紫。偏于黄的色是明色，属于“明调”；偏于紫的色是暗色，属于“暗调”；偏于绿的是中间色。纯度也叫彩度，指彩色中色素的饱和状态，即色彩的鲜艳度。色彩在饱和状态时便是该色相的标准色。如混入了其他颜色，纯度就降低。

科学家们发现，五彩缤纷的世界中所有的颜色都是红、黄、青三种颜色按比例配合而产生的。因此，红、黄、青被称为三原色。配色的规律是：红配黄是橙色，黄配青是绿色，青配红是紫色。经过混合之后产生的橙、绿、紫三色被称为二次复色。三次以上的色彩混合叫三次复色。如果在“红配黄”时把红色多加一点，便产生朱红；黄色多加一点，便产生橘黄。依次类推，便产生“红、橙红、橙、橙黄、黄、黄绿、绿、青绿、青、青紫、紫、紫红”12色，组成色轮，产生各种各样无限丰富的色彩。

色彩能引起人各种各样的心理效应。瑞士的约翰内斯·伊顿所著《色彩艺术》一书中有这样的例子：一位实业家准备举行午宴，招待一批男女宾客。厨房里飘出的阵阵香味在迎接着陆续到来的客人们，大家都热切地期待着这顿午餐。当快乐的宾客围住摆满了美味佳肴的餐桌就座之时，主人便以红色灯光照亮了整个餐厅。餐桌上摆的肉食看上去颜色很嫩，使人食欲大增，而菠菜却变成黑色，马铃薯显得鲜红。当客人们惊讶不已的时候，红光变成了蓝光，烤肉显出了腐烂的样子，马铃薯像是发了霉，宾客们个个立即倒了胃口。可是黄色的电灯一开，就把红葡萄酒变成了蓖麻油，把来客变成了行尸，几个比较娇弱的夫人急忙站起来离开了房间。没有人再想吃东西了。主人笑着又开亮了日光灯，一切恢复了正常，聚餐的兴致也很快就恢复了。① 这个例子说明色彩对人的心理影响，而正是这种心理影响构成了色彩的审美特征。所以，马克思认为“色彩的感觉是一般美感中最大众化的形式。”②

人类天生就有对某种色彩的敏感和爱好，如对红色、对那些会闪光的东西有一种本能的追求。单纯的色彩也使人产生某种特定的情感反应，由此决定了人们的好恶，这是色彩的审美特征生成的生理基础。马克思说过，金银的“美的属性使它们成为满足奢侈、装饰、华丽、节日需要的天然材料，总之，成为剩余和财富的积极形式。它们可以说表现为从地下世界发掘出来的天然的光芒，银反射出一切光线的自然的混合，金则专门反射出最强的色彩红色。”③ 俄国画家康定斯基专门谈到过不同色彩的不同的心理效应，认为黄色“刺激、骚扰人们，显露出急躁粗鲁的本性。”蓝色“给人最强烈的感觉就是宁静。当蓝色接近于黑色时，它表现出了超脱人世的悲伤。沉浸在无比严肃庄重的情绪之中。蓝色越浅，它也就越淡漠，给人以遥远和淡雅的印象，宛如高高的蓝天。”“白色对于我们的心理的作用就象是一片毫无声息的静谧，如同音乐中倏然打断旋律的停顿。但白色并不是死亡的沉寂，而是一种孕育着希望的平静。”“相比之下，黑色的基调是毫无希望的沉寂。”红色的无限温暖“表达了内在的坚定和有力的强度”，“它给人以力量、活力、决心和胜利的印象”。“紫色无论在精神意义还是感官性能上总是冷

---

① 参见［瑞士］约翰内斯·伊顿：《色彩艺术》，杜定宇译，上海世界图书出版公司1999年版，第98页。

② 《马克思恩格斯全集》第31卷，人民出版社1998年版，第549页。

③ 《马克思恩格斯全集》第31卷，人民出版社1998年版，第549页。

却了的红色。它带有病态和衰败的性质。”①

色彩的心理效应与其特有的象征意义的产生，有生理的基础。如冷暖感、干湿感、轻重感、厚薄感等，是基于眼睛接收色彩时的扩张与收缩。但人们在长期实践中积累的色彩形象更是重要的心理基础。“红色与太阳、火、血相联系，因此使人产生温暖、热情、革命、危险等感觉。绿色是欣欣向荣的树叶、草原的颜色，因而使人有健康、生机、清新、宁静的感觉。蓝是天空、海洋的颜色，使人感到开阔、凉爽、深远等。因此，有人认为，颜色可以称为形象的罐头。”② 色彩的象征意义在不同的地域与不同的民族之中是有差异的，它基于经济、历史、文化、地域等条件的不同。比如，日本人看到红色会想起邮筒，因为日本的邮筒为红色，而中国人只有在看到墨绿色时才会想起邮筒。但不少地方是相似的，如红的热烈、绿的生机、黑的沉重、白的纯洁，这是因为色彩的心理效应和象征意义有着生理的基础，这在人类中是基本一致的。另外，色彩与自然物象的联系也是客观的。因此人们对于色彩的感受有着共同性。

在对色彩的长期感受中，人们总结出了色彩与人的情感的一般联系：红——热情、激昂、愤怒、兴奋；黄——明朗、欢乐、温暖、柔和、智慧、尊贵；蓝——平稳、优雅、深沉、真诚、凉爽、开朗；绿——平静、和平、健康、宁静、生机、清新、朴实；白——洁净、单纯、明快、朴实、纯真、清淡；黑——严肃、稳健、庄重、沉默、静寂、悲哀；橙——温暖、活泼、欢乐、兴奋、积极；灰——温和、坚实、舒适、中庸、平凡；紫——富贵、壮丽、神秘、抑郁等。

二、形

形也是由视觉接受的形式因素。

形是通过点、线、面、体的不同结合形成的抽象形态。形的审美特征要从其造型元素的审美特征去理解。

“点”是指同其他部分相比相对细小而集中的形态。点在形中的不同位置和排列使人产生不同的心理效应。造型中心的点，具有集中的力感；水平排列的点，具有稳定感；垂直排列的点具有下垂感；斜线排列的点，具有运动感等。点虽小，但在形中起标明位置的作用，能增加形的生动性。

“线”是点移动的轨迹，一切具有细长形式特征的实体都可以称作线。人们从实物的轮廓、不同面的折线中抽象出线来，成为造型的重要语汇。线主要有直线、曲线和折线三类。一般来说，直线有力量、稳定、生气、刚强感；曲线有柔和、

---

① ［俄］康定斯基：《论艺术的精神》，查立译，中国社会科学出版社 1987 年版，第 32—55 页。
② ［日］伊吹卓编著：《色彩销售学》，科学技术出版社 1985 年版，第 25 页。

运动感；折线有转折、突然、断续感；折线构成的角度则给人以上升、下降、前进等方向感。线在形中起贯穿作用，是造型上极富表现力的元素。有着直线造型的物体庄重、冷峻，而有着曲线造型的物体圆润、柔和。线的特征引起人不同的生理心理反应，也能决定人们的好恶。18 世纪英国艺术家荷伽兹认为蛇形曲线最美，就表达了他对线的一种看法。后来实验心理学的研究同样表明人们对曲线有着一种天然的喜爱。

线的移动构成面，面移动的轨迹构成体或形。形具有占据空间的作用。线所构成的形仍体现着线的特点，曲线构成的圆柔和完美，直线构成的方形刚劲理性，折线构成的正三角形有稳定感，倒三角形有倾危感，这些都是正常的人能感受到的。因此，不同的面与体构成了不同的审美风格，也能引起人不同的美感。这也就是形的审美特征生成的生理基础。

自然界的大多数存在物都是有形的，这决定人们对形的理解往往与具体的事物结合在一起。因此，人们对某种形的好恶，同样受到实践与环境的影响，这是形的审美特征生成的心理基础。

因此，在人类的创造物中，对形的选择一般可以分为三类：其一是模仿自然界的生物或无生物的造型，是人们在大自然的无限丰富的形态中挑选出来的自己喜爱的形象的整体或局部。盛儿童洗浴液的容器往往选择儿童喜爱的小象、小白兔、大蘑菇、小熊等形象，壁灯有荷花、郁金香、玉兰等造型，服装有马面裙、鱼尾裙、香蕉领、青果领、田鸡服、荷叶披肩等，甚至建筑也有模仿生物造型的，北京密云国际游乐场的鳄鱼餐厅，就是这样一座很有趣的建筑。餐厅很像一条形象逼真的大鳄鱼，坐落在一个自然形状的浅水池中，游人踏石而进，经过鳄鱼的牙缝步入餐厅，享受在鳄鱼肚中休息、用餐的快乐。其二是对自然形态进行较大幅度变形的造型。这种造型方式通过夸张、减弱或抽象自然形态的局部或整体形象来造型，所创造的造型处于同自然形态的似与不似之间，既能看到自然形态的影子，又与自然形态相去较远。服装中的蝙蝠衫、燕尾服，甲虫型的小轿车，小鸭型水杯等，都是典型的作品。澳大利亚悉尼歌剧院像一堆巨大洁白的贝壳，装点着风光旖旎的班尼朗岛。德国科拉尼设计的飞机，有形似鲨鱼或海豚的巨人机，有肖似鹞鹰的垂直起降飞机。这都是对自然形态的整体变形后的造型，较之模仿方法更为简洁明快，耐人寻味。其三是抽象的几何造型，这是通过点、线、面、体空间的不同结合而创造出的抽象形态。这种造型是无限丰富的。

三、声

声即声音，是由听觉器官所接受的形式因素。

声音是一种由振动引起的物理波，人类听觉能接收到的声音是每秒振动为 20

至 20 000 次的声波。声音可以由低向高排列，产生不同的音色。音区越高，音色越明亮；音区越低，音色就越沉重黯淡；介于两者之间的是中音区，音色往往比较坚实稳重。音乐的音区是很宽阔的。就钢琴而言，就有七个八度加两个音。在人类能接收的声音中，由不同的物体产生的不同声音会因其音色、大小强弱及其在时间中的延续变化，使人产生不同的心理效应。嘈杂与尖厉的声音会令人头昏，轻柔与单纯的声音却使人感到悦耳动听。人们由此产生了对声音的好恶，这是声音的审美特性形成的生理基础。小溪的潺潺、金铃子的“叮咚”、细雨的淅沥、钟声的悠扬都会引起人们的愉快的感觉，所以它们直接成为人们的审美客体。人们从自然的声音中提取出人们能接受到的并能感到愉快的声音，并把它们组织起来，以人自身的发音器官和制造的乐器来发出这些声音，就构成了音乐。音乐中的单音即乐音，就是指人们能接收到的并能感到愉快的声音。

声音具有极强的表情性，但凡人类情感，都有能与之对应的声音。强音是振奋、有力的，弱音是轻柔、温和的，高音是亢奋、激荡的，低音是雄厚、凝重的……

声音的心理效应的产生，有生理的基础。近代实验心理学应用各种仪器测验证明，声音不仅影响人的神经，还影响人的血液循环、脉搏心跳与呼吸等。声音与人的生理心理机制之间还有着一定的对应关系，上升的声音可以引起人昂扬的情绪，而下降的声音则引起人低沉的情绪，还有婉转、清脆、哀伤等。

声音也有形象。声音形象是指在听到某种声音时视觉形象的产生。这不是声音的物质媒介的功能，而是基于人们在长期的实践中对声音的理解，并通过人的感觉中通感的转化作用而形成。因此，音乐家们在小提琴协奏曲《梁祝》中才能用纤细、华丽的小提琴的音乐表现祝英台，而用质朴、浑厚的大提琴的音乐表现梁山伯；在管弦乐套曲《动物狂欢节》中，用低音提琴的声音代表“大象”；在交响童话《彼得与狼》中，那位老态龙钟的老祖父是用低粗浑厚的大管声音来表现的。声音是最抽象的，但同时又是最具体和最细腻的。人们对某种声音的好恶，受到实践与环境的影响，这是声音的审美特征生成的心理基础。

四、质

质指材质，是主要由触觉器官所接受的形式因素。

质或材质是指材料表面的组织形态特征，如粗糙、细腻、柔软、坚硬、厚实、轻薄、凹凸、起伏、纹理、光泽等。

材质可以分为两大类：天然材质与人工材质。

天然材质是各类自然存在物的表面的组织形态，因此具有迥然不同的质感特点。玉石的细腻润泽、蚕丝的轻柔飘逸、金银的流光溢彩、毛皮的丰厚稠密等，都会引起人们的不同的生理与心理感受。

人造材质是人所创造的，如塑料、化纤、合金等，其特点是可以人为地调整和赋予的。以与人们生活密切相关的化纤来说，自从1855年瑞士化学家奥德马斯从酒精和溶有硝酸纤维素的乙醚混合液制成的黏液中魔术般地捞起了第一根人造丝，1933年美国杜邦公司神话般地研制成功了合成纤维以来，化纤织物及各种混纺织物已经普及到了万户千家。化纤本身具有结实耐磨、抗皱褶、缩水率小和耐酸碱耐霉蛀的特点，人们又赋予它们以人们所喜爱的天然材质的特点，如柔软滑爽、平整挺括、丰满厚实等，大大丰富了材质。人造材料的材质往往是加工工艺的直接表现与结果，它们与先进的工艺技术相联系。工业产品加工中的车、钻、铣、磨、铸模、压模、电镀、着色等工艺；手工业的加工技艺中的玉器琢磨、镂雕，瓷器的填彩、烧制，织绣的织法、针法等，使人工材料表现的组织形态更加具有审美特征。不锈钢制品的刚硬、细腻、光洁和晶光耀眼的材质特点，是车、铣、磨等工艺造成的；生活中随处可见的具有自由造型、丰富色彩的塑料制品，是压模、着色等工艺造成的；手表壳上的那层金光灿灿、富贵华丽的镀层，是真空离子电镀技术造成的；长毛水纹型全毛提花毯面上的仿佛层层涟漪的平伏整齐的水波纹，是温水刺果拉毛工序造成的；钧瓷表面的“夕阳紫翠忽成岚”的神异瑰丽的图景，是自觉控制窑变工艺造成的……随着科学技术和工艺制作水平的不断提高，新的人工材质会不断出现，给人带来更多的审美享受。

材质的纹理、光泽是作用于视觉器官的，所以，有着人们认为美丽的纹理与光泽的材料的审美价值必然更高。如大理石剖割磨制成的石板，黑白氤氲，杂色相间，酷似一幅幅墨色淋漓的写意画，耐人寻味。水曲柳剖成的木板，其树龄和髓线的交错结构形成粗细、疏密、曲直、明暗各不相同的花纹，有的如云烟流水，有的如鳞甲排比，有的呈涡流回旋，有的像葡萄鸟眼，使人感到精妙异常。紫檀木的色泽自然透出一种高贵典雅，金银的流光溢彩天然具有一种富丽堂皇。天然的材质美的这一部分作用于人的视觉器官引起美的心理效应，类似于色彩与形状的心理效应。

而材质的主要组织形态是直接作用于触觉器官的，指粗糙、细腻、柔软、坚硬、厚实、轻薄、凹凸、起伏等。它们能引起人不同的生理与心理感受：家织土布的粗糙厚实令人感到随意、自在；丝绸围巾的轻柔飘逸引起亲切、柔滑的温情。触摸大理石细腻润泽的质地有“凉生肘腋间”的感受，抚摸丰厚稠密的毛皮，一种柔软、温暖的感觉从手指传向心底。这种快乐的心理效应汇入视觉引起的心理快感，加深了美感的程度。这是材质的审美特性形成的生理心理基础。

五、味

味指味道与气味，是由嗅觉器官与味觉器官接受的形式因素。

味道主要是人的舌头上的味蕾对物体的感受。生理学研究表明，味蕾所接受的刺激有咸酸甜苦等各种不同的味道。在人的舌头上，对各种不同的味道显示着不同的差异：舌尖对甜味最敏感，舌尖两侧及舌外侧缘后部对咸味最敏感，舌外侧缘中部对酸味最敏感，舌根对苦味最敏感等。这各种各样的味道，对于习惯并喜爱它的人来说是具有审美意义的：四川人不吃辣不香，广西人把“腌酸”当零食，苏州人吃甜，宁波人有“咸骆驼”之称，苦瓜为众多的人所喜爱……当然它们引起的主要是生理上的感觉，但生理上愉快的感觉是美感的基础。山涧里的一湾清泉，掬起一捧，如果甘甜爽口，那对这清泉的美的感觉更会加深些。如果不甜反苦呢？那美的感觉是要打折扣的。所以，饮用水广告中有一则比较有印象的、觉得好的是“农夫山泉，有点甜！”不看电视画面，就把它与鸟语花香的林中“淙淙”流淌的清冽的小溪水联系起来了，有一种很美的感觉。

气味是由鼻子嗅觉接受的物体的气息。人们把不好闻的气味称“臭气”，好闻的称“香气”。臭气使人难受，香气令人愉快，这是普通的常识。令人愉快的气味会使人产生美的感觉。一处漂亮的风景，如果有一池死水在散发臭气，那人们是要落荒而逃的。曾有报道世界上罕见的“大王花”开花，吸引了许多人前去观赏。但因那种花奇臭无比，大家只好掩着鼻子看上一眼匆匆而走。然而，人们多么喜爱那些香花呵，无论是兰花、桂花，还是茉莉花、白兰花、水仙花，那沁人肺腑的香气令人着迷。去过苏州的人除了难忘那些小巧典雅的园林和各种精美的工艺品之外，对街上随处可闻的“栀子花——白兰花——”的叫卖声与弥漫于空中的清香也会留下深刻的印象，更感觉到苏州的优雅。

所以，美的创造也包括香气的创造。香水就是人们模仿大自然的香而创造的。香水师们认为香水不是简单的美容品，它像一段音乐、一幅画，能给人以嗅觉上的艺术享受。香水的信息传递是无形的，但正是这种无形能勾起你无尽的想象。很多人闻了沙丘（DUNE）香水后，都不禁想起在一个暖和的夏日里，自己在一个布满细沙的海滩上漫步。和煦的阳光下，温和的海风在吹拂着秀发，附近的小树林飘来一阵阵清香的花草味道……那是一种多么美妙的感受啊！这是味的审美特性形成的生理心理基础。

第三节　形式美的基本规律

一、对称与均衡

对称与均衡是最常见的形式构成，它们都有形式上的平衡感。

对称是典型的平衡，指以一条线为中轴或以点为中心的同形同量相向对应的结构形式。以中轴线为界形成左右或上下两侧同形同量的叫轴对称，日常生活中的房屋、塔亭、家具、衣服、汽车、飞机、玻璃杯等多用轴对称。以某一点为中心，在其周围形成放射性同形同量的叫放射对称，圆是典型的放射对称。

对称是生物体形体结构的一种规律性形式，人体便是一个非常精致的对称体，以从鼻梁到肚脐的连线为中轴，眼、耳、手、足，乃至鼻孔都对称，否则就是畸形的。动物的正常形体结构一般也是对称体，非对称的就是畸形的。就连植物也多为对称体，这应该是与自然规则相适应的，或者说是由大自然所决定的。所以，普列汉诺夫认为，“欣赏对称的能力也是自然赋予我们的”，尽管这种能力是由原始人的生活方式本身所巩固和培养起来的。因为大多数原始人过的是狩猎生活，他们总是注意人与动物，因而养成了对称的感觉。“这从下面的情况可以看出来：野蛮人（而且不仅野蛮人）在自己的装饰中重视横的对称甚于直的对称。瞧一瞧您第一次遇到的人或动物的形状（当然不是畸形的），您就会看出，它所固有的对称正是前一种，而非后一种。此外，必须注意，武器和用具仅仅由于它们的性质和用途，也往往要求对称的形式。”① 格罗塞也说过：“最野蛮的民族也并不是纯任自然的使用他们的装饰品，而是根据审美态度加过一番工夫使它们有更高的艺术价值。他们将兽皮切成条子，将牙齿、果实、螺壳整齐地排成串子，把羽毛结成束子或冠顶。在这许多不同的装饰形式中，已足够指示美的原则来。它们正和主宰各文化阶段的身体装饰的原则相同——就是对称和节奏。”② 所以，对称是人类最早形成的一种形式美法则，它在原始的装饰艺术中就被注意并运用了。而人类使用的工具，从最早的石器开始，由于它们的性质和用途，也要求对称的形式。

因此，人们习惯了对称的形式，把它广泛地运用于各种人造产品的造型设计上。从原始人的彩陶造型到不锈钢的双耳锅，从石制箭头到先进的波音 747-400 型飞机造型，从低矮的茅舍到雄伟的大厦，都贯穿着对称法则。

对称最主要的特点就是稳定性。合乎对称法则的对象，小到日用的盆、瓶、桌、椅、汽车、飞机，大到雄伟的建筑，都会给人以安静、稳定、端庄的美感。

均衡是对称的变体，是一种非对称的平衡。均衡也存在中轴线，但中轴线两侧并非同形同量，而是大体的相当或互相呼应，使整体上保持平衡，因此均衡也被称为静中有动的对称。宜兴紫砂茶壶，有厚墩朴雅造型的，壶嘴粗而短，壶把粗而圆，两者虽不同形，但在量上很接近。女式套装的图案装饰，左胸前的小型花与右裙摆的大型花相呼应，取得整体上的均衡效果。插花艺术是最讲究均衡的，瓶插的对称花型其实是应用均衡原则，它的三个主枝其一由中央向左倾斜而上，

---

① 《普列汉诺夫美学论文集》I，曹葆华译，人民出版社 1983 年版，第 342 页。

② ［德］格罗塞：《艺术的起源》，蔡慕晖译，商务印书馆 1984 年版，第 77 页。

其二由中央向右倾斜而上，高低又有不同，其三插在中央直立，使高低俯仰之间产生联系与呼应，灵动却又稳定。均衡同样使人感到安静、稳定与端庄，但它比对称更有差异性和灵活性，给人以稳定中透出动感、一致中显出活泼的美感。

二、调和与对比

调和、对比是不同形式因素的并列比较，调和是在不同形式因素的并列中趋向“同”，对比是在不同形式因素的并列中趋向“异”。

两种不同而又接近的形式因素并列，是调和。从色彩的配合来讲，有两种调和：一是同色种相配，即把同一色相、明度较近的色彩搭配起来。如暗青色与淡青色，粉红色与大红色。但深浅色不能太近，近则不鲜明，看上去混浊不清；也不能太远，远则太生硬，会感到刺目。二是邻近色相配，即把色谱上相近的颜色搭配起来，如红与黄，橙与黄，蓝与绿等。但两种颜色的明度和纯度要错开，如深蓝与浅绿，能显出调和中的变化。从图形来看，圆与椭圆并列，不同大小、不同种类的三角形相配，也是调和。采用调和的形式法则，给人以协调、融合的美感。

而具有较大差异或相反特征的形式因素并列就是对比。形体的大小、长短、方圆、曲直，结构上的疏密、虚实，色彩上的冷暖、轻重、明暗，肌理上的粗糙细腻、温润干湿等都可以通过对比显现各自的特征。色彩的配合中有对比，是指能看出明显不同的相比效果的色彩的配合。如色相对比、明暗对比、冷暖对比、补色对比、同色对比、色度对比、面积对比等。房间布置中有对比：平滑的玻璃台面上放一只毛茸茸的小狗，形成了肌理上粗糙与细腻的对比。文学描写中有对比：所谓“蝉噪林愈静，鸟鸣山更幽”“万绿丛中一点红”等，就是对比形成的形式上的反差，对比总是使比较双方的特征更加明显，因此给人带来鲜明、振奋、醒目、活跃的美感。

对比运用得好，同样能引起调和感。还以色彩对比为例。如果把完全不同的两种色彩，无统一亦无秩序地配合在一起，虽增加明快感，但刺激过强，会在视觉上造成不快，难以产生美感。对比色相配，要利用二者之间的补色关系，使配色既有鲜明感，又有调和感。所谓补色是色环直径两端的成对色，它们调和后产生中性灰黑色，因而互为补色。互补色靠近时，能相互促成最大的鲜明性。但这两种颜色在视网膜上由于产生黑灰的现象，得到中和，眼内就能得到安定的平衡状态，产生调和感。心理学有一个试验，对一个绿色方块注视片刻，闭上眼睛，会看到一个作为视觉残像的红色方块；而对红色方块注视之后，视觉残像就是一个绿色方块，视觉残像就是它的补色。眼睛之所以要安置出补色，是因为它总是要求平衡，要求和谐。因此，补色是典型的对比色相配，却能给人以调和感。其中以黄对紫、青对橙、红对绿的互补最为典型，被称为配偶色。

另外，补色对比的配色，还要避免两种色块的面积相等，不然也会影响调和感。这是因为纯色明度不同。歌德把黄、橙、红、紫、青、绿六色纯色明度数比规定为9∶8∶6∶3∶4∶6，因此，典型的对偶补色的面积比例为：黄比紫为3∶1，橙比青为2∶1，红比绿为1∶1。以黄与紫为例，由于黄对紫有三倍强的明度，所以只要有紫面积的三分之一就可以保持均衡，获得调和感。如果黄面积增大，明度与纯度必须降低，才能求得均衡。可以看出，对比法则的运用不是随意的，是以最后获得调和为目的的。所以，《红楼梦》中贾宝玉请丫头莺儿打“络子”，这个特别会配色的丫头讲了不少配色的道理，如“大红的须是黑络子才好看；或是石青的，才压得住颜色。”宝玉问：“松花色配什么?”莺儿道：“松花配桃红。”宝玉要淡雅之中带些娇艳的颜色，莺儿说：“葱绿柳黄可倒还雅致。”其实这里运用的就是调和对比的形式美法则。

三、比例与尺度

比例与尺度都是体现事物整体与局部以及局部之间关系的形式构成。世间任何事物的构成都是有比例的，而符合形式美法则的比例关系是指人认为合适的、能让人感到满意和喜欢的比例，这是人在实践中逐步形成的一种形式感觉。尺度也是一种比例关系，尺度更强调的是主体尺度，强调主体与客体的比例关系。美学史上西方美学家在区分优美、崇高等审美范畴时往往使用的就是主体尺度，按主体与客体的比例变化来说明问题，比如客体比主体弱小就能产生优美与优美感，比主体强大的产生壮美与壮美感，比主体更强大甚至到了主体难以把握时就产生崇高与崇高感等。所以，美的比例是在尺度中产生的。

人类在长期的生产和生活实践中，总结出各种物体的比例尺度。与对称一样，合适的比例是以人为尺度的比例关系，与人对自身的认识不能分开，人体各部分构成就是有一定的比例的。意大利著名画家列奥纳多·达·芬奇认为人体的比例是神圣的。它表现在：其一，人体各部分和身高成简单整数比，各部分之间也成简单整数比。例如从下巴底到天灵盖顶为人身高的八分之一，两肩最大宽度为身长的四分之一，从下颌到鼻孔为脸的三分之一等。其二，人体可以形成极为对称的几何图形。如脸部可以构成正方形，叉开的腿成等边三角形，而伸展的四肢形成的图形，更是希腊人心目中最完美无缺的几何图形——圆。由于人体有着神圣的比例，决定了人们对“合适”的比例的要求。合乎合适的比例关系的体貌就是被人们认为“匀称”的面貌、“匀称”的身材。而家具、器物、建筑、生产工具、交通工具等造型设计，也是以人体为尺度而决定的。人可以根据实用功能和审美要求来选择与确定恰当的比例。

“黄金分割律”的发现进一步说明合适的比例与人的内在尺度的关系。“黄金分割律”是公元前6世纪古希腊的毕达哥拉斯学派发现的。据说毕达哥拉斯曾平平地拿着一根木棒的两端，请他的友人在这棒子上刻下一个记号，其位置要使分成的两根木棒两端距离不相等而令人看来感觉愉快。在反复实验中，一个非常一致的意见被发现了，即把那个点放在全长的约三分之一处。后人蔡沁以几何学证明，解出较长段与较短段的具体比值约为1.618∶1，称为黄金比。以黄金比作两边构成的矩形，叫做黄金矩形。“黄金分割律”被发现之后，人们发现凡是大家公认为“匀称”的、“美”的形体都是符合黄金分割律的，包括人体。因此，人们在实践活动中总是选择合适的比例来造型。黄金分割律被发现之后，就被广泛应用于建筑、雕塑、绘画、工艺美术甚至乐器制造中。古希腊的神庙建筑和人体雕塑、文艺复兴时的绘画，都内含着黄金比。而自古而今的人类产品，黄金比的应用就更是处处都可以看到的了。

合适的比例与尺度给人以匀称感和舒适感，即既有规整与秩序感，又有适度的变化与活泼。

四、节奏与韵律

节奏是指形式因素在运动过程中有秩序的变化，有规律的组合和反复。构成节奏有两个条件：一是时间、运动过程，二是力量的强弱变化。把运动中的长短、强弱变化有规律地组合起来加以反复，便形成节奏。韵律也是指形式因素在运动中的秩序性与规律性，即节奏，但在节奏中按照情感要求对时间与力量进一步组合变化，形成某种情调、情趣，能唤起人丰富的情感反应。因此，韵律也可称为有变化的、有情感性的节奏。

节奏和韵律在自然和生活中都存在。宇宙万物的运动，寒暑相推、四时代序、陵谷相间、岭脉蜿蜒、月缺月圆、潮涨潮落；人类生活和实践中的一张一弛、一急一缓、一轻一重、一起一落是有规律、有秩序的，这便是节奏。其实，节奏是生命运动的特点，人的心跳、呼吸都是有节奏的。所以，节奏与韵律必然会引起人的快感。

节奏与韵律能引起人的快感，在原始人的活动中就已经被注意到了。所以，理论家们认为原始艺术，特别是歌舞的产生，是与劳动中的节奏密切相关的。劳动过程中为了取得合作，产生了呼号、节奏等，是原始歌舞的雏形。格罗塞、毕歇尔、希尔恩等人类学家曾经利用人类学提供的材料，考察原始艺术的产生，提出劳动是原始歌舞产生的基础。普列汉诺夫指出，原始民族的舞蹈最初是与原始人的生产劳动动作紧密结合在一起的，或者本身就是某些劳动过程、劳动动作的重复或预演。他说：“在原始部落那里，每种劳动有自己的歌，歌的拍子总是十分精确地适应于这种劳动所特有的生产动作的节拍。”① 如南民答那峨的土著部落之一的巴戈包人在种稻的时候，“男子走在前面，一面跳舞，一面把铁镐插入地里。妇女跟在他们后面，把谷粒撒到男子们所挖的坑里，用土把它盖好。这一切都是认真而且严肃地进行的。”② 我国汉代著作《淮南子·道应训》里也有对“举重劝力之歌”的记载，它是在人们“举大木”时，为取得步调一致，“前呼‘邪许’，后亦应之”，逐步形成的。在长期的实践中，这些劳动过程和动作中的节奏、吟唱、呼号、跳跃等固定为一种令人高兴的形式，演化为艺术和审美活动。因此，各种艺术都有节奏韵律：音乐中乐音的长短、强弱的有规律的变化，是节奏；诗歌中平仄的变化与押韵，是韵律。梁思成说过建筑物柱窗的排列是有节奏的，一柱一窗的排下去，就像柱、窗、柱、窗的 2/4 的拍子；一柱二窗的排列法就会有圆舞曲的节奏感；一柱三窗的排列法就是 4/4 的拍子了。

所以，实验心理学曾提供材料证明外界的无节奏引起人的不快，如同达尔文所说的船头巨缆的不规律的拍打声会引起不快一样，而节奏却能引起快感，被人们概括为形式美的法则之一。

节奏感与韵律感都给人以生命跃动的规律感。

五、多样与统一

“多样”，指事物个性的千差万别；“统一”，指这千差万别的事物的共性和整体联系。多样统一就是把具有差异、变化、对立的各种形式因素有机地组合在一起，使差异性在整体中消除融化，构成一个协调一致的统一体。这是形式美的最高法则，也称为和谐。因此，它包含了各种形式美的法则。对称均衡、调和对比、比例尺度与节奏韵律，实质上都体现着多样统一，体现着和谐。

大自然是和谐的。宇宙万物，从天上的日月星辰、风霜雨雪，地下的高山平原、大川小溪、花草树木，天地间生存的各种植物、动物与人类，是千变万化、千姿百态的。然而，这一切又都和平共处，按照自然的规律存在着、变化着、发展着，构成了美妙的大自然。而人类的创造物同样处处体现出和谐，因为人类创造物单独运用某一法则的情况还是比较少的，往往是多种法则并用，因此创造物必然体现出多样统一，体现出和谐。音乐中的和声更能说明问题。和声是指各种和弦即多声部的运用，它是以相反的、极度的和中等的声音融合成为一种统一的、最好的、美妙无比的乐声，它使主旋律立体化，使音色瑰丽多姿。

和谐使人感到既丰富多彩又协调一致，既活泼灵动又安静舒畅，能给人以极

---

① 《普列汉诺夫美学论文集》I，曹葆华译，人民出版社 1983 年版，第 339—340 页。
② 《普列汉诺夫美学论文集》I，曹葆华译，人民出版社 1983 年版，第 378 页。

高的审美享受。

第四节　形式美的变迁

一、形式美的普适性

形式美，包括其构成要素与基本规律，实际上是人的内在的审美标准之一。

审美标准一般是指在主体的审美活动中形成的、用以评价对象的一种内在“尺度”。由于这种尺度的存在，世界上的事物才有了“美”“丑”之分。马克思在把人的劳动与动物的活动作区别时讲过，人与动物的不同，在于人懂得按照任何一个种的尺度来进行生产，并且懂得怎样处处都把内在的尺度运用到对象上去。所以，人也按照美的规律来构造。这指的就是人作为自由自觉的活动的主体，在活动中是按照自己的内在要求与标准来展开并评价对象的。这种内在的尺度之一，就是审美尺度即审美标准。审美标准作为主体的内在尺度是人类历史的产物，因而具有客观的生理、心理基础与客观规律性的特征。但它不同于我们所熟悉的物理标准和社会标准，不能使用具体的度量衡工具或用条文形式明确地表示，它只是存在于主体心中的理想模式、内在标准。这种内在的理想模式是在规律与目的相统一的实践过程中经过千万次对对象的形式、形象及意蕴进行感知、把握，在人的大脑与神经系统中概括、抽象、积淀与综合成某种具有普遍性的形式观念或模式，在意识中固定为人的一种“内在尺度”的。人们在进一步进行审美活动时，总是以这种内在的模式来衡量与要求对象。与这种模式相合或相近，就会作用于人的心灵，产生愉快的感受，对象也会被认为是美的，反之，则是不美的或怪的。

由于形式美标准建立于长期的实践活动中积累的对形式的感受的基础之上，不与内容直接相关，具有相对的独立性，人们对这些形式的喜爱是在人类的实践活动中逐步提炼、抽象而成，带有泛化了的、朦胧的社会内容。但它的一致性、共同性的特点，却主要是在人作为自然生命体的内在构造、活动规律的一致性和共同性上产生，形式构成的韵律也就是人类生命活动的节律和韵味。因此，对形式的审美标准一般与人的生理心理的审美追求相对应。因此有着广泛的一致性，几乎在一切人类中通用。这就是形式美的普适性。

二、形式美的商品化

1978 年，党的十一届三中全会做出了实行改革开放的重大决策，中国开启了社会主义市场经济的探索，产品也随之进入商品化的历程。

市场学研究的市场概念是一个广义的市场概念，是指整个交换关系的总和。

而站在商品的生产者或经营者的角度即企业或卖方的角度看待市场，市场又是指在一定的时间，一定的地点，具有对某种产品或劳务的购买欲望和购买力的消费者群。这消费者群是真正的企业的“上帝”。对企业的“上帝”——消费者群进行进一步的分析，我们会发现，构成市场的基本关系是人口、购买力和购买欲望三种。其中购买欲望是指消费者购买商品的动机、愿望或要求，它是由消费者的生理需要和心理需要引起的。购买欲望是消费者把潜在的购买力变为现实购买力的重要条件。因而也是构成市场的基本因素。

一切购买行为都出自一定的需求，而人的需要是有不同类型与层次的。但就其实质来说，又可以划分为满足实用需要和精神需要两大类，而在精神需要中审美需要占了非常大的比重，它们直接导致消费者购买行为的最后实现。因此，在购买行为中，审美需要往往起着最关键的作用，它是精神需要的核心。而审美需要的各层次都与形式美相关，因而，形式美能直接或间接地商品化。

曾有个名叫费涅克的美国人，爱旅游，善思考，他别出心裁地用立体声录音机录了许多小河、小溪的潺潺水声，并将其复制成“水声”录音带出售，结果购买者络绎不绝，生意兴隆。这是市场学讲到新产品的创意的一个例子。因为现代社会的城市居民大都会饱受各种噪声的干扰，难以解脱，大自然来的潺潺流水声就似一曲曲清新的乐章，能使人进入大自然的怀抱，暂时摆脱噪声干扰，忘却烦恼。有些失眠者在“水声”的陪伴下居然能进入梦乡。这才使“水声”成为一种商品。从美学的角度看，可以看出同是声音，也有美与不美之分。自然界中不仅有潺潺水声，还有震耳欲聋的水声呢！为什么费涅克只录小河、小溪的声音呢？那是因为小河、小溪的声音才能受到人们的喜爱。这是形式美的构成要素直接成为商品而且是核心产品的一个例证。

在满足人的需要的产品的三个层次（核心产品、形式产品和延伸产品）中，形式美都有自己的地位。整体产品的第二个层次是形式产品，即产品的外在表现，如外形、体积、包装等，同样与形式美有着密切关联。因为在市场上，不同产品呈现出的不同外貌，是消费者选购的重要依据。

我国有则古代寓言“买椟还珠”，讲的是春秋时代楚国的一位名叫韩储的珠宝商人，有一颗价值连城的珍珠，却总是无人问津。其子见此情景，他就用最名贵的木材制作了一只小盒子，盒子的四周缀上细碎的珠玉，装饰着玫瑰花纹，盒盖雕嵌着翡翠，还用桂椒熏上香气，然后把珍珠放入盒中。翌日，韩储带着装了珠宝的盒子到齐国去卖。恰有一个郑国人到各国旅行，看见这只华贵的盒子，反复观瞻，爱不释手。随后与韩储谈好价钱，买下了这颗珍珠。这个郑国人把盒子捧在手里，左看右看，越看越爱，最后把珍珠留下，捧着盒子要走。当韩储问他为什么不拿珍珠时，他说：“珍珠没有盒子漂亮。”包装本是指用于盛装货物的容器及其他包扎物，其最本质的功能是充当产品守护神，当然也具有广告和推销功能。而“买椟还珠”这则寓言中的那只木盒子，甚至与那颗名贵的珍珠等价，成为独立的产品了。可见包装除了为产品服务之外，其形式美具有独立的审美价值，这种独立的审美价值或成为直接的产品，或汇入产品价值之中，可以提高甚至是成倍地提高产品的价值。

延伸产品是指顾客购买产品时所得到的利益的总和，是企业在产品实体之外附加上去的一系列因素，如价格、交货期、运货服务、咨询服务、维修服务、技术服务、保证程度、付款方式及广告宣传等因素，也称为附加产品。附加产品中同样可以看到由形式美转化而来的产品，其中最集中的表现是品牌标志。品牌是以文字、符号、图案来表示某一企业生产某种产品的一种标志。这种标志可以使每一牌号的产品有别于其他同类产品。随着我国商品经济的发展，品牌商标已逐渐成为人民群众所习惯的一种商品标志。在日常生活中，绝大多数人已习惯于认牌不认厂，在同类产品中，选择有自己熟悉的商标的产品。

品牌商标除了代表产品的质量之外，还有着本身独特的魅力。一款具有形式美的商标就像艺术品一样受人喜爱。“Coca-Cola”，这种由美国亚特兰大一位药物学家发明创造的饮料，早已风靡世界，现在仍长盛不衰。然而，在它使用1915年由阿列克斯·萨穆尔森设计的标志时，一直打不开销路。直到20世纪30年代，美国工业设计师罗维重新设计了可口可乐的商标之后，才使这一饮料声名大振，从而畅销世界。罗维设计的“可口可乐”商标图案，以醒目的红色为底色，用深褐色的饮料衬托出白色的带状字体，有流动、纯洁、清爽的感觉，加深了这一饮料味美口爽的形象。

总之，在“购物视觉化”的现代社会，形式美的商品化已经是社会的要求，美学也因此越来越从高雅的艺术领域中走向千变万化的市场。

三、形式美与时尚

时尚有多种解释，就其内含有时间和崇尚两重意思来说，应该与时髦、时兴、流行、倾向相关联，而时尚本身又有样式、方式等意思。因此，时尚与形式必定有着密切的关系。

时尚最基本的根源是生产与科学技术的进步。20世纪30至40年代，西方随着符合空气动力学原理的流线型被发现，流线型设计风潮马上成为时尚，从轿车、冰箱到服饰都用流线造型。车是具有波动韵律的流线型小车，冰箱顶部也是弧形的。尽管家庭主妇抱怨这种流线型冰箱顶部连个鸡蛋都放不住，但还是流行了一阵。

1969年，人类第一次登上月球，宣告宇宙开发时代的正式开始。这给年轻一代带来想象与爱好，他们希望居住的环境、使用的产品、穿着的服装都有“宇宙时代”的特点。于是，楔形银灰色的强调速度的汽车出现了，宇宙飞行器式奇特的落地式电视机出现了，厨房设计成宇宙飞船的内舱样式，各种橱柜、用具、照明等都是一种仪表板的风格，“宇宙服”“太空色”成为时尚。

时尚与社会政治也有密切关联。在我国“文化大革命”期间，绿军装的流行令人记忆犹新。那时，全国上下，从男到女，从老到少，不分职业，不分身份，不分年龄，不分性别，全部是清一色的“时装”，人的个性特点、群体特征都淹没在那一片绿色海洋之中，成为一种政治时尚。

可以看出，时尚与特定的形式直接相关，这种特定形式在当下肯定就是形式美。

时尚的形成有多方面的原因，如前所述，可以是科学技术发展的原因，也可以是社会政治原因。而时尚形成的心理原因则是与人的群体意识有关。以服装为例，如果自己的服饰与流行服饰格格不入，人就会有各种担心：担心别人认为自己穷得买不起时装，担心别人认为自己甘愿穿过时服装而缺乏自尊，担心别人会认为自己不注重仪表，不懂得形象的价值，担心别人说自己标新立异，担心别人称自己为“老顽固”“乡下佬”等。所以人们会想方设法追求时尚。

时尚的最深层的心理原因，是人的求新倾向。“新”是与“旧”相对应的一个词，其主要特征是变化。有人说，“美的意义在于常新”，这话是有一定道理的，因为新的东西是最容易产生美感的。美与新的联系有着心理学的依据。人的感官是接受外界刺激的门户，感觉是感官、感觉神经和感觉中枢（在大脑皮层）对外界刺激而起的活动。外界刺激是一种能使感官起活动的力，刺激不变，感觉便逐渐减少以至消失，这种现象在心理学上叫做“适应”。水无味，是因我们时刻被水刺激已经适应了水味；空气无臭，也因为我们时刻在呼吸，早已适应了空气的气味。一旦适应，外界刺激便不再是刺激，便不再有反应。对于不得不接受的已经适应了的刺激，甚至会厌倦，俗话称“腻”了，反感了，讨厌了，更谈不上美了。正如德国的歌德所说：“眼睛需要变化，从来不愿只老看某一种颜色，经常要求变换另一种颜色，甚至活跃到在看不到所要求的颜色时，自己就把它造出来……例如舞蹈，大音阶和小音阶交替变化，就令人感到很愉快，如果老是用大音阶或小音阶，就马上令人厌倦了。”① 法国的雨果强调艺术中需要滑稽丑怪，因为“古代庄严地散布在一切之上的普遍的美，不无单调之感；同样的印象老是重复，时间一久也会使人厌倦。崇高与崇高很难产生对照，于是人们就需要对一切都休息一

① ［德］爱克曼辑录：《歌德谈话录》，朱光潜译，人民文学出版社1978年版，第115—116页。

下，甚至对美也是如此。相反，滑稽丑怪却似乎是一段稍息的时间，一种比较的对象，一个出发点，从这里我们带着一种更新鲜更敏锐的感觉向着美上升。鲵鱼衬托出水仙，地底的小神使天使显得更美。”① 他要说明的是：感官是容易疲劳的，感官本身需要变异，需要新鲜的刺激，才能不断获得满足和愉快，才能感到美。

时尚肯定与变化相关，却是有规律的。曾有人说，服装的规律是“30 年风水来回转”，这也可用以说明时尚的规律。

日本一些流行色研究者把历史上 16 世纪以来的一些流行色的规律加以总结，得出了这样的结论：流行色有一个从初兴到盛行到衰落的过程，色调呈现由明到暗再到明，或由暖色到冷色再到暖色的波浪状循环运动。其流行周期大约为 7 年，由初兴到高潮大约 1 年半。对服装款式流行的研究也表明流行有规律性。有的研究者把 1900—1980 年欧洲妇女时装裙长变化用曲线在图表上标明，清晰地显示出过膝短裙从 1925 年消失至 1940 年重新出现，间隔 15 年，持续时间达 10 年；超短裙两次高峰是 1965 年与 1980 年，其间也是 15 年。长裙从 1920 年消失至 1935 年重新出现，是 15 年，到第 2 次出现的 1960 年，其间隔为 25 年，第 3 次出现为 1975 年，间隔 15 年。这样，除了长裙循环出现一个较长间隔 25 年外，其余大体上都是 15 年一个循环。但是具体的流行时间并不一致，有的长达 10 年，有的只有一两年左右，并且裙长变化与社会的政治、经济没有必然的内在联系。有规律可循的是服饰流行的样式。如上衣流行从松身—紧身—松身，裤子流行从瘦—肥—瘦，裙子流行从长—短—长。花样流行从小花—大花—小花，图案流行从具象—抽象—具象等。它们呈现出从当下流行的审美形式和艺术风格向对立面转化的运动轨迹。因此，一位美国专家制定了一种时装式样循环规律图表，指出：如果一个人穿上离时兴还有五年的服装，会被人认为不道德；穿上离时兴还有三年的服装，会被认为招摇过市；穿上离时兴还有一年的服装，会被认为是大胆的行为；而穿上当年时兴的服装，会被认为十分完美。如果一年后才穿一年前的时兴服装，会被人认为土里土气；五年后再穿，会被认为十分可怕；十年后还穿就会招来耻笑。但 20 年后再穿那种服装，又会使人觉得新奇，具有创新精神了。显然，这种周而复始是基于人的求新求变心理，由此也可看出形式美与时尚的关系。

思考题：

1. 美的形式与形式美有什么区别？

---

① ［法］雨果：《〈克伦威尔〉序言》，见马奇主编：《西方美学史资料选编》下卷，上海人民出版社 1987 年版，第 495 页。

2. 试分析形式美的构成要素。
3. 什么是“黄金分割”？
4. 为什么说多样统一是形式美的最高法则？
5. 如何看待形式美的商品化？
6. 试析形式美与时尚的关系。

▶ 本章小结与回答示例

第四章 技 术 美

技术是人们从事生产劳动的手段，人类凭借技术自觉地应用客观规律以引起、调整和控制人与自然界之间的物质交换过程。技术的产物作为生产劳动的成果，可以满足人们物质上和文化上的需要。如审美本质一章所述，技术作为人类劳动生存目的与规律相统一最核心的结构，也是自由形式感最切近的凝聚体。技术美是人类社会所创造的第一种美的形态，也是人类物质生活中最基本的审美存在。

技术的发展经历了从手工业时代到工业时代的转化。在手工业时代，技术是以手工艺人个人的技巧表现出来的，手工艺品作为个体操作的成果，它把实用与审美的功能有机地结合在一起。“每一个想当师傅的人都必须全盘掌握本行手艺。正因为如此，中世纪的手工业者对于本行专业劳动和熟练技巧还是有兴趣的，这种兴趣可以升华为某种有限的艺术感。”① 而机器生产的出现，在设计缺位的情况下成了一种单纯的机械复制，从而使其失去了应有的文化和精神价值。正是在这种情况下，人们才关注到技术与艺术的结合、实用价值与审美价值的交融。从而20世纪以来，在国际上先后提出了“机器美学”“工业美学”和“技术美学”。技术美学的研究已经有近百年的历史，它为当代工业文明的发展提供了人文价值的导向。

设计对人类社会发展所起的作用日益明显，不论政治、经济和文化生活，还是物质生产和生态环境的建设，都离不开相关的宏观顶层设计、程序设计和微观的实体设计。设计作为一种规划构思，体现了人的意识所具有的前瞻性和创造性。设计美学便是技术美学从理论学科向应用学科的转化，它以审美规律在工业设计中的应用为目标，以期为物质生产提供美学的理论支持。因为人也是按照美的规律塑造物体的。

随着技术在现代社会日益深广的扩张，技术美学已成为美学的重大论域。中国技术美学的研究方兴未艾，这一研究与工业设计及艺术设计领域相结合，并且受到广大建筑界和设计界的关注，表明了这一学科强大的现实前沿生命力。

第一节 技术范畴及其美学视域

一、技术范畴

技术是一个历史范畴，也就是说，技术的范畴界定在不同的历史发展阶段，

① 《马克思恩格斯文集》第1卷，人民出版社2009年版，第559页。

人们对它的理解是不同的，它所涵盖的内容也随历史的发展而变化。

技术作为物质生产的手段，是与人类的生产劳动同时产生的。在古代，技术是人的手艺、技巧、技艺和技能的总称。当时生产力水平极为低下，技术活动主要是依靠人类长期积累的经验和技巧，它所运用的物质手段比较简陋。因此，人们对技术的理解便着重于技术中的主体因素。《说文》中称：“技，巧也，从手支声。”

古希腊哲学家亚里士多德曾经把技术看作制作的智慧。随着工程技术的发展，古罗马人不只看到了制作的实体方面，也看到了其中包含着知识的虚拟方面。至18世纪，法国启蒙思想家狄德罗在《百科全书》中列入了“技术”这一条目。其中指出，技术是为某一目的的共同协作组成的各种工具和规则体系。这就是说，技术既是一种知识体系，又包含一定的目的、社会参与性、作为工具和设备的硬件以及规则、方法等软件。

德国技术哲学家德苏瓦尔《关于技术的争论》对技术的范畴作出如下界定①：

1. 任何技术的形成都是以某种自然知识为先导，尽管这种知识可能极其原始和粗陋。当知识越丰富，技术成果就越完善。

2. 一切技术的对象都是依据人的目标选定的。

3. 在技术操作者的观念中，首先产生出活动结果的表象或意念。

4. 当具有一定自然知识并为实现某一目标而从事技术活动，便可获得一定成果。在这里，知识成为实现目标的工具。

5. 成果的取得是以自然知识为依据，并按某种客观规律进行的。

6. 技术成果具有适应于目标的目的性和价值。

在这里，技术成果的取得依据于三种要素：其一，符合自然规律。其二，其目标设定能满足人的需要。其三，通过人的生产劳动来实现。在手工业生产中，手工工具一般是供个人使用的，它虽然可以专门化并达到某种完备的形式，但这些形式就是它的发展极限了。例如，手斧、锤子等，千百年来保持着相似的形态。

技术曾经推动了科学的形成和发展，比如由土地丈量技术发展出几何学，由古代建筑技术产生了力学。最初的科学知识是从技术经验中总结和提升出来的。以瓦特对蒸汽机的改进为标志，自然科学的发展又推动了技术的变革。因为离开了热力学概念的指导，蒸汽机的改进和内燃机的发明都是不可能的。由此引发了工业革命，开创了大机器生产的时代。工业生产使劳动过程社会化了，各种技术专业和生产部门不断联合、相互促进。在工业技术中，人的技能和技巧的作用相对弱化，而机器和工具的作用大大增强。这时，技术的物质手段成为技术的主要标志，技术也成为科学的物化。

把技术看作实现人的目的的一种手段，这种理解并没有错，但是它远不能说

---

① 参见吴火、徐恒醇主编：《技术美学与工业设计》，南开大学出版社1986年版，第72页。

明技术的全部实质。德国哲学家海德格尔从技术作为人与自然的中介，参与到对自然、现实和世界的构造中的角度，把技术界定为一种展现方式。他说："技术不仅仅是手段。技术是一种展现方式。如果我们注意到这一点，那么，技术本质的一个完全不同的领域就会向我们打开。这是展现的领域，即真理的领域。"① 这就是说，技术可以为人展现出自然界深层未被人们认识到的特性，而且也反映出人与自然关系和人的存在状态。生产作为技术的展现，使自然朝向主体方面产出，由此造成一种框架结构，它使人与对象两者之间相互限定，使双方只在技术的可用性方面相遇。

时至21世纪，基于"技术"概念的模糊多义性，当代美国经济学家布莱恩·阿瑟（Brian Arthur）归纳出技术的三个定义②：

1. 技术是实现人的目的的一种手段，它可能是物质性的（如发电机），也可能是非物质性的（如一种数字压缩算法）。作为手段的技术，可能是一种方法，一种装置，一种过程或流程。这是单数意义上的技术（technology-singular）。

2. 技术是实践和元器件（components）的集成（assemblage）。这是复数意义上的技术（technology-plural），比如电子技术和生物技术等，它们是众多技术和实践构成的集合、工具箱，也可称之为技术体（bodies of technology）。

3. 技术是在某种文化中得以运用的装置和工程实践的集合。这是一般意义上的技术（technology-general），它表明技术是所有过去和现存技术的总和。

布莱恩强调，以上定义是目前人们从不同视角下对技术范畴的三种不同理解。

在古代的手工业生产时代，技术和艺术没有严格的区分，可以说是技艺相通的，如庄子在《养生主》中所讲的庖丁解牛。在古希腊，"art"与"techné"都同时包含着技术与艺术的意思，既包括工匠的技能，也包括艺术活动的技巧。随着工业时代与科技的一体化，技术和艺术的分野才日益鲜明。德国美学家本泽通过三种特性将自然对象、技术对象、设计对象和艺术对象作了区分。这三种特性是固有性、确定性、预期性。也就是说，技术对象是人工制作，而非天然固有的；它依据自然规律，其功能作用是确定的，不像艺术作品的创作具有不确定性；同时它又是按确定的目标构筑的，具有预期性，而不像艺术对象，其创作结果是无法预期的。

---

① ［德］绍伊博尔德：《海德格尔分析新时代的科技》，宋祖良译，中国社会科学出版社1993年版，第24页。

② 参见［美］布莱恩·阿瑟：《技术的本质——技术是什么，它是如何进化的》，曹东溟、王健译，浙江人民出版社2014年版，第25—28页。以探究技术本身的本质及其演化为己任的布莱恩则是这样理解技术本质的："从本质上看，技术是被捕获并加以利用的现象的集合，或者说，技术是对现象有目的的编程。"同上，第53页。

二、技术的美学视域

19世纪是西方产业革命最终确立起来的年代，它使机器生产方式得到普及。对于机器生产方式，当时人们存在两种不同的态度和历史观。英国手工艺运动的倡导者约翰·罗斯金和威廉·莫里斯视工业化的发展为一种危害："工业产品将会带来的后果，就是同时毁灭工匠和消费者双方的精神：机器本身没有灵魂，它会让人类也同样失去灵魂。"① 因此，他们把目光转向中世纪，求助于手工艺生产。然而，德国学者和建筑家哥特弗利德·森帕则抱有完全不同的观点，他认为："技术的进步是无可逆转的。"并提出："应该教育培养新型的工匠，让他们学会运用艺术而理性的方式，理解并且开发利用机器的潜力。"② 以穆特休斯为首的德国产业联盟，则倡导艺术设计家去推动工业产品的改进。其中著名建筑家和设计师彼得·贝伦斯也意识到，工业化是一个民族的必然命运，它是时代精神和大众化的体现。艺术家的使命是要为工业化生产创造出崭新的形式。因此他说："什么时候、用什么方法，才能把我们这个时代的伟大的技术成就，变成一种成熟的、高级的艺术，这个问题至关重要，在人类的文化中具有深远的意义。"③

1923年柯布西耶发表了《走向新建筑》（*Versune Architecture*）一书，书中他用三章的篇幅赞扬了远洋货轮、飞机和汽车的美，这些都和建筑一样是"激动人心的机器"。他倡导一种"机器美学"，为此他提出了在机器设计中的双重构思原则。④ 与此相应，德国设计教育家格罗皮乌斯也在同年"包豪斯"设计学院⑤的年度展上发表了《艺术与技术——新的统一》的演说。

技术是生产物质产品的手段，技术的美学视域实际上是从人的整体性角度反映了人的物质需要与精神需要的关联性。正是从产品功能与人的功能的一致性上，美国文化学家刘易斯·芒福德在《技术与文明》（*Technique and Civilization*，1934）一书中提出了"对机器的审美改造"。书中指出，机器不仅成为人们活动的一种工具，而且成为一种有价值的生活方式。人的直接的、新颖的生活经验本身是提高机器功能的基础。把机器的制造与人的需要和愿望充分地结合起来，是新技术发

---

① ［英］弗·惠特福德：《包豪斯》，林鹤译，生活·读书·新知三联书店2001年版，第9页。

② ［英］弗·惠特福德：《包豪斯》，林鹤译，生活·读书·新知三联书店2001年版，第10页。

③ ［英］弗·惠特福德：《包豪斯》，林鹤译，生活·读书·新知三联书店2001年版，第16页。

④ ［法］柯布西耶：《走向新建筑》，陈志华译，陕西师范大学出版社2004年版，第75页。

⑤ 包豪斯（Bauhaus，1919—1933），是德国魏玛的"公立包豪斯学校"（Staatliches Bauhaus）的简称，后改称"设计学院"（Hochschule für Gestaltung）。它的成立标志着现代设计的诞生，对世界现代设计的发展产生了深远的影响，包豪斯也是世界上第一所完全为发展现代设计教育而建立的学院。"包豪斯"一词是格罗皮乌斯生造出来的，是德语Bauhaus的译音，由德语Hausbau（房屋建筑）一词倒置而成。

展的一个标志。我们超越机器的能力在于我们那种同化机器的力量。[①] 对机器的审美改造，就是不再依靠外在装饰，而从机器自身挖掘它的审美表现力。

针对德国包豪斯设计教育的实践经验，英国诗人和文艺评论家赫伯特·里德发表了《艺术与工业——工业设计原理》（*Art and Industry——The Principle of Industrial Design*，1956）。他将艺术划分为人文主义艺术和抽象艺术。前者可以表现社会生活和人的情感、理想，而后者可用于工业产品的造型。这实际上是承续了文艺复兴以来的传统，将艺术分为纯艺术（fine art）和实用艺术（applied art）。前者涉及人的精神生活，后者涉及人的物质生活。

第二节　技术美与功能美

在当代日常生活中，人们接触最多的一种审美形态便是技术美了。技术美寓于城市的环境和各种物质产品之中。从温馨优雅的环境设施和居室陈设到宽敞便捷的交通车辆，从时尚的衣着到精巧的生活用品，这些都是人们衣食住行须臾不可或缺的对象。人们在选择各种商品时，在满足自己的实用需要的同时，也关注于对审美的追求。当然，技术产品首先必须具有实用功能，审美在此从属于功能而呈现为功能美，于是便产生了技术美与功能美的关系。

一、技术美的独立

一般把现代技术产品所具有的审美价值称为技术美，它是现代大工业生产方式的产物。技术美的概念是相对于艺术美、自然美的概念而提出来的。技术美学作为美学研究的一个分支学科，它的研究对象并非“技术艺术”，而是技术美。这是因为艺术作为一种精神生产，它的效应只作用于人的精神生活层面。艺术品是一种观念性的审美存在，它只能通过艺术的同质媒介与人相应的感官发生联系，从而使人产生意义领悟和情感激发效果。在这里，审美价值和效应具有主导地位，只有通过审美效应才能充分发挥它的认识价值、伦理价值；而技术产品则是一种现实生活的构成物，它与人产生多种不同性质（包括各种感官和活动）的联系，构成人们日常生活的物质基础。作为物质生活的依托，它的功利价值（有用性）具有主导地位，其他价值只有通过它的功利价值才能发挥作用。因此，将艺术世界与日常生活世界区分开来，对于技术美学研究具有根本的方法论意义。这也就

① ［美］芒福德：《机器的审美改造》，见吴火、徐恒醇主编：《技术美学与工业设计》，南开大学出版社 1986 年版，第 38—51 页。

是审美本质一章所引述的马克思关于物质形态的现实审美与精神对象化的艺术审美的区分。在手工业时代，技术与艺术的界限并不分明，手工业产品本身就具有实用与审美双重功能。严格说来，技术美的概念可以延伸到人类的史前时代，它一直潜伏在人类物质生产的过程之中。因为“被机械和机械制品的美的现象所触发而新引进的这个美学概念……在原理上对一切工具和产品都应同样适用”①。尽管只有当生产方式从手工业转向机器生产的大工业以后，这个问题才被尖锐地提出。

技术美作为工业时代所倡导的审美形态，最初成为“工业美学”研究的对象。法国工业设计教育家雅克·维埃诺不仅从事工业美学教育，而且提出了工业美学的“宪章”，作为创造技术美的一种指导性规范②，其中包括：

1. 经济法则：工业美的起码条件是，工艺和材料的成本不应损害产品的功能价值和质量（这是要求产品的材料精良、工艺考究）。

2. 功能价值法则：只有功能适用、具有技术价值的产品才有工业美。

3. 统一性构成法则：产品的构件应形成和谐的整体，达到静态和动态的统一。

4. 外观与使用的协调法则：使其功利价值与审美价值统一起来。

5. 风格法则：要有稳定的个性特征和时代感。

6. 发展的相对性法则：工业美没有终极性，新技术在审美表现力上有个成熟过程。

7. 鉴赏力法则：产品的美表现在其结构、形式、线条和比例的均衡，其中也包括其材质和色彩等。

8. 满足法则：将美赋予产品的功能表现，使之打动人的全部感官。

9. 运动法则：动态产品应在其运动过程中表现出审美特征。

10. 合目的性法则：产品应有助于人类的进步。

11. 商业法则：工业美学应推动产品的市场占有率。

12. 诚实法则：材料的选择应体现诚实法则。

13. 内涵性法则：产品的美不是外加装饰，而是产品设计体现艺术构思。

显而易见，这些只是一些实施的规则，但其中也体现出美是合规律性与合目的性相统一的自由创造，它要通过形式获得表现。人在物质生产中对生产对象的确定是依据人的某种个别的需要和满足而提出的，然而人的审美享受却并非对这一个别对象的享受，它要在对象中直观人的自由特质，在物质享受的同时实现人的自我欣赏。因为对于一个完整的人来说，他必然存在着物质的和精神的需要，

① 参见吴火、徐恒醇主编：《技术美学与工业设计》，南开大学出版社1986年版，第20页。

② 参见吴火、徐恒醇主编：《技术美学与工业设计》，南开大学出版社1986年版，第297—299页。

而且两者又是相互渗透和相互融合的。人的审美需要只能在直观与活动的统一和感性与理性的统一中获得满足。因此，技术美为产品的生产提供了具体的人文指向，以便在生产与消费的交互过程中促进人的全面发展。

竹内敏雄在《美学总论》中也探讨了技术美。① 他指出功能主义设计运动在历史上的意义在于，它揭示出在技术产品本身中存在的技术美。他认为，技术美并不在于功能性本身，而是在于功能的合目的的活动所具有的功能力的充实和紧张，并在与之相适应的可感形式中呈现出来，从而构成了审美价值。在对实用对象的观赏时，人要从功利态度转为审美态度，但这时对象的有用性并不从意识中消失，这种功能价值只是从背景中支撑着审美价值，而这种功能形态的表现力才构成技术美。

总之，技术美是技术过程和技术产物所具有的审美价值。技术美存在的根源在于，技术是人类改造世界所形成的手段和方法，它依据自然规律以实现人的目的，体现了人在适应自然和改造生存环境中所取得的自由。技术美以感性直观的形态揭示了人所驾驭的自然规律性和人的社会目的性的统一。它作为人的创造物，凝结了人的智慧和创造力，揭示了人的理想、追求和情趣。艺术美是一种观念存在的反映美，而技术美则是一种活生生的现实美，它构成人们的现实生活环境。通过环境与人的相互作用，技术美可以发挥其美育功能，可以激励人们不断向科学技术进军。

二、功能美

技术美的范畴揭示了在技术领域所具有的审美价值，而技术产品同时又是人们日常生活的使用对象，它具有明确的使用目的和功能要求。那么从人的使用对象的角度对技术美进行分析，则又可以把它视为功能美。

功能美的概念在美学史上源远流长。早在苏格拉底那里已经提出了美与效用的关系问题。他说："因为任何一件东西如果它能很好地实现它在功用方面的目的，它就同时是善的又是美的。"② 这里强调了美的合目的性特征。同样，康德在《判断力批判》（上卷）中也把美看作对象的合目的的形式。

黑格尔在论述建筑时也指出，建筑的美就在于这种符合目的性本身："尽管是应用的，它却结合成一个本身完备的整体，通过它所有的形式使它的目的显得一目了然，而在它的这些关系的和谐配合中就把单纯的符合目的性提高到美。"③ 那么如何来观赏这种功能美呢？罗兰·巴特在分析埃菲尔铁塔时指出："功能美不存

① ［日］竹内敏雄：《美学总论》，东京弘文堂1979年初版，第五章第四节。
② 参见凌继尧、徐恒醇：《西方美学史》第1卷，中国社会科学出版社2005年版，第81页。
③ ［德］黑格尔：《美学》第3卷上册，朱光潜译，商务印书馆1979年版，第61页。

在于对一种功能的良好结果的感受之中，而存在于产生结果之前的某一时刻被我们所领会的功能本身的表现之中；领会一部机器或一种建筑的功能美，便是使时间暂时停止和延迟其使用，以便凝视其造术。”①

这里提出了一个重要的审美感受方式的问题。审美是一种感性直观的活动，它通过对事物外在形式的观照来获得意义的领悟和情感的激发。然而实用产品的功能效应则是通过人们的使用过程，通过对物质的占有或享受来获得物质和精神上的满足。所以人们说，一个沙发的功能美，不是通过人坐在上面的舒适所产生的快感，因为这种快感是一种纯粹个体性的愉悦；而是这个沙发的外在形式，在直观中使人感到坐着会很惬意而形成的美感。因此，审美形式在这里成了它的功利内容的符号表现。形式感受所以能解读其功能目的性内涵，正是人类长期生活实践的经验成果。在这里，其功利价值与审美价值仍然是两种不同性质的存在。也就是说，适用并不等于美。一个产品可能有实用价值，却可能缺乏审美价值，那是因为它没有实现对功能目的的审美表现。

在日常生活领域，功能美的范畴具有广泛的意义。首先，功能美具有丰富的文化内涵，成为社会前进的目的性的展示，它把科技进步所取得的成就直观化了。其次，功能美通过特定的组合秩序促进生活环境与人的生理、心理和社会的协调。产品作为对人的适应性系统，成为沟通人与环境的中介。产品所体现的人性化特征，使人消除陌生感和对产品使用不当的恐惧心理。此外，产品的功能美也是激发人的购买欲和促进商品流通的重要因素。因此功能美范畴的提出，从根本上克服了对产品审美内涵分析上的单纯形式观点，使之关注于产品的功能目的性。

附：埃菲尔铁塔（La Tour Eiffel）——一个美的技术范例

到过巴黎的人都会对埃菲尔铁塔留下深刻的印象。它是为纪念法国大革命一百周年和迎接 1889 年巴黎世界博览会而建成的。工程师埃菲尔（G. Eiffel）以钢铁材料和技术结构的精湛设计确保了这一工程的顺利实施。铁塔高 300 米，连同后加的电视天线共 320 米。总重量为 7 500 吨，由 12 000 个构件用 250 万个铆钉组装而成。塔身带有三个平台，第一平台高 57 米，第二平台高 115 米，第三平台高 274 米。由于铁塔采用了通透性结构，所以具有良好的抗风性能，在大风中顶部摆动一般不超过 12 厘米。可供 1 万人同时登塔参观，平均每天观众达 5 千人之多。②

在巴黎景观中，埃菲尔铁塔具有极其显赫的地位。凡是用画面表现巴黎的地方，便有埃菲尔铁塔的形象。它成了巴黎的第一象征物。罗兰·巴特对埃菲尔铁塔作了精彩的剖析。他指出，那简单的矩阵形式，赋予了铁塔难以数计的联想职

① 《罗兰·巴特随笔选》，怀宇译，百花文艺出版社 1995 年版，第 355 页。

② 参见科隆（Dumang Verlag Koeln）：《巴黎导游手册》，杜芒出版社 1989 年版。

能：它时而是巴黎的象征、现代性的象征、交流的象征、科学的象征或19世纪的象征，时而又是火箭、立柱、钻塔、男性生殖器、避雷器或昆虫的象征。在人的想象力和梦幻之中，它成了无法回避的象征符号。它为各种梦幻和想象提供着形式，或为之提供营养。即使把它简化成一条线，它依然具有一种神话功能，那把底部与顶部连接起来的线条，正是沟通天地的纽带。

一百多年来铁塔已经完全融入了巴黎人的日常生活，融入了巴黎的整个景观之中。铁塔的功能实现了“向外看”与“被看”之间的有效循环。当人把目光投向铁塔的时候，它是人们观赏的对象；而当人登上铁塔俯瞰巴黎时，它又成了观赏的视点。在感觉范围中的这种独特地位，赋予了铁塔一种多义倾向，发挥着象征符号的“能指”作用，吸引着各种意义。在观赏目光与观赏对象的交替中，使人不断生发出超越铁塔之外的各种新的意象。参观铁塔就会观赏到巴黎的全景，铁塔正是借助这种换喻关系，成了巴黎的象征。

铁塔是按纪念性与实用性相结合的工程来设计建造的。在立项论证中，许多人指责它无用，企图阻止它的建设。埃菲尔面对一些著名艺术家的质问而捍卫这一设计时，曾经列举了铁塔未来的各种用途：如进行空气动力学测试、金属抗力研究、攀登者的生理学研究、无线电和电子方面的研究、通讯传播实验以及气象观测等。在建成后也确实发挥过电讯实验和电视广播的传播功能。但更重要的是它的审美和象征功能。

作为建筑物，铁塔要在高度上延伸，但这无法由建筑师完成，而要由技术专家来实现。因此，铁塔的设计是把纯粹的技术能力用于当时的建筑艺术。它突破了传统的艺术形式和造型规范，体现了技术成果的科学预测性。在确定采用钢铁材料之后，所要解决的两个主要问题便是：抗风和安装。塔的造型无疑与它的抗风能力直接相关；而在安装方式上全部采用预制件，在工程现场直接装配，其误差不超过1毫米。①

铁塔的造型，依据科学的规律创造性地实现了某种高度的理念。塔身高高地耸起，宽度不断在高度中消融，所有材料都加入了奔向高处的努力之中。它给人一种从大地上升腾的感觉。它以其通透性使物质材料变得纤细而精巧，这种通透正是出于抗风的考虑。

第三节　设计的文化内涵与审美创造

随着工业生产方式的确立，产品的设计成为社会生产过程的首要环节，也使

① 参见《罗兰·巴特随笔选》，怀宇译，百花文艺出版社1995年版，第355—356页。

设计（Design）逐渐发展为独立的行业部门。在当代，文化创意成为设计的代名词。设计的领域也从实体的产品设计和物质生产领域扩大到整个社会生活领域。设计的审美创造成为一种艺术审美创造，实现了技术与艺术、生活与审美的交融，推动着物质文明与精神文明的发展。

一、设计是一种文化整合

马克思在谈到人的劳动与动物活动的区别时指出：“蜜蜂建筑蜂房的本领使人间的许多建筑师感到惭愧。但是，最蹩脚的建筑师从一开始就比最灵巧的蜜蜂高明的地方，是他在用蜂蜡建筑蜂房以前，已经在自己的头脑中把它建成了。劳动过程结束时得到的结果，在这个过程开始时就已经在劳动者的表象中存在着，即已经观念地存在着。他不仅使自然物发生形式变化，同时他还在自然物中实现自己的目的，这个目的是他所知道的，是作为规律决定着他的活动的方式和方法的，他必须使他的意志服从这个目的。”① 在这里，马克思指出了人的意识的前瞻性和构思的目的性。这既是人的生产劳动的特点，也是规划设计活动的特点。在手工业时代，一般设计是由工匠直接完成的，或者因袭传统的式样；只是到工业时代，设计才成为一个独立的社会生产环节。

设计活动具有丰富的文化内涵。我们知道，文化的形态可以划分为物质的器物文化、精神的观念文化和行为的制度文化以及科学技术的智能文化。一个设计师设计一个产品，也是对于与该产品相关的价值观和生活方式的选择和言说。也就是说设计一种产品，实际上也是对人的生活方式的设计，它反映出设计师特有的价值观念。在这里，通过产品形成了器物文化与观念文化和制度文化的关联和互动。同时对产品的材料、结构和工艺的选择总是以科学技术的发展为依据，设计师要把新的科学技术成果转化为物质产品，以提供更好的功能效用，而在产品的结构形式设计中可以借鉴艺术经验，恰当地表现出产品的功能目的、环境氛围和生活情趣。

因此，设计是一种文化整合过程。它通过设计师的创造活动，实现三个方面的综合：其一是产品自身属性的综合；其二是由消费者本性所构成的属性综合；其三是与产品在特定环境中发挥作用的条件相关的属性综合。设计的知识背景涉及社会科学、人文科学、自然科学和技术科学。它要将各种相关的文化因素加以综合及协调，通过产品的功能定位和结构造型加以实现。因此设计只能达到相对的合理性，正如商品广告所说：“没有最好，只有更好。”

---

① 《马克思恩格斯文集》第5卷，人民出版社2009年版，第208页。

二、技术规定性与形式自由度

在产品设计中，如何实现技术与艺术、生活与审美的结合呢？这一点可以通过其技术的规定性和形式的自由度略见一斑。

我们知道，产品是一种适应性系统，它一方面要适应于外在的环境条件，另一方面要适应于人的使用要求。马克思说："产品之所以是产品，不在于它是物化了的活动，而只是在于它是活动着的主体的对象。"① 对象性是人的活动的根本特点。产品作为人的使用对象，必然反映和折射出全部人性的规定。这就是说，任何产品都应该与人的精神发展水平相适应，它不只是单纯满足人的某一物质需要，还要与人的全部身心特性处于和谐的相互关系之中。

首先来了解产品自身系统的组成。（1）材料：是产品构成的物质基础，材料的运用方式涉及资源的合理利用和生态环境的保护。（2）结构：是产品和各种材料的结合方式和作用方式，结构决定了产品的功能。（3）形式：是产品的材料和结构的外在表现，成为人感知觉和接触的对象，并引起人的认知和情感反应。（4）功能：是产品满足人的使用需要的程度。功能的概念应该是多层次的，即使是满足人的物质需要的产品也具有相应的精神功能，因此早在20世纪70年代，德国工业设计界已将产品功能划分为实用的、符号认知的和审美的三种：（1）实用功能是满足人的日常实际需要。（2）符号认知功能是通过产品自身的造型和色彩等形式因素传达产品使用的相关信息，使人知道这是什么、有什么用、怎样用。同时也包括产品的品位等社会符号特性。（3）审美功能是对产品功能目的性和意义的审美展示，并以其形态特征给人以赏心悦目的感受。

功能主义设计运动曾经流行的一个口号是"形式依随功能"（The form follows function），这里的功能是指物质产品的实用功能，这一口号的合理性在于它强调了产品形式的审美创造要围绕产品的实用功能，这正是功能美的意向所在。但是这个口号有简单化的倾向，形式不仅要依随功能，还要依据材料特性和结构要求。

设计产品时，首先要对其功能作出定义，这样才能对设计所要解决的问题取得本质性的理解和把握。由此才能有效地发挥设计师的想象力和创造力。结构是功能的载体，同一种功能可以由不同的结构和技术方法来实现。同样，同一种结构也可以产生多种功能效应。前者如洗衣机可用转轮也可用滚筒，既可湿洗也可用化学清洗剂干洗。后者如一个杠杆结构，可以产生放大作用也可产生位移。产品的造型主要受其材料、结构和产品性质制约，但并非任何产品的结构材料都能在外观形式上表现出来。此外，决定产品形式的因素还包括功能（实用、认知、

---

① 《马克思恩格斯文集》第8卷，人民出版社2009年版，第15页。

审美）、与产品相关的技术、工艺以及经济可行性和消费时尚的影响。

在设计中实现技术和艺术的结合，不是两种独立过程的相加，而是作为互补关系融合在整个设计过程中。

设计的审美创造主要是通过产品形式表现出来的，它体现在产品的形式自由度上。形式自由度是设计师在造型上选择表现内容和方法所允许的创作空间。① 这一创作空间受各种技术条件的制约，这种制约就是技术规定性。这里有三种类型的技术，即产品技术、生产技术和操作技术，它们对形式创造具有不同层次的影响。产品技术是指产品所采取的技术原理和结构方式。生产技术是指要把产品生产出来所涉及的技术，包括材料技术、加工工艺、整体组装和成品检验等。操作技术是与产品使用过程有关的技术。它们都影响和制约着产品的形式自由度。许多高科技产品如飞机、轮船，其形式自由度很小；而像台灯、座椅等形式自由度就很大，从这种千变万化中可以看到设计师的想象力和创造力的丰富多彩。

思考题：

1. 技术与艺术的区别在哪里？
2. 为什么说设计是技术与艺术的结合？
3. 何谓技术美和功能美？适用就是美吗？

▶ 本章小结与回答示例

① ［德］克略克尔：《产品造型设计》，徐恒醇译，见李砚祖编：《外国设计艺术经典论著选读》上，清华大学出版社 2006 年版，第 52—56 页。

第五章　社　会　美

社会美是以人类基础性生存活动——劳动为核心所形成的审美形态。人作为“一切社会关系的总和”，表明了人类活动全部领域的社会性。就其与劳动的关系而言，如果说技术美是人与物关系的凝结，那么社会美就是人与人关系的凝结。它们作为劳动的不同方面，都是劳动最直接的对象化领域。因此，社会美是人类最早、最基本的审美领域之一，是与人的社会存在关系最密切的审美形态，也是与人距离最近、人们接触最多、欣赏最方便的审美对象，在实现人和人生的审美化的历史进程中占有重要地位。特别是在现代性的背景下，社会美在人类审美活动中开始占有愈加重要的位置。传统的美学理论往往对社会美重视不够，也缺乏更为深入的研究。本章将考察社会美的范围与特征、社会美的表现形式以及社会美的主要存在领域等问题。

第一节　社会美的范围与特征

关于社会美历来存在不少争论，有的观点认为，艺术美才是美的最重要的形式，社会美只是美的附属的或次要的形式，还有的观点甚至直接否定社会美的存在。但实际上，和其他审美形态相比，社会美与人的关系最为密切、最为直接，对社会美的研究在美学研究中也具有特殊意义。在对社会美的理解上，马克思对人及人类实践活动的思考已经为我们奠定了必要的理论基础。因此，我们可以从马克思的视域出发来考察社会美的范围与特征。

一、社会美的范围

社会美是在人的社会实践活动和社会存在中体现出的审美形态，因此，社会美与人的社会实践密切相关，涵盖了人的实践和社会存在的各个领域，范围十分广泛。可以说，实践活动的范围从根本上决定并影响着社会美的范围，因此，对社会美的理解必须从对人类实践活动的理解出发。

在马克思看来，实践从来不是抽象的活动，而是具体的、在特定社会关系中展开的人类活动。因此，实践本身就具有社会性的内涵，是对人的社会性存在的确认和言说。在《关于费尔巴哈的提纲》中，马克思明确指出：“人的本质不是单个人所固有的抽象物，在其现实性上，它是一切社会关系的总和。”①

---

① 《马克思恩格斯文集》第1卷，人民出版社2009年版，第505页。

很显然，马克思对人的理解是从人的社会性存在出发的，这种社会性存在，就是实践。

在马克思看来，全部社会生活在本质上就是实践的。因此，社会美本身就是马克思主义美学研究的题中应有之义。在马克思那里，实践活动深层地决定着人的审美活动，或者说，审美活动从根本上就与人的实践活动相联系。从这一点上来说，社会美就是人类审美最源初、最基本的审美形态，实践活动的范围就是社会美的范围。

尽管人类实践活动构成了社会美的基础，但这并不意味着所有的实践活动、社会活动都是美的。由于社会活动的功利性和价值特性，只有那些在马克思“美的规律”方向上符合人类实践活动需要、体现出人类正面的价值追求的社会实践，才能成为审美对象。实际上，由于社会生活领域中的功利关系更加突出、明显，人们也更容易进入利害计较与考量之中，因而很少能以审美的态度对自身的生活进行观照。同时，日常生活的大量重复也容易使人忽视了对生活本身的存在及其意义的感受。因而，社会美往往需要人们对社会生活的全新观照，需要人们对社会生活中的价值和意义深切体认。

正是基于对生活的审美性的体认，朱光潜先生提出了“人生艺术化”的观点，强调人应懂得并享受生命的快乐。“人生本来就是一种较广义的艺术。每个人的生命史就是他自己的作品。” “知道生活的人就是艺术家，他的生活就是艺术作品。”① 尽管朱光潜先生是从艺术的角度来思考人生，但关于人生艺术性的思考对于我们进一步思考社会美不无启发意义。

由于与人类实践密切相关，社会美的范围十分广泛，它渗透在人类社会生活的方方面面，举凡在人们的社会生活中显现出某种精神价值与自由，都可以成为社会美的审美对象。具体来说，立足于社会实践视角，社会美的范围大致可以包括如下几个方面：社会实践活动的美，社会实践成果的美，以及社会实践主体即人的美。

社会实践活动包括各种形式的人类社会实践，诸如工作学习、闲暇娱乐、饮食起居等都可以成为社会美的对象。随着人类实践能力的不断提高，实践活动范围的不断拓展，社会实践活动的美也呈现出不断扩大的趋势，以愈来愈多样化的形式展现出人类实践活动的审美内涵。社会实践成果是指人类社会实践的对象化形态，包括人文环境、人类文明遗迹、文化传统等，其中往往体现出人类的创造性和智慧，从而成为社会美的对象。社会实践主体即人的美也包括了人的内在和外在两方面的美，这一领域后面会专门进行讨论。

---

① 《朱光潜美学文集》第 1 卷，上海文艺出版社 1982 年版，第 533 页。

随着人化自然范围的扩大，人类的实用活动与审美出现了相互融渗的趋向，社会美的范围由此扩大。现代审美的一个动向即是实用物的审美化。技术美集中代表了这一趋势。除技术美之外，实用与艺术的融合也具有同样的趋势。1917 年，在美国独立艺术家协会举办的展览上，法国艺术家杜尚送来参展的作品竟是一个男用小便池，这个小便池是他在商店买的，他只是在上面签了一个名字。杜尚此举震惊了整个艺术界。今天来看，这一事件的确具有某种象征性意义，它引发了人们关于艺术的持久争论，同时也给美学提出了新的问题：实用器物能否成为艺术品？

杜尚以一种极端的方式使人们注意到，在现代社会中，实用器物也可以成为艺术品，以现成器材表现审美趣味甚至进一步扩展为将环境空间与人的活动参与紧密结合的“装置艺术”。在这一背景中，人们开始逐渐破除艺术自律性的神话，将生活与审美重新联系起来。因此，日常生活以及用于实际生活的器物和用具开始进入了人们的视野，特别是在现代工业设计的推动下，实用器物开始愈来愈以其独特的审美风格引起了人们的普遍关注。在其中，人们发现了一种与之前的艺术迥然不同的美，它显现着现代人的生活世界、生存方式以及现代人对于生活的理解。因此，实用器物的审美化并不是审美的堕落，而是审美在新的时代氛围中呈现出的新的样态。

实用器物的意义在于其实用性，即与人的生活之间的关联。作为人类实践活动的成果，实用器物包含着人的需求、态度、目的，体现出人的精神力量、创造性以及对自身生活的关注，反映出人的实践能力、实践活动所达到的历史性水平。从这一意义来说，实用器物并不是单纯孤立、客观的存在，而同时也是人的生活世界的一部分，是人的存在的一部分。正是在实用器物发挥其实用功能的基础上，人的生存才得以展开、实现并不断拓展。因此，实用器物的审美化实际上反映出人的生活世界的审美化以及人自身的审美化，它代表着合规律性与合目的性相统一的审美自由形式愈渐成为现代人现实生存的自觉追求，凸显出现实审美对于人的独特价值。

的确，实用器物审美化在当代已经产生了深远的影响，但这时，器物的内涵及其意义无疑会发生相应的变化。在这一过程中，人们关注的不仅仅是器物本身，更是其实用功能的审美化与审美鉴赏的实用化，以及这类审美意味的实用品对人的现实生活的品位提升意义。

二、社会美的特征

社会美植根于人类的实践活动，与人的实践活动有着密切联系，并直接显现在人的社会性活动之中。因此，与其他的审美形态相比，社会美与人的实践活动有着更为直接、更为密切的关系，对社会美的理解必须始终以人的实践活动作为基本视野。

首先，社会美是人类社会实践产物的最直接的现实存在形式。

社会美不仅直接由实践活动所创造，而且常常直接依附于人的实践活动。因此，社会美本身就体现在人类的实践活动及其成果之中，从最切身的工具、生产与生活材料，到直接的生产与生活产品，均直接展示出人类合规律性的实践力量，凝结着人类追求美好生活的目的和愿望。这一点与自然美形成了很大差异。自然美虽然也是人类实践活动的历史成果，但与人类实践的联系大多是间接的。有些自然美，诸如对星空、云霞、清风、明月的审美，与人类实践的联系大多隐藏在广阔深远的历史背景之中，很难作出切实的考察论证。因此，与自然美相比，社会美与实践活动有着更为直接、更为密切的关联，也更能够体现出人的创造性和自由。

人类实践活动是一个历史过程。随着人类实践能力的不断提高，实践活动的领域会不断扩大，社会美也会不断体现出实践活动的新的形式和成果，其范围也会随着实践活动的扩大而不断拓展。

其次，社会美直接体现了人的自由自觉的特性。

社会美与人类实践活动有着直接的联系，而人类实践活动，在马克思看来，就是人改造外部自然使之成为属人自然的活动，是有意识、有目的地实际创造一个对象世界的活动，这一点构成了人与动物的根本区别，因而，自由自觉就成为人的根本特性。当人的自由自觉的特性体现在社会实践活动及其成果之上时，就形成了社会美。人的实践活动体现出人的目的、意识，因而是人的自觉实践；同时实践活动符合现实世界的规律，因而才能使得预先的目的、意识在现实世界中实现出来，这时实践就是自由的。人在自由自觉的实践活动中使得自身的个性和生命得以物化，以对象的方式呈现出来。这样，人在实践活动中既享受到了个人的生命表现的乐趣，同时又能在实践产品中以对象化的方式直观地感受到个人的自由存在，从而获得审美愉悦。正是在这一意义上，人的实践活动本身就是美的。而社会美恰恰最为直接地体现了人的自由自觉的特性。在社会活动中，人以明确的目的意识体现出自觉的特性，而人的社会活动在符合社会实践的规律、实现预期的目的时，就体现出自由的特性，这种自由自觉的特性在社会美中得到了最为直接的体现。

再次，社会美具有较为直接的功利性内容，体现出明显的价值取向。

如审美本质一章所述，审美超越功利目的，却又同时必须基于功利目的与规律相统一的现实活动。和其他审美形态相比，社会美的功利性内容则最为直接、明显，它就展现在人们的社会实践活动之中，体现出人们在社会活动中的目的和追求。因此，日本学者竹内敏雄指出："美和实用往往确实是结合着的，但美的价值是所谓本来内含的价值，它与有用的价值不同，是基于对象本身内在意义的评价上形成的。合目的性只在其表象转化为内含的价值的情况下才成为美的东西。"①社会美包含着直接的功利性，因此，社会美多侧重于内容，其中的社会内涵和社会意义也更为充实明显。

社会美包含着人的合目的性的追求，这种合目的性指向着人的生存与发展、人的自我提升与超越，体现出对理想生活的追求和向往。这也使得社会美具有了明确的价值指向，这构成了社会美的精神内核及其审美超越性的基础。内容的功利性与价值指向的明确性在社会美中是一体两面、无法分割的。因而，人们在对社会美进行评判时，往往侧重于社会功利性要素，而其评判标准则是价值的善，即肯定性的、正面的价值取向。这时，"善"与"美"具有更为密切的关联。当然，"善"并不就是美，但当善以感性的形式展现于社会生活并呈现为美的形象时，就成为了人们的审美对象。

同时，社会美的功利性和价值取向还体现在社会美与特定时代的社会生活紧密相连，受到特定时代的社会政治、历史、经济、文化等各方面要素的影响和制约，从而体现出鲜明的时代性、民族性等特质。

不同时代往往会形成不同的审美趣味和审美理想，而这些也都会融入人们的社会生活之中，成为社会美的具体体现。魏晋时期玄学盛行，人们往往在现实生活中也追求一种玄远超脱的境界，《世说新语》给我们呈现出许多当时人们的生活状态，其中不乏审美意味。"王子猷居山阴，夜大雪，眠觉，开室，命酌酒，四望皎然。因起彷徨，咏左思《招隐诗》，忽忆戴安道。时戴在剡，即便夜乘小船就之。经宿方至，造门不前而返。人问其故，王曰：'吾本乘兴而行，兴尽而返，何必见戴？'"② 乘兴而行，兴尽而返，恰恰呈现出自由率性的个性和品格，体现出魏晋时人理想化的生活状态。

魏晋时期的人物品藻也颇有意味，"嵇康身长七尺八寸，风姿特秀。见者叹曰：'萧萧肃肃，爽朗清举。'或云：'肃肃如松下风，高而徐引。'山公曰：'嵇叔夜之为人，岩岩若孤松之独立；其醉也，傀俄若玉山之将崩。'"③ 对嵇康的品鉴也折射出魏晋时期人们的审美理想。

同时，不同民族由于社会历史、地域、文化传统等方面的差异，也会形成不同形态、不同追求的社会美，体现出社会美的民族性特质。泰纳在其《艺术哲学》中从自然环境入手详细分析了希腊人的民族气质，而这又直接影响到希腊人的艺

① ［日］竹内敏雄：《美学百科辞典》，湖南人民出版社 1958 年版，第 160 页。

② 刘义庆：《世说新语·任诞》。

③ 刘义庆：《世说新语·容止》。

术和社会生活。在泰纳看来，希腊温和的气候使希腊人的精神活泼，机敏；海洋生活又使他们充满进取精神，喜欢穷根究底的推理；自然环境的适宜也进一步形成了希腊人欢乐、活泼的精神气质。

最后，社会美的形式感从属于其直接的美的内容。这既是社会美的长处，也是社会美的局限。以学徒工所生产的首个产品为例，这件形式毛糙的产品是主体第一次对象化的见证，对于当事人具有特殊的感受意义，其统一规律与目的的操作形式感尽管并不顺畅，但却以其对象化意义强烈显示出审美的内容。但是，这件产品同样因其粗糙形式而难以引起普遍的共鸣。社会美这种内容对形式的支配特性也是其审美差异性的重要原因。审美风格史上审美趣味的阶级差异乃至对立，基本缘此而来。由此也体现出社会美偏重内容的重要特征。

第二节 社会交往中的美与人物美

社会美体现在人的社会实践活动之中，而社会交往则是社会实践活动主体之间社会关系最为直接的体现。同时，作为社会实践活动主体的人，对于社会实践活动的开始、发展与深化有着直接影响。因此社会交往与人物美就成为社会美的重要形式。

一、社会交往中的美

社会交往中的美是指人在社会交际活动中所体现出的美。社会交往发端于劳动的生产关系。作为“一切社会关系的总和”的社会实践主体，人并不是孤立地生活在世界上，而总是处于各种社会关系、社会交往活动之中。社会交往活动构成了人的生存基本形式，也构成了审美的基本领域。

社会交往主要体现为人际语言、形体、思想心灵方面的沟通和交流。这些交往形式是审美活动的规律与目的相统一的方式（形式）在社会维度上的自由拓展。社会交往中的美具体体现为社会交往活动中的语言交流、形体交际、心灵交融的共通与和谐。

社会交往活动首先体现于语言的层面上。语言是人类最重要的交流和沟通方式，以及最基本的交际工具和思维工具，也是人们沟通信息、交流思想、联络感情的重要桥梁。在社会交往活动中，语言美主要体现为语言的生动、准确、得体。恰当的言语行为往往能够体现出良好的道德修养和精神境界。汉代扬雄指出：“故言，心声也；书，心画也。声画形，君子小人见矣。”① 也就是说，通过人们的语言可以辨别其内在修养和境界。《世说新语》记载：“谢太傅寒雪日内集，与儿女讲论文义。俄而雪骤，公欣然曰：‘白雪纷纷何所似?’兄子胡儿曰：‘撒盐空中差可拟。’兄女曰：‘未若柳絮因风起。’公大笑乐。”② 看似简单的一个比喻，却显现出才女谢道韫内在的智慧和精神底蕴。

形体交际是指通过肢体语言、形体动作进行的社会交往活动。在社会交往活动中，形体交际是一种重要的交际方式，往往能够产生某些特殊的效果。在《论语》中，关于曾皙“鼓瑟希，铿尔，舍瑟而作”的描写，对于表现曾皙的个性，呈现所谓“曾点气象”发挥着特殊的作用。禅宗公案中著名的“拈花微笑”，就是佛陀与迦叶通过形体动作实现的交际活动，更成为经典的审美形象。在人际交往中，有时候一个眼神、一个动作往往能够显现出超越语言的别样韵味。当形体交际不仅以外在的形体动作实现了特定的交际功能，同时还反映出主体内在的精神境界和生活追求的时候，就具有了审美意味。

心灵交融是指在社会交往活动中实现的彼此心意相通、精神交融的效果。社会交往总是人与人之间的交往，总是体现为精神、思想的交流与沟通，在这一过程中，人们彼此的相互理解、心灵交融构成了社会交往的最高境界。《列子·汤问》记载：“伯牙善鼓琴，钟子期善听。伯牙鼓琴，志在登高山。钟子期曰：‘善哉！峨峨兮若泰山！’志在流水。钟子期曰：‘善哉！洋洋兮若江河！’伯牙所念，钟子期必得之。伯牙游于泰山之阴，卒逢暴雨，止于岩下，心悲，乃援琴而鼓之。初为霖雨之操，更造崩山之音。曲每奏，钟子期辄穷其趣。伯牙乃舍琴而叹曰：‘善哉，善哉，子之听夫！志想象犹吾心也。吾于何逃声哉?’”③ 这种心灵之间的沟通与交融成为社会交往中的理想境界，也体现出审美的意味。

二、人物美

人物美是指人自身显现出的美，具体包括人体美与人格美，人体美主要侧重于外在的方面，而人格美则主要侧重于内在的精神方面。

人体美通常是指人的相貌、身材、姿态、动作、肤色、仪表等方面的美。在西方，对人体美的欣赏有着悠久的传统。早在古希腊时期，人们就十分推崇人体的完美，当时，“青年人大半时间都在练身场上角斗，跳跃，拳击，赛跑，掷铁饼，把赤露的肌肉练得又强壮又柔软，目的是要练成一个最结实、最轻灵、最健

① 扬雄：《法言·问神》。
② 刘义庆：《世说新语·言语》。
③ 《列子·汤问》。

美的身体”①，由此影响了西方文化传统对于人体美、尤其是裸体美的欣赏习惯。罗丹就高度重视人体美，尤其是女性人体美：“‘自然’中任何东西都比不上人体更有性格。人体，由于它的力，或者由于它的美，可以唤起种种不同的意象。有时像一朵花：体态的婀娜仿佛花茎，乳房和面容的微笑，发丝的辉煌，宛如花萼的吐放；有时像柔软的常春藤，劲健的摇摆的小树。”② 在中国传统的绘画、雕塑、文学中，也不乏对于人体美的表现，“吴带当风”的生动细腻、敦煌飞天的婀娜多姿、《洛神赋》中神女的神秘缥缈，都体现出东方式的人体审美意味。因此，人体美在中西方文化传统中均具有深远的历史渊源，历来是重要的审美对象。

在西方，有许多流传的故事显现出古希腊人对人体美的推崇，其中最有代表性的要数公元前 4 世纪古希腊雕塑大师普拉克西特列斯的故事。普拉克西特列斯以当时雅典最有名的美女芙丽涅为模特，创作了著名的雕塑《尼多斯的阿芙洛狄忒》。法庭为此传讯了芙丽涅。在法庭审讯时，辩护律师当着众人的面脱下了芙丽涅身上的衣服，展示出她美丽的人体。法庭上的所有人都被芙丽涅的美惊呆了，最终法官宣告芙丽涅无罪。这个故事充分体现出人体美的巨大魅力及其对古希腊人所具有的重要价值。

对于人体美，尤其是关于人体美究竟是自然的还是社会的，历来存在一些争论。从马克思主义美学来看，人体固然以灵长目哺乳动物自然进化为基础，但人类的进化并不单纯是自然因素，而如审美活动经验一章所述，愈到后来，劳动的作用愈关键。人类目前的形体样态是人类在漫长劳动实践活动中发展形成的成果，因而人体美不能孤立地作为无生命表现的几何形体，而是不可避免地包含着人的内在精神流露与气韵，这特别集中于眼神目光中。正如马克思指出的，“整个**所谓世界历史**不外是人通过人的劳动而诞生的过程”，“五官感觉的**形成**是迄今为止全部世界历史的产物”③。如审美活动经验一章所引述，恩格斯具体论述了人的四肢、体态、感觉器官、语言和思维能力，甚至皮肤、头发等与人类自身历史实践的密切关系。因此，人体美的自然因素实际上已经是社会历史实践塑造的成果。其次，就个体来讲，每个人的生活经历都会在身体上（容貌、体形、体质、体态、动作等）留下或隐或显的烙印或痕迹。达·芬奇说过：“容貌却真能显示一个人的性情，表露他的罪恶；面颊和口唇间之皱纹，鼻翼和鼻梁间的界纹，眼窝和眼眶的界纹，能够清楚地表明其人是否常常喜笑颜开；这些纹路不显的人，必好深思；面部起伏突出的人则凶狠易怒、缺乏理性；双眉间纹路分明的

① ［法］泰纳：《艺术哲学》，傅雷译，人民文学出版社 1963 年版，第 43 页。
② ［法］罗丹口述，葛赛尔记：《罗丹艺术论》，沈琪译，人民美术出版社 1978 年版，第 62 页。
③ 《马克思恩格斯文集》第 1 卷，人民出版社 2009 年版，第 196、191 页。

人脾气暴躁；前额横纹清楚的人，明里暗里必多愁苦。”① 在美术作品中，米开朗基罗的《奴隶》、罗丹的《欧米埃尔》、罗中立的《父亲》，在人物的面貌和形体上都令人信服地显示着他们一生的经历。因此，现实的人体决不仅仅是自然的产物，而是被人们的社会生活经历改造过的，是自然因素和社会因素的统一。

在人体美中，形体、比例、曲线、色彩等形式因素起着很大的作用，但是，形式因素并不能脱离人的生命整体和人的社会文化环境，人体美最终显现出的是人的感性生命。黑格尔指出：“人体到处都显出人是一种受到生气灌注的能感觉的整体。他的皮肤不象植物那样被一层无生命的外壳遮盖住，血脉流行在全部皮肤表面都可以看出，跳动的有生命的心好像无处不在，显现为人所特有的生气活跃，生命的扩张。就连皮肤也到处显得是敏感的，显出温柔细腻的肉与血脉的色泽，使画家束手无策。”② 因此，人体美与人的生命、与人的精神生活是紧密相关的，正如罗丹所说：“我们在人体中崇仰的不是如此美丽的外表的形，而是那好象使人体透明发亮的内在的光芒。”③ 那令罗丹崇仰的“内在的光芒”，就是人的内在生命和精神的呈现。

人格美是指在人的形体、行为之中所体现出的独特的人格魅力以及崇高的精神境界。《论语》中的“孔颜乐处”“曾点气象”，《孟子》所描述的“居天下之广居，立天下之正位，行天下之大道；得志，与民由之；不得志，独行其道。富贵不能淫，贫贱不能移，威武不能屈”的大丈夫④，以及西方历史上苏格拉底的坦然赴死，布鲁诺在火刑柱与认罪书之间的选择，都已经成为人格美的典范。在人格美中，往往体现出明确的价值取向和对人的自由与超越的追求，其中所蕴含的对人类生存和发展的关切，构成了人格美的精神内涵。因此，人格美往往具有强大的感召力和感染力，成为恒久的精神和道德的范型。

因此，对人格美的欣赏，表达的是人对自身精神力量的崇敬与向往，以及对人的超越性与自由的追求。可以看到，在对人物美的欣赏中，无论是人体美还是人格美，最重要的都是美的内容，即发端于劳动自由形式的人的自由本质，正是这种自由本质构成了人物美的内在核心和魅力源泉。这也是需要将人物美纳入社会美的原因。

---

① ［意］达·芬奇：《芬奇论绘画》，戴勉编译，人民美术出版社 1979 年版，第 175 页。
② ［德］黑格尔：《美学》第 1 卷，朱光潜译，商务印书馆 1982 年版，第 188 页。
③ ［法］罗丹口述，葛赛尔记：《罗丹艺术论》，沈琪译，人民美术出版社 1978 年版，第 63 页。
④ 《孟子·滕文公下》。

第三节 日常生活与节日欢庆中的美

日常生活与节日欢庆是人的社会生活的两种不同的呈现方式，也是社会美的两种不同的存在领域。日常生活体现出的是常态化的生活，而节日欢庆则是这种常态化生活的中断与升华，由此二者也呈现出完全不同的审美意味。

一、日常生活中的美

日常生活是社会生活最为基础的部分，体现为生活日复一日的不断延展，其琐碎、零散、不断重复的特征往往被人们认为是单调、平淡、缺少审美意味的。但是，日常生活作为人的存在的最经常、最直接的体现方式，实际上包含着丰富的审美意蕴，这也引起了不同学者的关注，构成了我们今天思考日常生活的美的重要理论资源。

关于日常生活的美，车尔尼雪夫斯基曾有明确论述。在《艺术与现实的审美关系》中，车尔尼雪夫斯基深入思考了美与生活的内在关联，明确提出了"美是生活"的观点："任何事物，凡是我们在那里面看得见依照我们的理解应当如此的生活，那就是美的；任何东西，凡是显示出生活或使我们想起生活的，那就是美的。"① 尽管车尔尼雪夫斯基在这里对生活的理解还显得不够明确，但强调生活与美的内在关系对于我们理解社会美、理解日常生活的美仍然具有重要意义。

英国学者费瑟斯通针对当代审美泛化的景象，提出了"日常生活审美化"的命题，认为当代社会中艺术和生活之间的距离正在不断缩小，在把"生活转换成艺术"的同时也把"艺术转换成生活"，从而产生了"日常生活审美化"的现象。日常生活审美化具体包括两个层面：一是艺术和审美进入日常生活，被日常生活化；二是日常生活中的一切、特别是大工业批量生产中的产品以及环境被审美化。很显然，"日常生活审美化"命题有着鲜明的时代背景和现实针对性，尽管学界对这一观点还存在各种争论和批评，但它所关注到的日常生活的变化，诸如生活环境的美化、生活方式的转变等对于我们思考日常生活的美不无启发。

总的来看，日常生活与审美有着内在关联，日常生活的美会体现在人的常态化生活的方方面面，展现出生活本身的审美意味。

日常生活的美首先体现在对生活的点缀与装饰，它既包括对生活空间的装饰，

---

① ［俄］车尔尼雪夫斯基：《艺术与现实的审美关系》，周扬译，人民文学出版社 1979 年版，第 6 页。

也包括人的服饰与行为，其中往往折射出人的审美品位与追求。

《世说新语》记载：“王子猷尝暂寄人空宅住，便令种竹。或问：‘暂住何烦尔？’王啸咏良久，直指竹曰：‘何可一日无此君？’”① 这里，对居宅之竹的需求就体现出王子猷的人格理想与精神追求，这既是对生活环境的装饰与美化，更是主人人格与精神的外在呈现。

《论语》中记载了孔子的一些日常行为：“孔子于乡党，恂恂如也，似不能言者。其在宗庙、朝廷，便便言，唯谨尔。”“入公门，鞠躬如也，如不容。立不中门，行不履阈。过位，色勃如也，足躩如也，其言似不足者。摄齐升堂，鞠躬如也，屏气似不息者。出，降一等，逞颜色，怡怡如也。没阶，趋进，翼如也。复其位，踧踖如也。”② 可以看到，孔子在日常举止中时刻体现出对礼的遵循，这样的行为也就成为孔子人格的生动呈现。

日常生活的美还体现为对生活中某些细节与瞬间的感悟和体验。人的日常生活作为人的实践能力和存在的直接体现，包含着丰富的审美意蕴。但是由于人们在生活之中经常被各种现实利益所制约，往往无法以一种审美的心态审视日常生活，也就无法发现生活中的美。只是在某些特定的时刻，人们可以摆脱世俗的困扰和影响，面对生活，面对自身，才使得日常生活的美得以显现。

苏轼著名的《记承天寺夜游》一文记载了自己被贬黄州期间的一次独特体验：“元丰六年十月十二日夜，解衣欲睡，月色入户，欣然起行。念无与为乐者，遂至承天寺寻张怀民。怀民亦未寝，相与步于中庭。庭下如积水空明，水中藻荇交横，盖竹柏影也。何夜无月？何处无竹柏？但少闲人如吾两人者耳。”在那个独特的夜晚，一切似乎都没有变化：“何夜无月？何处无竹柏？”但心境的不同已经使得整个夜晚、整个空间充满了诗意，凸显出生活中的审美意味。

《牡丹亭》中，杜丽娘面对满园春色，产生了深深的感慨：“原来姹紫嫣红开遍，似这般都付与断井颓垣。良辰美景奈何天，赏心乐事谁家院！朝飞暮卷，云霞翠轩，雨丝风片，烟波画船，锦屏人忒看的这韶光贱。”游春本是乐事，但在这一时刻，杜丽娘感受到的却是遗憾与无奈，在遗憾与无奈之中却又蕴含着对生活的渴望与追求。

因此，瞬间感悟中包含着对生活的不同理解。在这样一个特定的时刻，人们能以一种不同的眼光、一种超越性的心态看待生活、看待自身。这时，生活本身也就向主体显现了日常意识不曾觉察到的审美意义与情调。

最后，日常生活的美还体现在某种生活氛围的营造与构建。在生活中，不

---

① 《世说新语·任诞》。

② 《论语·乡党》。

同的生活氛围往往具有不同的审美意味。《三国演义》中，曹操在赤壁之战前大宴群臣，横槊赋诗，吟出著名的《短歌行》。后来苏轼在《赤壁赋》中对此也颇有心得："'月明星稀，乌鹊南飞'，此非曹孟德之诗乎？西望夏口，东望武昌，山川相缪，郁乎苍苍，此非孟德之困于周郎者乎？方其破荆州，下江陵，顺流而东也，舳舻千里，旌旗蔽空，酾酒临江，横槊赋诗，固一世之雄也，而今安在哉？"这里苏轼所抒发的是一种历史哲学的深沉感慨。张岱《湖心亭看雪》记载了一次有趣的偶遇："到亭上，有两人铺毡对坐，一童子烧酒，炉正沸。见余大喜，曰：'湖中焉得更有此人！'拉余同饮。余强饮三大白而别。问其姓氏，是金陵人，客此。及下船，舟子喃喃曰：'莫说相公痴，更有痴似相公者！'"这是人生快意的氛围。陈与义《临江仙》："忆昔午桥桥上饮，座中多是豪英。长沟流月去无声。杏花疏影里，吹笛到天明。"这又是充满诗意的氛围。

这种氛围之美，不局限于一人一事，而是体现出日常生活之美的现实性与整体性。中国美学喜欢讲"意境""境界"，生活氛围就是"境界"的显现方式，包含着"境界"的空间性、整体性与无限性。

二、节日欢庆中的美

节日欢庆是对生活日常状态的打破，显现出不同于日常生活的独特的存在方式。节日意味着从凡俗的世界进入一个新奇的世界，从一个受束缚的世界进入一个自由的世界。人处在节日中，就进入一种兴奋欢乐的氛围中，甚至处于心醉神迷的状态。这种不同于日常生活的状态也展现出完全不同的审美内涵。

西方有着漫长的狂欢节传统，尼采在《悲剧的诞生》里曾描述过古希腊的酒神狂欢，人们打破禁忌、放纵欲望，解除一切束缚，复归自然。这是一种痛苦与狂喜交织的非理性状态。"在酒神的魔力之下，不但人与人重新团结了，而且疏远、敌对、被奴役的大自然也重新庆祝她同她的浪子人类和解的节日。大地自动地奉献它的贡品，危崖荒漠中的野兽也驯良地前来。……此刻，奴隶也是自由人。此刻，贫困、专断或'无耻的时尚'在人与人之间树立的僵硬敌对的樊篱土崩瓦解了。此刻，在世界大同的福音中，每个人感到自己同邻人团结、和解、款洽，甚至融为一体了。"于是，在这样的时刻，"人不再是艺术家，而成了艺术品：整个大自然的艺术能力，以太一的极乐满足为鹄的，在这里透过醉的战栗显示出来了。"① 在酒神狂欢之中，人们体验到万物一体的和谐，体验到回复到存在

① ［德］尼采：《悲剧的诞生》，周国平译，上海人民出版社2009年版，第92页。

本身的喜悦。

俄国学者巴赫金对节庆狂欢进行了深入研究。在巴赫金看来，实际存在着两种世界和两种生活。第一世界是官方的、严肃的、等级森严的秩序世界，统治阶级拥有无限的权力，而平民大众则过着常规的、谨小慎微的日常生活，对权威、权力、真理、教条、死亡充满屈从、崇敬与恐惧。而第二世界（第二生活）则是狂欢广场式生活，是在官方世界的彼岸建立起的完全“颠倒的世界”，这是平民大众的世界，打破了阶级、财产、门第、职位、等级、年龄、身份的区分与界限，“国王”被打翻在地，小丑加冕成“王”，人们尽情狂欢，对一切神圣物和日常生活的正常逻辑予以颠倒、亵渎、嘲弄、戏耍、贬低、歪曲与戏仿。这“成为民众暂时进入全民共享、自由、平等和富足的乌托邦王国的第二种生活形式”①，成为暂时通向乌托邦世界之路。在这样的状态之中，人才超越了日常生活的刻板性与功利性，真正回复到本真的存在状态。因此，狂欢节中包含着对生活的独特理解，体现出人力图打破生活中的各种外在限制，回复到自身的努力。

伽达默尔在其《真理与方法》《美的现实性——作为游戏、象征、节日的艺术》中均思考了节日的特性。在他看来，节日庆典是具有深厚人类学意义的活动。节日首先意味着一个特殊的时刻，一个独特的现在，这一“现在”从日常繁忙的时间之流中漂离出来而具有自己独特的时间结构。节日庆典活动带有变迁和重返的特性。这就是说，节日庆典意味着隔一段时间的同一时刻重复举行庆典，每次内容大体相同，但又有所变化，因此节日庆典“只有在变迁和重返过程中它才具有它的存在”②；同时它还是一切人的共同欢庆时刻，有赖于广大观赏者的积极参与，“观赏者的存在是由他‘在那里的同在’（Dabeisein）所规定的。……同在就是参与（Teilhabe）”③。这种同在所要求的并不是简单的同时并存，而是积极地投入与参与。这样，在日常生活中因工作或利害而彼此隔绝的人群在这一时刻才能够重新聚集起来，感受到彼此存在与命运的共通；最后，节日是真正属于自己的时间，其中包含着被激活的生命体验和时间体验。因此，节日意味着与日常生存方式不同的本真的生存方式。

中国文化中缺少西方的狂欢节传统，这与中国文化中的实用理性特质有关，但中国传统节庆活动同样具有独特的审美意味。

古代中国以农耕文化为基础，四季更替，年岁循环，塑造了中国人特有的时

---

① ［俄］巴赫金：《巴赫金全集》第6卷，李兆林、夏忠宪等译，河北教育出版社2009年版，第10—11页。

② ［德］加达默尔：《真理与方法》上卷，洪汉鼎译，上海译文出版社1999年版，第160页。

③ ［德］加达默尔：《真理与方法》上卷，洪汉鼎译，上海译文出版社1999年版，第161页。

间感受和宇宙观。《周易》里经常提到“时义大矣哉”，强调人的行为也应顺应自然的节律，君子当“知几”。中国传统节日就是不同的时间节点，其源初内涵即是天地时气交合的节律。因此中国传统节日十分重视时令与节气，可以说，传统中国人的生活方式及对生活意义的感受都从这里生发出来。对节日的感受即蕴含着中国人特有的对于时间的敏感。这种敏感来自人对天地运行的深切感受与体验。

与西方的节日狂欢不同，中国人在节日中感受到的是浓浓的世间感，体验到的是现世生活的欢乐与愉悦。如农历五月初五端午节，本是夏季的一个驱除瘟疫的节日，后因楚国诗人屈原投江自尽，就逐渐演变为纪念屈原的节日，在自然时令中又融入了文化内涵，成为中国人非常重视的传统节日。节庆内容主要包括：吃粽子，赛龙舟，挂菖蒲、艾叶，薰苍术、白芷，喝雄黄酒等。尤其是龙舟竞渡，其欢庆热烈的场面极大地凸显出端午节的节庆气氛，在这里，自然节律、文化历史与人的当下生活融会贯通，展现出端午节的节庆之美。

再如清明，本是二十四节气之一，后又逐渐演变为重要的祭祀节日，成为祭祖和扫墓的日子。明代张岱曾经详细记载了清明时扬州的节日盛况：“是日，四方流寓及徽商西贾、曲中名妓，一切好事之徒，无不咸集。长塘丰草，走马放鹰；高阜平冈，斗鸡蹴踘；茂林清樾，劈阮弹筝。浪子相扑，童稚纸鸢，老僧因果，瞽者说书。立者林林，蹲者蛰蛰。日暮霞生，车马纷沓。宦门淑秀，车幕尽开，婢媵倦归，山花斜插。臻臻簇簇，夺门而入。余所见者，惟西湖春、秦淮夏、虎邱秋，差足比拟。然彼皆团簇一块，如画家横披；此独鱼贯雁比，舒长且三十里焉，则画家之手卷矣。”① 尽管清明是祭祀的节日，但张岱以细致的笔墨给我们展现出的，却是充满了世间感的、喧闹的清明，我们在其中所感受到的，也是浓浓的生活情趣和世间情怀。

可以看到，中西文化中都包含着对节日的体验，这是人在日常生活之外对社会生活中的美的发掘与欣赏。由于文化传统的不同，中西节日会体现出不同的内涵和表现方式，而这恰恰给我们呈现出社会美的复杂面相，呈现出社会生活的多样与丰富，对于我们进一步理解社会美的文化内涵无疑也具有重要意义。

思考题：

1. 社会美在审美形态中有什么特殊意义？
2. 描述人际伦理交往如何可能引起美感。

---

① 张岱：《陶庵梦忆·扬州清明》。

3. 如何全面看待人体美？如何感受一个人的美？

▶ 本章小结与回答示例

第六章　自　然　美

自然美作为美的类型范畴之一，一般与艺术美相对而言。自然美概念还与社会美、艺术美相提并论，且常因与社会美共同关系到客观现实存在而被合称为现实美，进而与艺术美相对而论。

目的与规律相统一的自由形式作为人的行为方式，其自由性如何与字面上似乎对立的自然性相吻合？审美本质一章已经引述的经典辩证观点是："人以他的工具而具有支配外在自然界的威力，尽管就他的目的说来，他倒是要服从自然界的。"① 自然美包含着人与自然深刻的统一性。自然美恰恰以其远离人工的特征而成为审美超越现实劳动的自由代表。就其内涵而言，自然美也是诸审美范畴中最复杂深刻的一种。

现代人在享受高度技术化、人工化、合理化、体制化所支撑的幸福生活的同时，越来越痛感现代文明对包括人类自身在内的自然状态与生态环境的破坏。从而，在文明高度发达的现代，现代人对自然美愈渐敏感。自然美甚至在超出美学的社会文化领域内愈发彰显出其举足轻重的地位。有着如此重大地位的自然美之"自然"不仅是指与人类社会相区别的自然界，而且可以涵盖一切内在天性或本色的"天然"。后者在科技高度扩张的现代已成为一项极可贵的品质。

第一节　自然美的概念内涵与基本特性

一、外在自然物之美与内在天性之美：自然美的两种内涵

对自然美朴素的字面定义是：自然美是自然事物的美。但两个构成词"自然"与"美"各自的复杂性，以及人们在使用过程中的歧义与模糊性，必然决定了广为流行的"自然美"概念及其问题从来都不是不言而喻的，以至常常成为困扰美学家的难题。

有鉴于此，在揭示其本质特性之前，首先须要结合"自然"术语的涵义简单梳理一下自然美概念的多重内涵。

在中国和西方的文化传统与渊源中，"自然"（希腊文 φύ σις/physis，拉丁文 natura 或 nasci，英语 nature）这一术语均异常复杂，而且存在着较大的语义分歧与

① ［德］黑格尔：《逻辑学》下卷，杨一之译，商务印书馆 1976 年版，第 438 页。列宁称此段话为"历史唯物主义的胚芽"。

不同的价值旨趣。不过，大致而言，中西文化中的“自然”概念也有其共同的两种基本内涵：既可指自然界或世界上一切非人造的事物，也可指一切事物自然而然、自在天成的一种内在本性。这两种自然可分别称之为外在自然物与内在天性。自然界或外在自然，又依照其涵盖的范围大小，既可在广义上泛指整个物质世界或现实世界，也可在狭义上仅指纯粹的非人工的自然事物与自然现象，还可以狭义的自然为基础包括一些人类加工改造过的自然事物；内在本性或天性自然，又依照其从属领域大致可分为属于宇宙本体论范畴的天道自然、属于社会存在论范畴的人道自然及其天成境界、从属于人道自然但又有其一定特殊性的艺术论范畴的“艺道自然”。

限定语“自然”概念的不同含义与用法决定了“自然美”概念的下述多重内涵：

首先，与自然概念总体上的外在自然物与内在天性两种内涵相对应，自然美总体上也存在着外在非人工的自然物之美与事物的内在天性之美两种基本内涵。

其次，单就外在自然物之美的自然美内涵而论，从自然概念的范围大小来看，自然美既可指狭义的非人工的自然事物的美（这个意义上的自然美一般与艺术美、社会美并列），也可指广义的包括自然事物与社会事物在内的所有现实事物的美（这个意义上的自然美一般只与艺术美并列，这也是黑格尔在其《美学》中的经典区分）。另外，从自然事物的单个与整体差异来看，自然美既可指单个自然事物（一朵花、一只鸟、一个人体）的美，也可指作为一定范围内的全部自然事物（原始森林或山清水秀的自然环境）整体的美。

最后，对应于作为内在天性的自然的三种内涵，内在天性之美的自然美也就有了三个层面的内涵：（1）作为宇宙本体论美学范畴，自然（美）主要是天地万物自在自足的本然状态；（2）作为社会存在论美学范畴，自然（美）即自在，是人生最高境界的自由状态；（3）作为艺术及艺术美学范畴，自然（美）即“芙蓉出水”（与它相对的是“错彩镂金”），自然（美）是艺术的审美理想或最高境界。

总体而论，正像“自然”具有自然界与内在天性两种含义一样，有史以来人们欣赏的“自然美”差不多可以概括为作为自然界之美的自然美与作为内在天性之美的自然美两种。前者是在围绕自然事物并有其意象或意向性对象生成的自然审美活动中产生的美，此种自然美主要在西方美学史中最早得到明确关注与研究，从而成为虽不像艺术美那样显赫但依然源远流长的美学范畴之一；后者是一种体现出无意、无法、无工的天然天成之美，并融铸成一种美在自然或自然为美的自然与自然美观念，此种自然美尽管在中西美学史上都受到了不同程度的关注，但在中国古典美学中，它是一个涵盖自然、艺术、人生社会诸多审美领域的核心审美范畴。

两种自然美概念，即外在自然物之美的自然美与内在天性之美的自然美，既相区别又相联系。区别在于：（1）前者注重自然审美的客观与外在因素，是一种基于客观外在自然事物这一特定存在者的自然美；后者看重审美活动的内在或主观因素，是一种基于自然事物自在天成内在本性、艺术文本和各种人类活动本真状态或自然天成理想的自然美。（2）前者主要展现为在审美活动中，人对自然事物的意向性对象的审美欣赏、观照或体悟；后者主要体现为人在各种审美活动中对一种自然而然、天成本真状态的自由欣赏、抵达或追求。（3）前者可谓基于参与审美活动的客观因素，而从审美客体类型角度划分出来的、与艺术美等并列的一种审美类型；后者可理解为基于审美活动主客两方面要素，而从审美活动形态角度划分出来的一种大致与人工美相对，又可与优美、悲剧等相提并论的审美经验形态。

联系在于：（1）自然事物自然而然的自在天然本性，构成了外在自然物之美的自然美产生的基础与根源。（2）自然物之美的自然美并非主客体任一方存在者的专有属性，实际是审美活动超越主客关系之后的一种自然而然、本真自在的发生过程。（3）内在天性之美的自然美可视为自然物之美的自然美对人的深刻启示，也构成了人生与艺术审美活动的理想典范与终极目标。（4）通过作为自然物之美的自然美及其内在天然之美的内核，自然美概念获得了涵盖、打通任何存在论意义的现实审美的重要依据。就此而论，一切处于自然而然本真存在中的美皆可称之为自然美。

当然，流行的自然美概念仍然主要是与艺术美相对的自然物之美的自然美。本章对作为审美类型的自然美之讨论，虽然在很大程度上仍然以外在自然物之美的自然美为主要研究对象，但也会对与它有别却仍紧密相关的内在天性之美的自然美予以特别关注。

二、自然美的基本特性

诚如克罗齐指出的，作为一种直觉表现的美本身并无自然美、艺术美等类别差异。一般所谓的林林总总的美的特征，很多其实是对相应审美活动特征的认识。因而，结合上述对自然美的界定来讲，这里讨论的自然美的特征不过是自然审美活动的特征。大致而言，自然审美与自然美同时具有以下四方面的基本特性。

1. 对自然事物及其属性的依赖性或鲜明的自然性

如果承认区别社会美、自然美与艺术美之类美的类型的主要根据，是参与审美活动的客体事物的类型上的差异，那么，对参与相应审美活动的客体事物及其属性的依赖性无疑是此类美的类型的首要特征。具体而言，社会美的获得、产生与存在离不开包括社会实践产品、社会实践活动本身和实践主体在内的社会事物及其相关属性，艺术美的获得、产生与存在离不开由特定艺术家创作出来的艺术作品及其相关属性。同样，自然美的获得、产生与存在离不开未经或较少人类实践和艺术加工的自然事物与自然现象及其相关属性。这表现出审美本质中合规律性的显性状态。同所有类型的美一样，自然美作为一种社会价值，当然是在人类社会实践过程中伴随审美意识的产生而产生的，因而单有自然事物与自然现象并不一定会有自然美的欣赏与存在①，但缺少自然事物及其自然属性，肯定也不会有自然美的欣赏与存在。因而，自然物自身的自然因素、自然条件及其自然特征是自然审美与自然美产生的物质前提和基础，对自然物自身及其相关特征的依赖性则构成了自然美的首要特征。

自然美的物质质料基础往往被美学家（尤其主观主义美学家）忽视，充其量被视为美或审美经验产生的刺激物或中介。尽管如此，主张美是直觉表现而非物理事实的克罗齐，对作为自然美基础的“物理美”（physical beauty）仍然表示了认可；把感性质料作为美感经验分析三个要素之一的桑塔亚纳，对与自然美关系密切的“质料美”（material beauty）的诸要素也进行了详细分析。这在一定意义上正是对自然美依赖于自然事物物质基础特征的强调与证明。

具有美的属性的自然物都有其自然的物质属性及其运动变化规律，如黄山云海、钱塘怒潮、峨嵋佛光、蓬莱海市等自然美景的出现与存在，均与其特定的自然物质条件与时空环境密不可分。所谓泰山天下雄、黄山天下奇、华山天下险、峨眉天下秀、青城天下幽等，都是根据上述诸名山之美的自然物质基础来概括其特征的。即使是经过人的加工改造而显现的自然美，也要依赖自然物自身的生长、发展规律，并通过其自然属性而表现出来，如春去夏来、花开花谢等。

因此，经由展现九寨沟美景的摄影、影视、绘画、文学等艺术作品所获得的所谓九寨沟的自然美其实并非真正的自然美，而是关于九寨沟的艺术美，充其量只是九寨沟自然美景的替代品。要真正获得九寨沟的自然美只能到九寨沟实地去，这就是作为现实审美类型的自然审美与自然美对自然事物的依赖性。

外在自然物之美的自然美须依赖于自然事物的物质质料，内在天性之美的自然美则依赖于事物自然而然的天性。对此，康德在《判断力批判》第 42 节强调自然天成的自然美优越于人工介入的艺术美时就有论及。康德举例指出，同大自然真实的花、鸟及鸟鸣比起来，即便是模仿得惟妙惟肖、以假乱真的人造花、人工雕刻的鸟或人为模仿的鸟鸣也要黯然失色得毫无价值。因为构成自然天性之美的

---

① 普列汉诺夫曾指出：“原始的部落——例如，布什门人（Bushmen）和澳洲土人——从不曾用花来装饰自己，虽然他们住在遍地是花的地方。”（［俄］普列汉诺夫：《论艺术（没有地址的信）》，曹葆华译，生活·读书·新知三联书店 1974 年版，第 32 页。）

自然美之基础的“那必须是自然，或被我们认为是自然，以便我们能对美本身怀有一种直接的兴趣。”①

可见，审美客体鲜明的自然性是自然美的首要特征。

2. 自然审美的内容相对朦胧、宽泛

任何美作为一种价值呈现都有其独特的内容与形式，即所谓美的内容与形式。往往通过审美客体得以表现的美的内容与形式当然是统一的，但对于不同的审美类型而言，由于审美客体自身的差异性，会使作为统一体的形式与内容有所侧重。

莺歌燕舞、花红柳绿，绿地茵茵、蝴蝶翩翩，壶口飞瀑、万马奔腾，千里平畴、层峦叠嶂，常常给人以或悦耳悦目或心旷神怡，或清新优美或壮观宏伟的种种审美体验，似乎也能朦胧地品味到某种意味，却很难一一细述其中的内涵。所以，社会审美同人类社会实践直接息息相关，往往是人的自由创造本质的直接展现，因而其社会内涵与意义等美的内容表现得更为充分。与之不同，自然审美同社会实践目的性的联系却大多比较间接，人的对象化本质与自然人化的成果被隐埋得较深，经常表现得没有确定内涵，或内容意蕴相对模糊、宽泛、多义，难以完全表述。阿多诺曾经写道：“自然美的实质委实具有其不可概括化与不可概念化等特征”，“自然美是由其不可界说性得以界说的，……作为不确定的东西，自然美敌视所有一切界说。”② 所谓不可概括化、不可概念化、不确定、不能界说，在一定意义上正是对作为外在自然物之美的自然美内容意蕴朦胧、意义不确定特征的说明。

当然，对一些通过艺术想象加工或出于“比德”观念（详后）而带有故事性与象征性的自然事物的审美欣赏，如巫山神女、石林阿诗玛、月宫嫦娥，“出淤泥而不染”的荷花，作为“四君子”的梅兰竹菊等，不仅其特定内涵明确，且常易于联想注意到。但整体看，这毕竟只占自然美欣赏的少数，也极富民族性与文化依附性，因而并不具有普遍意义。

同社会美整体内涵意义丰富、内容充实但形式粗糙不同，自然美多半内涵稀薄、缺乏确定内容，但其形式却清晰鲜明、具体生动，侧重于形式美。因此，线条、形状、色彩、声音、质料等形式美的因素，成为外在自然物之美的自然美欣赏中最重要和压倒其他的部分。自然物往往以它鲜艳的色彩、悦耳的音响、生机盎然的姿态等感性形式直接唤起人的美感。外表色彩斑斓、姿态翩翩的蝴蝶虽是害虫却让人喜爱，外表灰暗、形象怪异的癞蛤蟆尽管是益虫却令人生厌。总之，对外在自然物的自然审美中，自然事物的形式因素总是占有特别突出的地位。

---

① ［德］康德：《判断力批判》，邓晓芒译，人民出版社2002年版，第145页。
② ［德］阿多诺：《美学理论》，王柯平译，四川人民出版社1998年版，第125、129页。

内在天性之美的自然美虽然似乎不像外在事物之美的自然美那样依赖于自然事物的外在形式属性，但其内容一般也具有难以尽述的特征，因而同样显得朦胧，宽泛。

3. 自然美的形态多变性与变异性

因主客条件的制约，自然美具有形态多变性与变异性特征。这一方面与自然物自身的运动、变化的无限丰富性（四季、阴晴、朝暮、云雨等）有关，另一方面与人面对这些自然事物时的视角、情感态度等有关。同一自然物随着季节、时令及天气的变化会呈现出不同形态的美，所谓“早景则千山欲晓，雾霭微微，朦胧残月，气色昏迷。晚景则山衔红日，帆卷江渚，路行人急，半掩柴扉”（王维《山水论》），所谓“真山水之烟岚，四时不同：春山澹冶而如笑，夏山苍翠而如滴，秋山明净而如妆，冬山惨淡而如睡”（郭熙《林泉高致·山水训》）。另如旭日东升的朝气蓬勃和夕阳西照的悲壮肃穆，春风拂面的融融暖意和秋风扫叶的肃杀冷峭等。

“横看成岭侧成峰，远近高低各不同。”同一自然物对于从不同角度、距离、时间、环境去欣赏的人而言，往往会呈现出不同的美的特征及其审美体验。有时自然景物多变性的变化幅度很大，以至于表现出相互对立的二重性，从而给人或审美或非审美的情感体验。例如老虎的威猛（所谓虎虎生威、威猛之师）与凶残（所谓虎视眈眈、虎狼之心），狗的忠顺（常常作为宠物与好帮手被人欣赏与饲养）与卑贱（所谓忠实走狗、狗苟蝇营），桃花的美丽（“人面桃花相映红”）与轻薄（“轻薄桃花逐流水”），雪的洁白与恐怖等。同一自然物表现出既美又丑、美丑并存的美丑二重性，固然与人的情感投射与观念比附（或可称之为反面的自然比德观）息息相关，但并非完全受制于任何个人的主观意愿与情感，也与自然物属性的多样性及其对人的不同作用有密切关系。

所以，自然审美的内容尽管往往朦胧不确定，却因为主客双方同时具有的不确定因素的存在，遂呈现出多变或变异的丰富性。艺术审美当然也因为主体的原因会发生有一千个读者就会有一千个哈姆雷特的多变或变异现象，但美学上一般称之为创造性，且其绝大多数审美客体即艺术文本一旦生成就不会像自然事物那样因时空条件因素而具有多变性。

4. 自然审美的处身性与不可传达性

审美发生和美的显现，人的参与必不可少。但参与的情形既依审美客体而有别，也因审美者而有异。如果接受德国美学家佛拉因斐儿斯对审美者的“分享者”（participant，或译“参与者”）和“旁观者”（contemplator，或译“观照者”）之划分①，那么，自然审美的参与者更像是分享者，或者说是名副其实的参与者。

---

① 朱光潜：《文艺心理学》，《朱光潜美学文集》第一卷，上海文艺出版社1982年版，第52页。

作为审美对象的自然事物与艺术事物之间的重要差异决定了自然审美不同于艺术审美的显著特征。正如环境美学奠基人、英国美学家赫伯恩所指出的："当一个人观赏自然景物时，自己也常常陷于自然的审美环境之中。有时候，他面对自然景物时也可能仅仅是一个冷漠而超然的旁观者，但是在更多的情况下，他却被自然景物团团包围。……他既是演员，又是观众；他一方面是自然景色的组成部分，另一方面又玩味着身为这种组成部分的感觉，可以这样说，他主动地与自然游戏，也让自然与他和他的自我意识一起游戏。"① 当代环境美学代表人物、加拿大美学家卡尔松更从自然环境审美欣赏视角指出："因为它是我们的周围环境，欣赏对象亲密冲击我们的所有感官。当我们待在其内或者活动其中，我们眼观，耳闻，身触，鼻嗅，甚至可能舌尝。简言之，审美欣赏一定是由诉诸欣赏的环境对象的经验塑造而成的，这一经验最初是亲密的、总体的和覆盖性的。"② 因为自然事物与环境的特殊性而带来的自然审美的这种全感官参与和身临其境特征，使得环境美学家普遍强调自然审美是一种"介入式"（engagement，或译作"参与"）的审美经验感知模式，而非由艺术审美经验代表的"分离式"（detachment）审美经验模式。

自然美的现象学意义上的置身性或处身性（befindlichkeit），也决定了其审美经验的不可传达性，这明显有别于艺术美的静观性或旁观性。美国美学家帕克指出，艺术美"是通过艺术家所构造的固定而经久的机制在观赏者心目中创造出来的，因而是可以传达的和持久的，而直接的自然美却是不可以传达的和昙花一现的。"③ 事实的确如此。特定的自然美一旦可以传达，从而成为人所共赏的自然美，其实它就已经不是真正的自然美而是艺术美了。朱自清 1927 年 7 月某月夜独自在清华园荷花池边实地欣赏到的"荷塘月色"之美，一经转变成美文《荷塘月色》中的"荷塘月色"之美，就不再是真正的自然美而是艺术美，或者说是艺术美中的自然美。即令艺术美中的自然美在欣赏者看来有多么生动、多么动人，都可谓是"感同身受"，而真正的自然美一旦被亲身经历，则一定且完全是"真情实感"，甚至"刻骨铭心"。

自然审美的处身性特征，即审美者在审美活动中的全感官身心参与性、亲身经历性及源发体验性，不仅体现于对外在自然物的自然审美活动中，实际更鲜明地

---

① ［英］赫伯恩：《对自然的审美欣赏》，［美］M. 李普曼编：《当代美学》，邓鹏译，光明日报出版社 1986 年版，第 367 页。

② ［加］卡尔松：《环境美学：自然、艺术与建筑的鉴赏》，杨平译，四川人民出版社 2006 年版，第 5 页。中译文根据英文原版有改动。

③ ［美］H. 帕克：《美学原理》，张今译，广西师范大学出版社 2001 年版，第 20 页。

体现于存在论意义上的对内在天性的自然审美活动中。因而，此种自然审美实际包括了所有处于现实生活世界中的审美经验形态。对此以下两节将会有不同视角的具体论述。

第二节　自然美的代表性模式

从欣赏模式（model of appreciation）来研究自然美大概始于西方当代环境美学。卡尔松曾经将自然欣赏模式归纳为对象模式、景观模式、自然环境模式、参与模式、激发模式等十种，且认为只有建基于自然科学观念的自然环境模式才是欣赏自然的唯一正当模式。结合自然美的两种基本内涵及中西美学史上解释自然美的重要观念，有四种自然美的代表性模式更值得在此讨论。

一、如画模式

在“风景如画”（picturesque scenery）的现成词语中实际包含着自然美欣赏的一种模式——“如画”模式。

中文“如画”一词大约最早出现于中国六朝，普遍被用于形容人的眉目面容之美。这既同当时的人物品评风尚有关，更同以山水田园诗文和山水风景画的诞生及士大夫阶层普遍存在的对于自然的追求和对自然物鉴赏的态度等所代表的“审美自然观”在当时的确立不无关联。“如画”被直接用于形容（或笼统赞颂）山川景物之美的著名例子，当然非北宋苏轼的“江山如画，一时多少豪杰”（《念奴娇·赤壁怀古》）莫属；南宋词人张孝祥也有“千里江山如画，万井笙歌不夜”（《水调歌头·桂林中秋》）之句，而这明显与山水画在唐宋（元）的逐渐成熟与兴盛有十分密切的关系。明末清初画家王鉴“人见佳山水，辄曰如画”（《染香庵画跋》）一语，在一定意义上则可称之为对主要体现于自然美欣赏实践中的中国“如画”观的一个简明总结。

如画观念在中西文化中各有其历史渊源与传统，作为一种关于自然美欣赏的美学理论仍然主要为西方美学家所特别关注，且形成了一个颇有吸引力也积累了大量文献的研究论域。“如画”（picturesque，又译“如画性”“如画风景”）在欧洲语言中的字面义即“像画一样”。当一片风景或园林能使人想起某个著名画家的画或某个风景画，人们就说它“如画”。后来“如画”一词又被人们不仅用于倾圮的古堡和落日的景象，也用于帆船和风车，不仅用于具有最适合于人们所赞赏的那种绘画特点的自然景色与园林，也用于法国克劳德·洛兰，英国庚斯博罗、约翰·康斯泰勃尔、透纳等诸多名画家绘画作品本身，被视为一种大胆而生动的创作手法，一种或古典或浪漫的风格特征①。

尽管早期倡导者将其思想渊源上溯至古典时代的古罗马，甚至古希腊时期，但一般认为"如画"观念的讨论，主要发端于17世纪末、盛行于整个18世纪及其后英国的绘画等多个艺术领域和美学理论界。20世纪以来，如画观念再度成为有吸引力也积累了大量文献的一个研究论域。正如有学者指出的，"'如画风景'一词被赋予的含义随着美学越来越理论化和体系化而发生改变。它得到定冠词修饰，成为专有名词'如画风景'（the Picturesque），与'秀美'（the Beautiful）和'崇高'（the Sublime）一起成为人们加以争辩，后来加以说明的特定的美学概念。……应用于风景的美学认为，那些被开垦的、平滑的、安静的、和谐多样的渐进是'秀美的'。它们是有边界的，因此也就是可知的风景。那些荒野的、崎岖的、超越人们想象的、广阔无垠的风景是'崇高的'，因为其无限性使人们生发出充满敬畏的情感和永恒的观念。简言之，有规律的自然是秀美的，野性的自然是崇高的。如画风景在两种风景范畴中都存在，能够使'想象力形成通过眼睛感觉的习惯'。"② 换言之，如画观念同西方近现代以来风景画（landscape）画种的逐渐独立和成熟、人们对自然风景的审美性欣赏的普遍化、美学学科的独立，以及与"秀美（优美）"相对而言的"崇高"审美范畴的出现等审美和美学领域的新发现密不可分。可以说，正是在现代美学观念产生的过程中，"如画"不仅成为视觉审美领域的通用方式，而且也成为诗歌、绘画、园林、建筑等各门艺术一致推崇的审美价值与审美风格。

从审美本质角度看，"如画"之风景模式是指艺术美中的自然美题材作品因其典型化，而成为引导现实中的自然美欣赏的典范。这表现出艺术审美对自由形式及其感觉方式的重大推广作用：本来发端于劳动自由形式的艺术审美，反过来也成为深刻塑造人类感觉方式的模式与标准，以至人类会自觉不自觉地借助艺术形式来感受并评价包括自然在内的现实生活。

总体而言，如画观念首先体现的是人们欣赏真实的自然风景和作为艺术作品的风景画的一种态度或方式。从自然美角度来讲，如画观念也代表了人们欣赏自然或从事自然审美活动的一种对象性或景观化模式。但是，如画模式绝不是自然审美唯一的方式，更不是自然审美最具本质性的方式。因为此种将自然审美同化为艺术审美的欣赏模式不仅同时误解了自然审美与艺术审美，抹杀了两者的界限，而且忽视了自然审美的置身性特征。对此，卡尔松写道："欣赏自然被经常性地同

---

① 参阅［英］贡布里希：《艺术发展史：艺术的故事》，范景中译，天津人民美术出版社1998年版，第233页和第436页译注②。

② ［美］温迪·J. 达比：《风景与认同：英国民族与阶级地理》，张箭飞、赵红英译，译林出版社2011年版，第53页。

化为欣赏艺术。此种同化既是一种理论的错误，也造成一种欣赏的遗憾。在理论层面，它不仅通常误解欣赏，而且通常误解艺术与自然两者或其中的一个。在欣赏层面上，它可导致要么根本不能欣赏自然，要么以一种不恰当的方式欣赏自然——依赖错误的信息，以错误的行为方向参与，产生错误的反应。”① 需要补充的是，如画理论还表现出用艺术（狭义）惯常的对象化模式遮掩了自然审美的现实本真性特征，及其将艺术审美中心化的倾向。而这正需要别的自然美欣赏模式来说明。

二、比德模式

“比德”说被中国当代美学家普遍视为中国美学尤其是儒家美学重要的自然美观。依照此说，自然事物之所以美，是因为它作为审美客体可以与审美主体“比德”，即从中可感受到某种人格化的道德美。因而，“比德”之“比”即比拟或象征，“德”则指伦理道德或精神品格。“比德”即自然对象之美是儒家君子之人格美德的比喻或象征。

在战国中后期至西汉年间编撰的著名典籍中，“比德”作为一个整词以“于玉比德”和“于水比德”两种方式屡屡出现。前者如：“君子无故玉不去身。君子于玉比德焉。”（《礼记·玉藻》）《荀子·法行篇》中的下面这个段落则可谓对“君子于玉比德”之语的详尽阐释：“子贡问于孔子曰：‘君子之所以贵玉而贱珉者，何也？为夫玉之少而珉之多邪？’孔子曰：‘恶！赐！是何言也？夫君子岂多而贱之，少而贵之哉！夫玉者，君子比德焉。温润而泽，仁也；栗而理，知也；坚刚而不屈，义也；廉而不刿，行也；折而不桡，勇也；瑕适并见，情也；扣之，其声清扬而远闻，其止辍然，辞也。故虽有珉之雕雕，不若玉之章章。《诗》曰：‘言念君子，温其如玉，此之谓也。’”玉和珉（像玉的石头）同为自然之物，君子却贵玉而贱珉，并非常人理解的那样是玉少而珉多，而完全是因为以玉比德，即玉的“温润而泽”（色柔温润）等种种自然属性象征的是君子仁、智、义、勇等七种美好的德性。

后者如：“子贡曰：‘君子见大川必观，何也？’孔子曰：‘夫水者，君子比德焉。偏与之而无私，似德；所及者生，所不及者死，似仁；其流行，庳下倨句，皆循其理，似义；其赴百仞之溪不疑，似勇；浅者流行，深渊不测，似智；弱约危通，似察；受恶不让，似贞；苞裹不清以入，鲜洁以出，似善化；必出，量必平，似正；盈不求概，似厉；折必以东西，似意。是以见大川必观焉。’”（《大戴

---

① ［加］卡尔松：《环境美学：自然、艺术与建筑的鉴赏》，杨平译，四川人民出版社 2006 年版，第 172 页。译文根据英文原版有改动。

礼记·劝学》）在此，君子观水亦完全是因为人的仁、义、勇、智、贞等十一种美德可以通过水的“偏与之而无私”（普遍无私的施予）等自然属性得以象征与寄托。

仅就先秦而论，不见“比德”一词，却涉及自然景物以起兴、比拟、象征、寄托人的道德情愫即比德思想的相关文本则更多。就此，人们普遍将比德的自然美观念首先上溯至《诗经》中的某些诗篇，如“瞻彼淇奥，绿竹如箦。有匪君子，如金如锡，如圭如璧”（《诗经·卫风·淇奥》）以及“崧高维岳，骏极于天。维岳降神，生甫及申。维申及甫，维周之翰。四国于蕃，四方于宣”（《诗经·大雅·崧高》），也普遍以《论语》中的“智者乐水，仁者乐山”（《雍也》）等语录为凭，尊孔子为比德自然美思想的创立者。

比德“这种自然美的理论，在我国美学史、文学史、艺术史上的影响是十分巨大、十分深远的。人们习惯于按照这种‘比德’的审美观来欣赏自然物，也习惯于按照这种‘比德’的审美观来塑造自然物的艺术形象。屈原的《桔颂》，几乎句句都是比德。中国画中的松、柏、梅、兰、菊、竹等等，也都是比德。”①

产生自中国先秦并为后世广为认同与传扬的比德理论或模式，在一定意义上是中国文化“一天人”“同真善”哲学特征与类比思维方式，是强调主体即所谓君子人格美建构的中国美学在自然审美或自然美中的具体体现。比德可谓用来解释人们追求自然美或从事自然审美的部分深层背景、原因的理论，却并非解释自然美与自然审美本身性质与特征的理论。因为，如果是真正的美与审美，从本质上来看，就不能又是道德的。这里之所以说是部分深层背景，是因为自觉不自觉显示出比德爱好与趣味的只是自然美鉴赏者中的一部分而非全部。而且，即便是比德观念自觉不自觉的践履者（如孔子、颜回等著名儒者），也未必每一次对自然物之美的欣赏都是出于比德的爱好，从而对自然美给予人的非道德愉快感视而不见②。康德出于最终完成批判哲学体系的目的而提出的关于包括自然美在内的美的著名论断“美是道德的象征”，也只是强调：美的评判与道德评判之间存在的仅仅是一种类比或象征关系，即便美在一定意义上可以实现或达到人的德行教化之目的，道德也并不就此成为审美或美的本质。

自然美比德说的价值也被从更加宽泛地体现人的本质意义上来理解：“这种看

---

① 叶朗：《中国美学史大纲》，上海人民出版社 1985 年版，第 58 页。

② 魏晋以来虽不被重视、却仍为人们欣赏自然美的实际主导模式的“娱情畅神”说——以为欣赏自然山水或自然现象的目的不过是为了让身心愉悦——在一定意义上就是对此模式的修正。“娱情”与“畅神”二词分别初见东汉张衡《归田赋》和南朝宗炳《画山水序》。西方主要被归于立普斯名下的“移情”说也常常被国内学者拿来同“比德”说进行比较研究，但移情说实际是对整个审美特征的说明而不仅仅限于自然美，故本节不将其列为自然美欣赏的模式之一。

来是比附的说法，在一种简单朴素的形式下向我们提示了有关自然美的一个极为重要的事实，那就是人所欣赏的自然，并不是同人无关的自然，而是同人的精神生活，人的内在的情感要求密切联系在一起的自然。”① 因此，比德实乃比人。自然美当然可以作为人的某种道德品质与精神趣味的象征与体现，但从更深层的意义上讲，自然美也可以成为人超道德性和非抽象精神物的一种现实存在与天成境界。

三、宇宙模式

与主要是儒家思想观念之体现的比德说的自然美观念不同，古希腊时期的毕达哥拉斯学派与中国道家的代表人物庄子实际均在一定意义上提出了一种可称之为宇宙论的自然美欣赏模式。

依照西方美学史，在古希腊早期即初露端倪的美学中实际有一种作为宇宙论（cosmology）产物的关于美的形而上学的理论，毕达哥拉斯学派美学就是此理论的一个最早范例。毕达哥拉斯学派主张，数学原则是一切事物的原则，数是先于现实事物的可以独立自存的本体（noumenon），也是宇宙的本原，整个宇宙间的自然万物就是依据数而成型的。万事万物的美也依赖于数而成其为美，宇宙“乃是一种‘神妙的百音盒（divine music box）’”，因而，宇宙或世界就其本性而言，符合人类本性的美的情感需要，宇宙就是“美的源泉”②。宇宙之所以是美的源泉，是“由于毕达哥拉斯学派相信宇宙是和谐地构成的，他们便赋予它以 Kosmos 即‘秩序’的名称。他们由此把一个美学特征引进了宇宙学，并引进了用来表述它的这个术语。”③ 毕达哥拉斯学派指出：“在事物诸多属性之中，有一种属性构成了美，这便是和谐，而和谐来自秩序，秩序出乎比例，比例出乎度量，度量本于数目。和谐、比例、数目于是成为美之客观的基础。他们说：‘秩序与比例，不但美，而且有用；至于杂乱失序，缺乏比例，不但丑，而且无用。’毕达哥拉斯学派的美学乃是以宇宙为中心的（cosmocentric）：他们认定美乃是宇宙的属性；人类除

---

① 李泽厚、刘纲纪主编：《中国美学史》第 1 卷，中国社会科学出版社 1984 年版，第 147 页。车尔尼雪夫斯基从其“美是生活”的命题出发实际早已指出：“构成自然界的美的是使我们想起人来（或者，预示人格）的东西，自然界的美的事物，只有作为人的一种暗示才有美的意义。”（［俄］车尔尼雪夫斯基：《艺术与现实的审美关系》，周扬译，人民文学出版社 1979 年版，第 10 页。）

② ［美］吉尔伯特、［联邦德国］库恩：《美学史》上卷，夏乾丰译，上海译文出版社 1989 年版，第 19、11 页。

③ ［波］沃拉德斯拉维·塔塔科维兹（瓦迪斯瓦夫·塔塔尔凯维奇）：《古代美学》，杨力等译，中国社会科学出版社 1990 年版，第 107 页。

了在宇宙间发现到美之外，并没有能力去创作它；宇宙之美，是一切人为之美的尺度。"① 毕达哥拉斯学派所谓的客观的事物之美和"宇宙之美"正是现代美学所谓的广义范围的自然事物之美的自然美。在他们看来，人对宇宙的观照，就是对作为一种本体存在的宇宙之美的观照。因而，赋予自然美一种宇宙间本体性存在地位成为毕达哥拉斯学派美学的重要特色。可以说，毕达哥拉斯既是西方美学史上的第一个美学家，也是第一个没有用自然美概念却讨论了自然美问题的美学家。

在继承道家鼻祖、"中国宇宙论之创始者"（张岱年语）老子宇宙本体论思想的基础上，庄子明确表达了其极具宇宙本体论意味的自然美观。此自然美观通过庄子数次直接提到的一种"天地之美"而得以展露："天地有大美而不言，四时有明法而不议，万物有成理而不说。圣人者，原天地之美而达万物之理"（《知北游》）；"判天地之美，析万物之理，察古人之全，寡能备于天地之美，称神明之容"（《天下》）。从"（天地）大美"与"天地之美"的使用语境来看，庄子分别重在强调"天地之美"的沉默无言、从不自我夸耀却可为（圣）人推究，可以推究但却不可被判析、须保全其浑整不分等特征。而上述"天地之美"的特征无疑也就是老庄作为世界终极根源和永恒存在的宇宙本体的道之特征。"夫虚静恬淡，寂寞无为者，万物之本也。……静而圣，动而王，无为也而尊，朴素而天下莫能与之争美。"（《天道》）"要问庄子及其学派认为什么是美，那么自然无为即是美，而且是最高的美。"② 从《庄子》全书来看，"天地之美"的具体内涵与本质显然也就是道自身及天地万物的自然无为、虚静恬淡、素朴真纯的特征与本质。

汉语"天地"一词一般被理解为自然界或大自然的同义词，将《庄子》一书中出现九十余次的"天地"理解成自然界也没有大问题（尤其是与"万物"对举使用时），从《庄子》全书"美"的使用情况和《秋水》《知北游》等篇中对外在自然之美及欣赏者的欣悦之情的描述与表露来看，很难排除庄子美论中所包含的外在自然事物之美这一美的类型。但从庄子的整体思想和主旨来看，其"天地之美"却并非侧重于自然界万物本身形式属性的外在形式美或作为外在自然事物之美的自然美，更非侧重于其适应人的主观或功利需求而呈现出来的功能与价值之美，而是自然界万物本身及其对道的自在自为、自然无为特征所体现的内在本性之美。简言之，庄子所谓的"天地之美"即大道之美，即自然界万物的本性天成之美，亦即作为内在天性之美的自然美。正因为此种虚静恬淡朴素无为的天地之美或自然美是道的自然而然的体现，是与道合一的美，它不仅"无为也而尊，朴素而天下莫能与之争美"（《天道》），而且"澹然无极而众美从之"（《刻意》），

① ［波］瓦迪斯瓦夫·塔塔尔凯维奇（沃拉德斯拉维·塔塔科维兹）：《西方六大美学观念史》，刘文潭译，上海译文出版社 2006 年版，第 204 页。

② 李泽厚、刘纲纪主编：《中国美学史》第 1 卷，中国社会科学出版社 1984 年版，第 245 页。

因而它才是一种“大美”（《知北游》）、“至美”（《田子方》）、“纯美”（《天下》）。就此而言，庄子的“天地之美”或内在本性自然美就拥有了同“自本自根”（《大宗师》）的道本身一样形而上意味的宇宙本体地位。

尽管毕达哥拉斯与庄子的宇宙本体论各有其不同出发点、内容与目的，两者的自然美观亦分别侧重于外在自然物之美与内在自然本性之美，但他们分别将其哲学思想的核心范畴“数”与“道”同自然万物的美联系起来，而且给予同样的宇宙本体论地位则是共同的，在一定意义上也可以说提出了一种作为宇宙本体论的自然美欣赏模式。

四、天成之美

站在客观主义的立场上，自然世界及其外在自然物与内在本性双重意义上的自然美是不依人的意志为转移的宇宙论意义上的本体性存在，但对于存在论意义上的人的自然审美而言，自然美又是一种天成境界之美。天成境界是自然美的又一种欣赏模式。

上文将庄子与毕达哥拉斯视为中西宇宙本体自然美模式的代表之一。不过，庄子的核心思想一方面讲宇宙本体、自然天行即天道，一方面则更讲社会人生、效法自然即人道。因而，庄子的“天地之美”（《知北游》《天下》）自然美思想一方面可归诸宇宙本体论，另一方面则更应视为以其宇宙本体论为基础的人生理想论或存在论。庄子说：“澹然无极而众美从之，此天地之道，圣人之德也。”（《刻意》）“夫天地者，古之所大也，而黄帝、尧、舜之所共美也。故古之王天下者，奚为哉？天地而已矣！”（《天道》）自然无为的“天地之美”即内在天性自然之美，既是“天地之道”，亦是黄帝、尧、舜共同崇尚的“圣人之德”。但圣人（以及任何愿意追随道的人）共同崇尚的此种天地之道与圣人之德亦即自然内在天性之美的要旨，仍不过是像天地一样顺任自然、不妄自造作。

“得至美而游乎至乐，谓之至人。”（《田子方》）“得至美而游乎至乐”的过程正是与道合一、臻达天地自然之境的过程。庄子将此至美至乐的审美境界的当下展开过程称之为“游心于物之初”（《田子方》），即效法天地自然的“日改月化，日有所为，而莫见其功”（《田子方》），效法鸟兽虫鱼的顺性自处、不改根本。简言之，“游心”的关键是“无为而才自然”（《田子方》）。“游心”实际构成了由《庄子》首篇题目所表达的“逍遥游”的核心旨意。因而庄子心目中的自然审美的展开过程，不是人对自然事物的静观欣赏，而是能够体察大道自然进而与之合一的自然而然的存在状态。

自然而然、本性天成的“天地之美”即内在自然之美，之所以能受到圣人与体道者的竭力推崇，并进而居于庄子哲学的核心位置，是因为它实际上构成了庄子自然哲学与美学所追求的“天地精神”（《天下》）境界。不过，在庄子，此种由自然审美而抵达的天成境界并非只是一种玄之又玄的抽象的精神境界，它完全可以成为人们践履的生活实际本身。因而，庄子强烈批判与挞伐逆道而行的一切人类行为及其内在观念，但他并不排斥合于自然天道的人类技艺活动本身，而且将其推崇为一种抵达自然天成境界的重要方式。通过庖丁解牛“合于桑林之舞，乃中经首之会”（《养生主》），佝偻丈人承（取）蜩“用志不分，乃凝于神”（《达生》），“真画者”作画前忘乎所以、“解衣槃礴”（《田子方》），梓庆“以天合天”“削木为鐻”（《达生》）等这些看似虚拟想象的寓言故事，庄子实际为我们形象、直观地描述了人在诸般技艺活动展开的同时，由“心斋”（《人间世》）、“坐忘”（《大宗师》）功夫自然达致“齐物”的过程，此过程在一定意义上也即自然审美活动的展开过程。就此而论，自然而然的天成境界自然美并不是稀罕的奢侈品，它实际植根于人生最根本的生存方式之中。

不同的自然美模式既代表着人们欣赏、观察自然美的不同视角，也体现了人们对两种自然美内涵的不同程度的分别强调。如画模式、比德模式、宇宙本体模式与天成境界模式分别可谓自然美欣赏的艺术论模式、伦理学模式、宇宙论模式与存在论模式。如画模式与比德模式侧重于外在自然物之美意义上的自然美，天成境界模式着意于内在天性之美意义上的自然美，宇宙本体模式则对两种自然美均有强调。就内在天性之美自然美的三种内涵而论，宇宙本体模式显然属于宇宙存在论美学范畴，天成境界模式则既是人生存在论美学范畴，亦可谓艺术及艺术美学范畴（详见下一节）。毫无疑问，天成境界和宇宙本体模式是最能体现自然审美与自然美独一无二重要价值的两种模式。

第三节 天然美：中国古典美学的核心自然美范畴

前文已指出，与西方美学关注自然美外在自然特征不同，中国古典美学更加热衷于讨论内在天性之美的自然美，这一意义上的自然美常被更简明地表述为“天然”“天成”或“天然（之）美”“天成（之）美”。本节正是对与流行的自然美观念即作为外在自然物之美的自然美相区分，同时贯穿整个中国美学史的独特自然美范畴天然、天成（之）美的专门介绍。

中国美学传统中的“天然（成）之美”观念无疑源于上节已论及的、同时视自然与自然美为宇宙本体和天成境界的老庄尤其是庄子思想。老庄著作出现过“自然”（《老子》五次，《庄子》八次）、“天成”（《庄子·寓言》）而未见“天然”，但其中表达“天然”“天成”之意的“天”和含有“天”的合成词分别约有三十多和二三百个。魏晋哲学家郭象为《庄子》做注则既屡言“自然”，也常讲“天然”。其《齐物论》“地籁则众窍是已，人籁则比竹是已。敢问天籁”注云：“自己而然，则谓之天然。天然耳，非为也，故以天言之。以天言之，所以明其自然也”（郭庆藩《庄子集释》卷一下）。在郭象看来，庄子所谓天籁不过是天地万物自身未经人工干涉自然而然发出的声响。尽管“天然”言“天”，“自然”言“自”，两者其实殊途同归，皆指事物的自在天成本性。“天然即自然，自然即天然”的观念实际也是庄子本人的思想。如前所述，庄子所极力推崇的与道为一的“澹然无极而众美从之”的天地“大美”“至美”“纯美”，实乃事物内在本性的天然天成之美。

正是差不多从郭象所处的魏晋时代——用宗白华的话讲，“这是美学思想上的一个大的解放”的时代，是“认为‘初发芙蓉’比之于‘错彩镂金’是一种更高的美的境界”的时代①——开始，庄子所阐发的与道合一的作为天地大美的“（内在）自然”“天成”或“天然”美，明确成为一个涵盖自然界、人生社会、艺术等诸多审美领域的核心美学范畴。

一、自然界的天然美

对于以自然界及其一切天工造物为审美客体的自然审美活动而言，天成天然之美意味着人们所欣赏的自然事物与自然现象必须是绝对的天然天成，或如康德所言必须是自然或被认为是自然，以便人能对美本身怀有一种直接的兴趣。此种内涵的天然之美，在欣赏时往往同与艺术美相对的一般意义上的自然美结合紧密而不易识别。但稍做思考就可发现：只要是平常针对大体纯自然事物而言的自然美，人们欣赏的不仅是自然物外在的形式特征，也包括其自然而然的内在天性或本性，两者互为表里地构成了自然美的实际内涵。人们因此常常在着眼于自然物自身追究其之所以美的原因时，将它归结为其自然的本质属性，从而相信此种美是客观而自在的存在。崇尚自然的哲学家（如毕达哥拉斯学派和老庄）甚至有时还将它上升为宇宙间的一种普遍法则，进而赋予它一种至高无上、自足自在的本体论意义与地位。

因而，“审美性的自然观”在中国魏晋六朝时代的蔚然成风，不仅表现在对自然界自然山水外在形式的自然美的自觉而普遍地赏玩、热爱、流连与追逐上，同时也体现在对自然事物、自然山水、自然风景等本身的自然而然、天成天然的内在本性的自然美及其玄理的欣喜、体察、感悟与审美类比之中。而且，在很多情

① 宗白华：《中国美学史中重要问题的初步探索》，《美学散步》，上海人民出版社 1981 年版，第29 页。

况下前者以后者的存在为前提或目标。

“顾长康从会稽还，人问山川之美。顾云：‘千岩竞秀，万壑争流，草木蒙笼其上，若云兴霞蔚。’”（《世说新语·言语》）顾恺之所描绘的“山川之美”应该说首先指会稽一带岩壑草木云霞侧重于外在形式的自然美，但也明显包含着对其中所蕴含的大自然无限的生气与生机等内在本性之美，即内在天然天成自然美的喜爱与陶醉。这个时期的杰出人物谢灵运与陶渊明更是显著的例子。可以设想，倘无对大自然与故乡自然景物（谢灵运《登池上楼》所谓“池塘生春草，园柳变鸣禽”）及其自在天成本性的热爱（陶渊明《归园田居》其一所谓“性本爱丘山”），也无对其居住地永嘉和柴桑附近一带自然山水与田园美景的亲身游历感受与欣赏，二人就不可能写出其著称于世的大量山水诗和田园诗。“久在樊笼里，复得返自然。”（陶渊明《归园田居》其一）所谓“自然”其实正是自然而然的闲适状态。清代叶燮曾说：“凡物之生而美者，美本乎天者也，本乎天自有之美也。”（《已畦文集》卷六《滋园记》）这里作为“物之生而美”之“本”的所谓“天”与“天自有之美”就是自然界事物的自在天成本然与自在天成本然之美，亦即天然与天然之美。

二、人生社会的天然美

“天然者，天之自然而有，非人力之所成也。”（《红楼梦》第十七回）对于主要由道家思想开辟的一种中国自然论的审美文化来讲，完全是人为的活动或凭借人力而创造出来的人工之物却偏偏要追求一种浑然天成、好似天然的理想效果，从而实现一种人工努力与天工自然互不抵牾且能融合为一的审美境界。

所以，对于以人的言语行为等社会事务与活动为审美形态的社会美而言，天成天然之美既意味着对天真素朴而无伪无饰的人的言行的欣赏，更意味着人各种生活的自然化和对本真天成的人生自由境界的亲身体验与乐在其中。这两方面均具道家特色的内在自然美，前者是对超道德的本真自然人格的审美欣赏，后者则是对超道德的自然天成境界的审美创造。

对此，“一部名士底教科书”（鲁迅语）《世说新语》中记载的大量魏晋轶闻轶事就给我们提供了十分生动的佐证材料。如：“阮光禄在剡，曾有好车，借者无不皆给。有人葬母，意欲借而不敢言。阮后闻之，叹曰：‘吾有车而使人不敢借，何以车为？’遂焚之。”（《德行》）“阮公邻家妇，有美色，当垆酤酒。阮与王安丰常从妇饮酒，阮醉，便眠其妇侧。夫始殊疑之，伺察，终无他意。”（《任诞》）“刘伶恒纵酒放达，或脱衣裸形在屋中。人见讥之，伶曰：‘我以天地为栋宇，屋室为裈衣，诸君何为入我裈中？’”（《任诞》）在“社会美”一章所引述的王子猷，兴起一夜乘舟访友，抵友家门却因兴尽而返。这些不无夸张奇特怪异在当时却很正常的行为，其实反映的是从魏晋开始的一部分中国“知识分子所追求的理想境界，所欣赏的生活方式，所执着的人生态度，所赞美的言谈举止”①。此理想境界、人生态度、生活方式、言谈举止的核心显然正是自在天成、自然而然。

三国魏哲学家嵇康在当时“名教”与“自然”之争的背景之下，曾对此给予深刻的理论阐释：“夫称君子者，心无措乎是非，而行不违乎道者也。何以言之?夫气静神虚者，心不存乎矜尚；体亮心达者，情不系于所欲。矜尚不存乎心，故能越名教而任自然；情不系于所欲，故能审贵贱而通物情。物情顺通，故大道无违；越名任心，故是非无措也。是故言君子，则以无措为主，以通物为美”；“以志无所尚，心无所欲，达乎大道之情，动以自然，则无道以至非也。抱一而无措，则无私。无非兼有二义，乃为绝美耳。”（《释私论》）嵇康之所以有不同于“名教本于自然”（王弼）、“名教出于自然”（郭象）的“越名教而任自然”思想，是因为他建基于老庄道法自然、崇尚天地大美境界的自然人生美学观：以超越是非、心无所系、通达事物自然而然的本性为美，以抱璞返真、顺任自然、复归大道为大美（“绝美”）。

“能体纯素，谓之真人”（《庄子·刻意》），“夫童心者，真心也……绝假纯真，最初一念之本心也。若失却童心，便失却真心；失却真心，便失却真人。人而非真，全不复有初矣。”（李贽《焚书·童心说》）社会生活中的自然天然之美的核心其实全在一个“真”字，因为真就是自然。

“整个所谓世界历史不外是人通过人的劳动而诞生的过程，是自然界对人来说的生成过程。”② 在社会生活中崇尚天然天性之美也就是“人的自然化”。但所谓“人的自然化”并“不是要退回到动物性，去被动地适应环境；刚好相反，它指的是超出自身生物族类的局限，主动地与整个自然的功能、结构、规律相呼应、相建构”③。

这里须强调：对此种自在天成、自然而然的生活境界的欣赏与践行并非是君子、贵族、哲学家的专利，亦非仅仅是一种所谓魏晋风度或名士风流。只要人不丧失一颗“童心”，“复归于朴”（《庄子·山木》），它实际常常可以普遍地贯穿于不同时代人们的衣食住行劳作娱乐等日常生活的方方面面。

三、艺术品的天然美

对于人工化的艺术审美来讲，天然天成的自然美意味着对一切人工技巧的超

① 乐黛云：《中国知识分子的形与神》，昆仑出版社 2006 年版，第 5 页。
② 《马克思恩格斯文集》第 1 卷，人民出版社 2009 年版，第 196 页。
③ 李泽厚：《华夏美学·美学四讲》增订本，生活·读书·新知三联书店 2008 年版，第 119 页。

越，所谓雕缋满眼而浑似天然。一件艺术作品并非天成天然之物却会引发类似自然天成天然之物的感叹与审美效果，这使自然天成的自然美成为一流艺术品的标志，成为所有艺术永远需要效法的标本，也常常成为衡量一件艺术品是否优秀的重要标准。

钟嵘《诗品》和《南史·颜延之传》中分别记载的时人对谢灵运诗与颜延之诗的品评及其所引发的“颜终身病之”的缺憾就是明证。“如芙蓉出水”“自然可爱”的谢诗同“错彩镂金”“若铺锦列绣，亦雕缋满眼”的颜诗的分野是：谢诗表现出一种天生丽质、清新质朴的艺术风格及天成天然的美，颜诗则表现出一种讲究辞藻、铺张雕琢的艺术风格及修饰人工的美。按说，作为均系人工只因审美趣味差异而产生的两种不同的艺术美风格，二者应当享有平等的艺术地位。但大自然及其天成本性的优先性，不能不使人工痕迹过于明显的人工型艺术逊色于虽系人工却趋向自然天成的自然型艺术。李白《经乱离后天恩流夜郎忆旧游书怀赠江夏韦太守良宰》诗中的“清水出芙蓉，天然去雕饰”一语及备受赞誉的李白诗歌自身的风格，更给此种自然型艺术美提供了一个现实样板。请看来自文学和艺术领域的相关论述：

对于诗：“一曲斐然子，雕虫丧天真。”（李白《古风》其三十五）“诗语固忌用巧太过，然缘情体物，自有天然工妙，虽巧而不见刻削之痕。”（叶梦得《石林诗话》卷下）“山谷之诗，有奇而无妙，有斩绝而无横放；铺张学问以为富，点化陈腐以为新；而浑然天成，如肺肝中流出者不足也。”（王若虚《滹南诗话》卷二）“一语天然万古新，繁华落尽见真淳。”（元好问《论诗三十首》其四）

对于词：“词以自然为宗，但自然不从追琢中来，便率易无味。如所云绚烂之极，乃造平澹耳。若使语意澹远者，稍加刻画，镂金错绣者，渐近天然，则骎骎乎绝唱矣。”（彭孙遹《金粟词话》）“于逼塞中见空灵，于浑朴中见勾勒，于刻画中见天然，读梦窗词当于此着眼。性情能不为辞藻所掩，方是梦窗法乳。”（周尔墉批《绝妙好词》）

对于曲：“元人词手，制为南词，天然本色之句，往往见宝，遂开临川玉茗之派。”（吕天成《曲品》卷下）“元曲之佳处何在？一言以蔽之，曰：自然而已矣。古今之大文学，无不以自然胜，而莫著于元曲。”（王国维《宋元戏曲考》第十二章）

对于文：“今夫玉非不温然美矣，而不得以为文；刻镂组绣，非不文矣，而不可与论乎自然。故夫天下之无营而文生之者，唯水与风而已。”（苏洵《仲兄字文甫说》）“文章本天成，妙手偶得之。粹然无疵瑕，岂复须人为。”（陆游《文章》）“万事之波澜，文章天然好。”（龚自珍《自春徂秋偶有所触拉杂书之漫不诠次得十五首》之十二）

对于画："夫画者，成教化，助人伦，穷神变，测幽微，与六籍同功，四时并运，发于天然，非繇述作。"（张彦远《历代名画记·叙画之源流》）

对于书法："故得之者，先禀于天然，次资于功用。而善学者乃学之于造化，异类而求之，固不取乎原本，而各逞其自然。"（张怀瓘《书断·行书》）"天然：鸳鸿出水，更好容仪。"（窦蒙《〈述书赋〉语例字格》）

对于园林："虽由人作，宛自天开。"（计成《园冶·园说》）

至于作为中国美学重要范畴的自然天成之美或天然美的审美内涵，除了以上所论之外，可从否定视角归纳为无意、无法、无工①。所谓无意，即无意识、无目的、自发性、非功利；所谓无法，即对有悖自然的人为规则的否定、消解与超越；所谓无工，即非人工、不造作、非肆意、非过度。

这样，如上所述，与一般意义上的自然美相对的艺术美，从对立的意义上大致可分为人工性特征突出的人工型艺术美和将人工性减少到最低限度的自然型艺术美。在原本是"代表了中国美学史上两种不同的美感或美的理想"② 的"芙蓉出水"的自然美与"错彩镂金"的人工美之间，大多数文人士大夫之所以选择前者而非后者，无非是因为：天成天然的美永远既是人需要效法的宇宙本体，也是值得人切实追求并实现的天地境界。

当然，天然、天成甚或自然之美不仅是贯穿中国传统美学独立的重要范畴之一，而且与其他众多范畴如"真""平淡""朴拙""本色""空灵""意境"等一起，形成了一种相互渗透交叉的亲密关系，从而构成了独具中国特色的美学。

对人类而言，与内外自然的关系始终是一个如影随形的基本问题。幸运的是，人类能够拥有一种悠久而普遍的经验形态，它既非狂热的自然宗教崇拜，亦非不计后果的人类中心主义的功利盘算；它不仅体现为对外在天地自然物的由衷赞美，而且表现为对宇宙万物内在自然而然天性的真诚渴望。这就是自然审美与自然美。

鲍桑葵说："人所以追求自然是因为他已经感到他和自然分开了。"③ 这表明了自然美的现代批判背景。在无数巧夺天工的人工造物不断充斥我们生活的现时代，自然美的现实意义，正在于在对内外在自然的审美欣赏与体验中，有可能促使我们对无止境人工造物的现代化与现代性有所警醒与节制，从而反省地调整与设想一种更符合人类自由劳动本性的新文明。劳动陶冶人的欲望的极致，是对劳动自身谋生性质及其形态的陶冶，自然审美作为劳动的自由形态，不仅显示出作为劳

---

① 参阅蔡锺翔：《美在自然》下编第 2 章，百花洲文艺出版社 2001 年版，第 96—160 页。

② 宗白华：《中国美学史中重要问题的初步探索》，《美学散步》，上海人民出版社 1981 年版，第 29 页。

③ ［英］鲍桑葵：《美学史》，张今译，商务印书馆 1985 年版，第 116 页。

动对象的自然与劳动主体全新的关系，而且成为吸引人类走向这种新关系的感情动力。

思考题：

1. 你怎么看自然美这个概念？
2. 较之于艺术美，自然美具有怎样的基本特性？
3. 自然美欣赏有哪些代表性模式？
4. 怎样理解作为中国美学核心自然美范畴的天然美或天成之美？
5. 在现代性背景下，较之艺术美，自然审美对于人有什么特别的意义？

▶ 本章小结与回答示例

第七章 艺 术 美

艺术形态的审美对象称为艺术美。艺术美的产生有两条基本线索：它既是现实审美发展的自觉形态，又是艺术自身经历人类活动分工化而独立的产物。这二者在现代性背景下结合为“美的艺术”。从此，审美和艺术几乎成为同义语。相当多数的美学特别是西方美学，因此将审美研究混同为艺术学研究①。导论已经对此做过分梳。美学区别于艺术学的一个关键正在于，美学研究的是艺术美而不是艺术。艺术是人类在掌握一定制作技艺的基础上，按照一定规律所进行的美的创造，它同时是人的自由本质的精神对象化方式。本章在上述涵义下讨论艺术美及其艺术。

第一节 艺术的审美特性

从表面上看，艺术是以现实生活和世界为蓝本，实质却是以现实审美为前提与中介。艺术以劳动自由形式感积淀的形式美为手段，以与艺术同源的技术美为结构，以社会美为主题，以自然美的天然浑朴为形态榜样。按照马克思以美的规律塑造的思想，艺术美承担着对现实审美更高综合的使命。现实审美中，社会美长于直接的审美内容而未形成独立的形式美，自然美长于形式美而内容隐晦。作为自觉的审美形态，艺术审美代表着更高更自觉的审美理想，从而不仅要对现实审美两大形态的内容与形式进行更高的综合再现，而且要表现亦即二次对象化人的自由理想：艺术美表现审美趣味、审美观念与审美理想。艺术美同时是审美交流与传播的自觉形态，个体内在的审美意识须要通过一个客观转换器才能传达给他人，人类正是依托艺术品这样的客观存在平台才能够专门交流与传播审美意识。

一、“美的艺术”与艺术独立的现代性

“美的艺术”标志着艺术的独立，这同时表明艺术是凭借审美性获得独立。这是一个漫长的历史过程。

1. 艺术独立的历史溯源

艺术与作为审美本质原型的劳动技术在古代曾是合一形态。中国古代“技艺”

---

① 这是指专业学科的美学状况。西方美学一个深刻的现象是，革新美学的大师近乎一致地以超艺术学的视域突破专业美学，如康德的主体论、席勒的游戏论、马克思的劳动论、尼采的生命论、海德格尔的存在论、杜威的生活经验论等。

与古希腊的"art"都是技术与艺术的合称。但在与生产技术的混同中，艺术已具有精神指向。因而艺术未独立之前才往往被当做精神工具，人们更加看重其功效性。首先是原始巫术的传达。在那个人神共存的年代，远古的歌舞充满了巫术与宗教的色彩，古希腊时代的众多雕塑寄托着人们对神灵的崇拜。其次是身份地位的象征。一些精美的艺术品成为统治阶级显示自己尊严地位的物化符号。制作精美的铜车马成为秦始皇无上权力的象征，金字塔中栩栩如生的壁画为法老指出了一条生命之路。早期的艺术体现出了十分复杂的综合性，艺术自身的面孔在多元因素影响下模糊不清。

随着社会的不断发展，主体的思想意识逐渐成熟，艺术的审美特性逐渐被人们注意，艺术的审美价值凸显出来并占据一席之地，艺术作品出现了精致化、细腻化的形式美倾向。人们在使用屏风遮挡视线的同时，开始注重屏风自身的形式及装饰效果，因而在上面绘出各种各样的图案。建筑在满足居住需求的同时开始转向视觉审美，出现了雕梁画栋的艺术形式。审美价值使艺术的独立性需要越来越鲜明，它已经不满足于仅仅作为工具，而开始不断地表达自身的独立存在价值。虽然在西方古代与中世纪也出现过七种"自由的艺术"（liberales，即文法、修辞、逻辑、算术、几何、天文与音乐）与"粗俗（机械）的艺术"（vulgares）及类似分野，但直到17世纪，"艺术"的审美内涵才开始从关于技巧的概念中分离出来。18世纪后期，这种分离越来越明显，从而出现了"美的艺术"与"实用艺术"之间的划分。1746年巴图提出"美的艺术"（beaux arts，英文 fine art）概念。美的艺术专指音乐、诗歌、绘画、雕刻和舞蹈，以引起心灵快感为目的，农业、纺织等实用艺术（实为技术）则以满足实际需要为目的。两种不同功能的艺术遂从此分道扬镳，一个独立的"艺术世界"从此诞生。此后，"美的艺术"这个短语通过去掉表示性质的形容词"美的"（fine），并以单数形式代替表示总体的复数形式，最终缩略为大写字母开头的专门术语 Art。① 审美成为艺术创造与欣赏的主导活动。独立之后的艺术整体上表现出审美化转向，形成"美的艺术"。艺术概念从广义的技艺性艺术到狭义的美的或审美的艺术的演化，不仅体现于语用学上外延范围的逐渐缩小，而且体现在18—19世纪艺术家的艺术实践、哲学家（美学家）的美学或艺术哲学同启蒙现代性的彼此回应互动。

---

① 参见罗宾·乔治·柯林伍德著《艺术原理》（王至元等译，中国社会科学出版社1985年版）第一章第四节。关于"艺术"概念的演变史、分类史及其与相关概念的关系等方面更详尽的论述，可参阅瓦迪斯瓦夫·塔塔尔凯维奇著《西方六大美学观念史》（刘文潭译，上海译文出版社2006年版）前三章。关于中文"艺术""美术"概念的形成，及其同西文、日文"艺术"及其相关概念与它们之间的复杂关系，可参阅李心峰：《中国现代"艺术"概念关键词研究》（载滕守尧主编：《美学》第1卷，南京师范大学出版社2006年版，第182—191页）。

2. 艺术独立的现代性

现代社会通过商业订购与大众参观的美术馆，将依附于教会、皇室、贵族的艺术家转变为一种独立的职业，艺术家的创作由此获得心灵独立。更早在北宋设立画院及其之后以怡情养性为旨趣的文人画变化中，也可以看到艺术迈向独立的脚步。但只是在现代性精神及其现代化社会中，艺术独立才成为社会制度化的确定现象。韦伯和哈贝马斯指出，现代社会及其现代性的运动过程是一个启蒙去魅和世俗化过程，它以理性化的方式破除了传统社会的统一世界观，将其分化为科学、道德和艺术三个相互独立的文化领域，并形成了分别以真、善、美为最高价值原则的专业化体系。三大领域与专业化体系分别形成了认识—工具理性、道德—实践理性、审美—表现理性的结构或话语，而适应现代社会工具理性化发展要求的文化领域的三分结构化，恰是文化现代性或启蒙现代性的基本特性。18 世纪启蒙哲学家现代性计划的宗旨就是：依照三大领域内在的规律实现客观的科学、普遍的道德和法律、自律的艺术，从而实现日常社会生活的理性化组织。

颇有悖论意味的是，美学话语及其艺术实践，虽然同科学话语和伦理话语一起共处于启蒙现代性的三分体系内，却具有反思整个启蒙理性及其现代性局限、体认理性化进程中现代人的情感感性要求并为之辩护的特殊能力与使命。艺术与审美现代性的基本特点是，以审美的原则、艺术自律的立场，批判和反思资本主义现代化运动的工具理性及其制度化倾向①。

二、艺术美作为社会美与自然美的完美再现

以艺术家为代表的审美主体对自然美与社会美的内容与形式进行完美化创造再现，这种创造是以现实审美为基础，以审美理想为导向的完美再现。

1. 艺术美作为社会美的完美再现

社会美针对社会生活展开，主要关注人类社会形态的审美建构问题，侧重于主体改造世界、构建社会时美的本质显现，包括技术美、社会交往中的美以及人物美等方面。社会是人类活动的主要场所，社会生活是人类审美的重要组成部分，社会美是与主体生活息息相关的美感形式，也是艺术再现的重要阵地，与艺术美关系密切。因此，社会美本源而鲜明的内容经由艺术家的创作，便对应地转化为艺术美的主题。

首先，艺术美作为技术美的完美再现。艺术美对于技术美的再现主要体现在工艺美术中的器物审美以及艺术的技艺崇拜中。工艺美术中的器物审美表现在艺

---

① 现代化及其现代性三分结构的矛盾，特别是针对资本主义社会而言。参阅［美］丹尼尔·贝尔：《资本主义文化矛盾》，赵一凡等译，生活·读书·新知三联书店 1989 年版。

术作品外形的技术化精细塑造，以及器物造型的不断精致化。器物造型的技术观照由实用向审美化转变，艺术美作用下出现器物审美，人类开始关注器物造型的精致化以及对凝聚其中的技术元素的审美。鼎作为社会礼器，主体不断用高超的技艺来表现器物的造型审美效果，鼎的造型设计越来越复杂化，整体设计技术难度在不断提升的同时，也提升着技艺及其对象化形态的关注度，这也就是审美特性逐渐凸显的过程。作为青铜鼎集大成者的后母戊大方鼎，其完美的造型对应的是商代精湛的青铜加工技术，或者说，青铜艺术成为青铜技术的完美代表。艺术的技术崇拜也是技术美的再现之一，各门艺术都有对于精湛技术的追求。古曲《十面埋伏》就使用琵琶的轮指技法来模仿密集的鼓点，营造战场上一触即发的紧张气氛，演奏起来十分逼真。

其次，艺术美作为社会交往中的美的完美再现。社会美在艺术中获得典型化再现。艺术美再现社会交往中的美主要呈现为两个方面——“扬善”和“惩恶”。“扬善”是对正面情感的歌颂与弘扬，《西厢记》对于人间真情的歌颂，使审美主体看到了爱情的美好，《聊斋志异》中的狐怪反而寄托了艺术家对人性至善的渴求。“惩恶”是借对社会阴暗面的抨击以达到对正义的歌颂。鲁迅作品对人的劣根性的揭露，表达了作家对民族振奋的强烈渴望。毕加索的名画《格尔尼卡》运用扭曲、分裂的形象，记录下侵略者的种种暴行，呼唤世界和平。

最后，艺术美作为人物美的完美再现。在社会美的层次上，艺术美对人物美的再现主要反映在人物的品德和成就方面，其人物塑造主要分为两个类型——“圣贤”和“英雄”。“圣贤”是品德高尚且有威望的人。艺术对于“圣贤”的再现最普遍的便是各地的孔子雕像，艺术家在雕像中突出了美的元素，比如慈眉善目和体态优雅等。“英雄”是对历史和人类社会做出重要贡献、取得伟大成就的人。艺术中的“英雄”赞颂以各种不同的方式进行着，藏族史诗《格萨尔王传》记录了藏族英雄格萨尔王的传奇经历，名画《自由引导人民》则凝固了法国七月革命的悲壮瞬间。

2. 艺术美作为自然美的完美再现

艺术美从璞玉浑金的自然美中汲取形式感（“师法自然”），从而形成艺术美的形式结构。主体内在的审美意识找到适宜的外在自然表现对象，并体会自然美内在的天然融合的结构，自然美的外在自然形式及其内在的天然精神，都成为艺术外形式与内形式的资源。艺术美对于自然美的再现经历了一个由“物”到“心”逐层深入的过程，以简单的自然观赏为起点，直至“天人合一”的自然圆融之境。

首先表现为如画景致。主体以自然外物为主要观赏对象，自然外物自身的审美特性感动了主体，主体以自然物的审美特性作为艺术美展现的重要方面。中国山水画中的《富春山居图》，用细腻的线条展现了富春江的淡雅景致；唐代诗人王维在《山居秋暝》一诗中为读者复现了一幅生动的山乡风景。

其次表现为比德情结。主体对自然景色之美有了细致入微的观察和体认后，就会主动反观自身。艺术中的“比德”，即是从自然对象的特性中发现人性高洁的类似点，并以艺术的形式审美地表达出来。中国文化中的莲花，经过周敦颐《爱莲说》的渲染，其高洁本性更加鲜明；郑板桥笔下的竹子则更多地蕴含了画家的气节。

再次表现为宇宙本体的追问。主体在圆融思维的作用下，进入到宇宙本体层次的审美。艺术再现中，这样的宇宙本体经常作为生命个体出现，与艺术主体产生互动。屈原的《天问》表现出积极的宇宙对话意识，李白、苏轼的一些诗歌则表现了作者对宇宙本体的艺术想象。

最后表现为主体与自然的圆融，即自然审美终极目标“天人合一”的天成境界。艺术美将其体现为物我合一的艺术追求，强调艺术表现的自然而然；艺术模仿自然与人和谐统一的境界，在艺术表现上达到“不着一字，尽得风流”的效果。中国书法的一气呵成、绘画艺术的点染自然以及音乐中的天籁之声均是对这种天成境界的艺术再现。

在艺术美中，社会美的内容主题与自然美的丰富形式被艺术家的主体创造完美融合为艺术品，从而更高地再现了现实审美。

三、艺术美作为审美理想的表现

艺术美通过再现社会美与自然美的方式丰富了艺术内涵，奠定了显现美的基础。艺术美同时作为由艺术家承担的审美意识表现，是人的自由本质更自觉的二次对象化。它突出表现为按照美的规律来塑造，以审美理想为核心而对现实审美完美再现的内在引导方向，从而成为艺术美的灵魂。审美理想在高度上提升了艺术美的精神境界，从方向上宏观引导着艺术审美活动。

1. 审美理想的形象塑造

审美理想是主体在审美活动中的追求目标，需要借助具象手段传达才能得到适宜的表现。因此，艺术美在表现审美理想时擅长于对审美理想的赋形，主体通过形象塑造来把握艺术美中审美理想的存在。形象成为沟通理想与现实的桥梁，艺术美通过形象来表现审美理想。

首先，符合审美理想的肯定性形象塑造。肯定性形象是蕴含审美理想的正面形象，在最大程度上被艺术主体接受和肯定，因而会得到正面渲染。在艺术审美中，此类形象塑造表现崇高、优美等审美范畴，衬托审美理想的肯定性艺术价值。古希腊神话中，人们把审美理想幻化为女神阿芙洛狄忒的形象，从她姣好的面容、妩媚的神态以及比例协调的躯体中，人们感受到美的珍贵存在。建筑中，肯定性建筑总是位于整个建筑群的核心位置，故宫三大殿代表着封建王权的审美理想，一字排开，列于故宫中轴线上的核心位置。

其次，背离审美理想的否定性形象塑造。这是对于审美理想的反面表现，否定性形象是有违审美理想的负面形象，被主体排斥和否定。艺术审美中否定性形象的塑造，往往引起主体对审美理想的向往和回归，使主体通过否定之否定的辩证过程充分认识到审美理想表现的重要性。艺术美中否定性形象对肯定性形象进行了负向效果的镜面反射。美因丑而凸显，艺术世界中对于丑的形象的塑造发挥着审美衬托作用。否定性形象形成了一种反方向的审美张力，与肯定性形象保持一种动态平衡，增强了艺术表现的感染力。契诃夫笔下的那些让我们啼笑皆非的滑稽角色，犀利地揭露了社会与人性的丑恶，呼唤着理想人格的全面建构。

2. 审美理想的情感表现

艺术审美中，主体在情感的作用下审美意识高度活跃，在审美中就会产生强烈的美感享受。艺术中的情感因素促进了艺术美的实现，成为表现审美理想的重要因素。审美理想是主体对审美活动进行的预期，这种理想包含着主体心灵的外化存在，艺术是对主体心灵最好的外化实现，“艺术理想的本质就在于这样使外在的事物还原到具有心灵性的事物，因而使外在的现象符合心灵，成为心灵的表现。”① 审美理想就是主体的心灵之美。艺术的感性特征促使主体心灵之美的表现具体化为主体的情感表现，情感的成功表现是审美理想实现的前提，它为审美理想提供了良好的情感准备，使艺术美的实现更加自然。

审美理想是主体所向往的审美目标，它是美的期望所在，这种期望因符合主体的价值观、审美观而存在，主体对审美理想本身就存在一种特殊情感。艺术表现中，审美理想总是伴随着强烈的情感表现，《黄河大合唱》中音乐的起伏总是与主体的感情波动相得益彰，音乐的最强音落在了音乐表现黄河最雄浑的那一刻。表现审美理想的艺术形象总是蕴含着更多情感冲击力，使艺术主体不自觉地产生倾向性，给予审美理想以情感支持。

3. 审美理想的意义蕴藉

形象生动、情感充沛是艺术表现审美理想的重要手段，审美理想经过形象塑造获得可以言说的外在形式，通过情感表现产生主体审美上的倾向性，增强了审美理想的感染力。理想的规律性要求审美理想在形神兼备的情况下，具备一定的稳定性，使审美理想更加符合美的本质。艺术在本质规律层面上表现审美理想，以增加审美理想的意义蕴藉为主要手段。意义蕴藉可以深化主题，尽可能扩大理想的意义表现空间，增强艺术美的生命力。

审美理想代表主体对审美活动的最高要求，具有对现实审美对象的超越性。艺术领域中，审美理想通过艺术美来实现，尽管艺术可以对艺术美进行赋形寓情

① ［德］黑格尔：《美学》第1卷，朱光潜译，商务印书馆1979年版，第201页。

的打磨，使之更加具体，但具体显现仅仅是艺术主体感受审美理想的媒介，它不能喧宾夺主，代表审美理想的本质。“艺术在其本质中就是一个本源：是真理进入存在的突出方式，亦即真理历史性地生成的突出方式。”① 还原审美理想本体，主体必然要回归到真理、规律的层面上。审美理想之所以在艺术中散发着不息的光芒，是因为审美理想中真理化、规律化的意义蕴藉。艺术美表现中真理与规律性认识是审美理想的本质内容，任何有旺盛生命力的艺术作品都具备发人深省的深刻主题。罗中立创作的油画《父亲》中，艺术家用一张饱经沧桑的贫苦农民父亲的面孔诉说着生活的艰难沧桑，“父亲”坚韧的目光与生活的磨难形成了鲜明的对比，折射出了艺术家对中华民族“父亲”的深刻思考。

四、艺术美作为审美共通感交流的结晶

审美理想增强了艺术美的表现力，使艺术美可以按照自身的特性对社会美和自然美进行艺术化的重新处理，使之在艺术审美理想的指导下得到再现，主体顺利产生美感。艺术的审美活动在美感产生后还存在一个继续深化的过程，即艺术美的传播和交流的过程。审美理想有差异，单一审美主体对艺术的审美感受各不相同，不同个体的审美活动在相互交流中形成一个稳定的心理结构，艺术美产生了集体意义上的审美普遍性，这样的审美普遍性被称为审美共通感。艺术美自身是一个不断发展的开放性整体，艺术美的整体性审美特性就表现在它是审美共通感交流的结晶。

1. 审美共通感及其存在意义

审美共通感是共通感的一种，共通感表现为“一种共同的感觉的理念”②。审美的形成需要主体完成社会人的转变后意识高度活跃，主体背后的社会性因素必然会影响审美建构。社会属性对所有社会成员产生一定的约束力以保证该社会群体的稳定性和凝聚力，身处同样社会背景下的主体受到同一传统和氛围的影响，必然会形成相似的心灵结构，产生共同的心理感受，这种共同心理感受被称作共通感。共通感在主体审美活动中的体现被称为审美共通感。

共通感的产生有赖于主体社会生活感受的共同性，共通感“是在所有人中存在的一种对于合理事物和公共福利的感觉，而且更多的还是一种通过生活的共同性而获得、并为这种共同性生活的规章制度和目的所限定的感觉”③。共通感是主体集体所产生的感觉，主体在相同社会环境中通过交流形成共同感觉，它具备在

① 《海德格尔选集》上卷，孙周兴选编，上海三联书店 1996 年版，第 299 页。

② ［德］康德：《判断力批判》，邓晓芒译，人民出版社 2002 年版，第 135 页。

③ ［德］汉斯-格奥尔格·伽达默尔：《诠释学Ⅰ：真理与方法——哲学诠释学的基本特征》修订译本，洪汉鼎译，商务印书馆 2010 年版，第 37—38 页。

特定集体中的合理性，符合集体主体的价值判断，因此这种共同感觉一旦形成就会以伦理文化的形式对个别成员进行约束，也使共通感逐渐得到巩固并成熟。中国传统文化对于“尽善尽美”的共同感受，使“美善合一”成为重要的审美标准，在中国美学思想中，“善”一直是“美”的重要前提，它从另一个角度阐释了中国之“美”的意义所在。

审美共通感是一种不执著于分别对象化的心体丰盈共通感对五官感知的融通状态。它超越了感官的审美快感，不拘泥于具体的审美活动，而在二者基础上整体把握审美活动。审美共通感的存在可以帮助美的本质在不同的艺术形式中交叉呈现。庄严肃穆的宫廷雅乐、沉稳厚重的楷体书法与故宫建筑，一起体现了北方文化的壮美风格；轻盈悠扬的紫竹小调与苏州园林，共同演绎了南方文化的秀美特色。审美共通感的存在调动了主体的集体审美意识，在审美活动中找到了文化认同感和群体归属感。

2. 审美共通感交流中的艺术美

艺术美的形成需要审美主体结合审美理想再现外在世界，形成之后的传播和巩固则需要在审美共通感的交流下完成。艺术是人类对于自身生活世界的审美再创造，艺术的人为参与和创造性，赋予艺术强烈的主体感召性，这种感召性就蕴含着审美共通感。艺术作为审美意识形态的自觉对象化形态，是不同审美个体得以客观交流的依托方式。艺术作为审美交流的主要方式，也成为人类审美意识积累与继承传播的主要方式。所以，“席勒强调艺术应发挥交往、建立同感和团结的力量，即强调艺术的‘公共特征’（der öffentliche Charakter）。”① 只有在审美共通感的不断交流之中，艺术的审美特性才能得到最大范围的认可和体现，调动更多主体体验艺术所带来的审美享受。中华民族对“月”意象有一种特殊的情感，“月”是中国人表现民族情感的重要符号，“月”意象反复出现在绘画、雕塑、文学等各种艺术形式中，而中华民族特有的审美共通感又能使“月”引起中国人的情感共鸣，感受其中的审美特性。

拥有相同审美共通感的审美主体可以产生审美共鸣，不同审美共通感之下的审美主体同样可以进行审美交流。现代社会在全球化背景下，审美共通感的交流十分频繁，“只有当艺术把在现代已分裂的一切——膨胀的需求体系、官僚国家、抽象的理性道德和专家化的科学——‘带出到同感的开放天空下’，美和趣味的社会特征才能表现出来。”② 在审美共通感的交流下，艺术美走出了局部区域限制，

① ［德］于尔根·哈贝马斯：《现代性的哲学话语》，曹卫东译，译林出版社 2011 年版，第 53 页。

② ［德］于尔根·哈贝马斯：《现代性的哲学话语》，曹卫东译，译林出版社 2011 年版，第 58 页。

体现了人类社会的普遍关怀。各个国家和民族的审美共通感在交流中不断地碰撞融合，取长补短，形成了范围更为广阔的审美空间。审美共通感消除了彼此之间的隔阂，主体在审美共通感中超越诸种差异而形成了审美共同体，广场与剧场中被同一曲旋律感动或激昂的无数个体，不断重建着这种共同体。

艺术美不仅需要诉诸个别审美主体，它更需要呈现出属于人类社会的整体美感，从而符合社会对美的价值判断，扩大艺术美的影响力。“艺术的目的是融社会的感觉情绪于一致”，通过艺术“则必引起全社会的注意与同感”①。审美共通感在交流中，完成了不同审美共通感之间的整合，重新形成了代表更广泛意义的审美共通感集合。此时艺术也就从个别主体的审美经历背景，升华趋向于人类普遍的审美经验。

五、“艺术的终结”

“艺术的终结”是20世纪以来西方美学中广泛讨论的问题，随着全球化进程而成为当代世界美学和艺术理论的一个热点话题。

早在1550年，意大利美术史家乔治奥·瓦萨里在其《大艺术家传》中就提出过类似的主题。他认为艺术的历史是一个类似生命发展的过程，同样会经历诞生、成长、成熟，最后走向衰亡。真正意义上提出艺术终结论的是德国哲学家黑格尔。1817年，他在海德堡所作题为“西方历史上关于艺术之本质的最全面沉思”的美学演讲中指出，“从这一切方面看，就它的最高的职能来说，艺术对于我们现代人已是过去的事了。因此，它也已丧失了真正的真实和生命，已不复能维持它从前的在现实中的必需和崇高地位，毋宁说，它已转移到我们的观念世界里去了。”②这番话包含着他对近代市民社会的文化和艺术现实的不满，同时也是其哲学体系中“绝对理念”运作的逻辑结果。在黑格尔宣判艺术终结150多年之后，美国美学家阿瑟·丹托提出了一种更为精致的艺术终结论：“最近的艺术产品的一个特征就是关于艺术作品的理论接近无穷，而作品客体接近于零，结果在终点存在着纯粹形态的理论。那么我们就可以说，艺术快要终结了。”③

然而，无论是黑格尔还是丹托，他们对艺术命运的宣判并不具有实际的意义。在他们的身后，人类不断迎来一个又一个艺术繁荣的时代，无数被创造出来的艺术杰作都各以其自身的存在宣布了所谓“终结说”的破产。那么究竟何谓“终结”？应该如何来理解形形色色的“艺术终结论”呢？

---

① 宗白华：《艺术生活——艺术生活与同情》，林同华主编：《宗白华全集》第1卷，安徽教育出版社2008年版，第318页。

② [德] 黑格尔：《美学》第1卷，朱光潜译，商务印书馆1979年版，第15页。

③ [美] 阿瑟·丹托：《艺术的终结》，欧阳英译，江苏人民出版社2005年版，第12页。

其实，人们对“艺术终结”的理解长久以来存在着误读。首先，“终结”（end除“终结”之外，还有“目标”“目的”的含义）并不意味着死亡（death），艺术的终结，并不就是“艺术之死”。从黑格尔直至当下的近两百年中，虽然宣告艺术或文学死亡的声音不绝于耳，但细察各家之说，无一表达的是真正意义上的“艺术死亡”。与其说他们表达的是对艺术前途的悲观绝望，毋宁将其理解为现存艺术观念因现实语境的转型，而对艺术发展所持的一种更加开放的理解。

黑格尔在其《美学讲演录》最后曾明确表示，在“美与真这种较高的、不可磨灭的理想的联系”的“顶峰”，“喜剧就马上导致一般艺术的解体”。① 黑格尔并没有使用“死亡”概念，死亡之后难再复生，但解体之后的艺术仍可以另一种状态存在。按照他的定义，美是理念的感性显现。理念运动或绝对精神发展的不同阶段就产生了不同类型的艺术。它们在文艺史上依次出现的顺序是象征型艺术—古典型艺术—浪漫型艺术。象征型艺术是最原始的艺术，理念本身还处于开始阶段，自身还不确定，还没有理想所要求的个别性。由于理念的抽象性和片面性，使得艺术的形象在外表上显得离奇而不完美。这种艺术类型与其说有某种审美的表现力，还不如说只是一种图解的尝试。理念与形象的关系只涉及某一种抽象的属性，例如狮子象征强壮等。因此它还不是理想艺术，只处于强烈“追求”的阶段。古典型艺术克服了象征艺术的缺陷，理念与形象形成自由而完美的协调，人类终于使完美的理想成为事实。他认为古典型艺术达到了最高的优美，极尽艺术感性表现之能事，是达到理想境界的艺术。而浪漫型艺术又把理念与现实的完满统一破坏了，在较高的阶段上又回到了象征型艺术所没有克服的理念与现实的差异和对立上。这时的浪漫型艺术虽然超越了古典型艺术，但由于上述缺点，理念在艺术里又挣脱了物质形态的约束而回到了以精神表现精神的阶段。在这个阶段之后，由于理念的发展又回到绝对精神，它在意识上的适当体现形式是宗教或哲学。因此在浪漫型艺术之后，艺术终将被哲学和宗教取代。黑格尔以自己的哲学宣布艺术时代的远去。

这一观念被丹托继承。丹托意义上的“艺术终结”同样不能被理解为“艺术之死”，他曾多次辩解说“艺术之死”这个标题并非他的本意，而只是说特定的叙事走向了终结，也就是说，走向终结的是叙事，而非叙事的主体。在《艺术的终结》里，丹托似乎回到了一个半世纪前的黑格尔，“假如艺术会继续让我们惊异的这样一种历史可能性不再有了，从这种意义上说，艺术的时代已从内部瓦解了，用黑格尔惊人而忧伤的话说：一种生存方式已衰老了。”② 与黑格尔不谋而合，丹

① ［德］黑格尔：《美学》第 3 卷（下），朱光潜译，商务印书馆 1981 年版，第334 页。
② ［美］阿瑟·丹托：《艺术的终结》，欧阳英译，江苏人民出版社 2005 年版，第78 页。

托认为自己也只是在历史地预测艺术的未来。黑格尔是从大历史的角度感叹古希腊和中世纪晚期的艺术一去不复返，他所谓的“辉煌时代”和“黄金时代”的艺术是作为一个历史阶段而结束的。丹托也是由此出发来理解黑格尔，他思考的关键点同样是“历史”，或者说是“艺术—历史”的关系。无论是黑格尔还是丹托，都没有认为艺术死亡了，而是说，艺术与历史的发展不再处于同一个方向，艺术从根本上失去了历史的方向，历史的维度中将不再有艺术的位置。不过，黑格尔所谓艺术的“衰老”或“解体”指的是作为感性显现之理念的式微，而丹托所谓的“终结”或“耗尽”则意味着当代艺术的发展对“传统艺术”概念的抛弃。

其次，艺术“终结”之后，它最终将走向何方呢？既然艺术已经终结，为何艺术创作和艺术品还会继续延续并存在下去呢？从这个意义上来看，“终结”既不等于“死亡”，也不等于“终止”（stop）。“终止”偏重于一种对外在事件的强行制止，而“终结”则偏重于一种内在事件的自行完满后的结束。那么艺术终结之后的艺术，究竟应保持何种存在状态呢？黑格尔所谓“艺术的终结”是指艺术通过转向哲学而趋向终结。其艺术终结论所谈论的，不是关于艺术的生产，而是关于艺术与人类的关系；艺术的使命业已完成，不再像早期那样作为人们的生活必需品而拥有崇高的地位，它已完全疏离于人们的日常生活和宗教生活，艺术已经转换为观念，人们只是从哲学上、思辨性上来对艺术加以认识。艺术的终点正在于理念与形式、主体与客体、无限与有限的平衡及前者单向度的极度扩张，当艺术走到这一步时，就是艺术的终结。

同样，丹托也是在叙事的意义上使用“终结”一词，意在宣称某种故事的结束。他所谓“艺术的终结”不是指艺术本身停止或死亡了，而是指关于艺术史的某种叙事内在地终结了。可以说，无论是在“艺术—历史”之维度还是在“艺术—哲学”之维度，丹托都与黑格尔有着异曲同工之妙。丹托表示他关于艺术终结的论述，其实是“一种剥夺艺术权力的形式”，“它假定自身的哲学就是艺术所追求的，结果艺术通过最终成为哲学来实现其使命。”① 艺术丧失了自身的规定性之后，将会以哲学的形式出现，依据丹托的思路，这不是艺术主动地投降，而是哲学对艺术的剥夺。

此外，联系到当代艺术的现状，可以看到，艺术终结的原因除了丹托所谓艺术被哲学剥夺的方面之外，另一方面还在于艺术被消费市场商品化了。它所导致的是：一方面，现代科技与市场复制的艺术作为构成元素或细节空前消融于日常生活中，从而艺术品无处不在；另一方面，非复制的传统艺术品却成为当代最为昂贵的所谓收藏品。传统艺术的存在方式正是在这双重的压力下面临终结。

① ［美］阿瑟·丹托：《艺术的终结》，欧阳英译，江苏人民出版社2005年版，第102页。

“艺术终结论”曾在国内外美学界引起轩然大波，事实上，最重要的并不在于艺术死或者不死，也不在于指责人们不懂其实际意义，而在于真正理解哲学家或美学家们为什么这样说。对“艺术终结论”的研究，实际上是一场关于艺术与历史、艺术史与人类现实世界的讨论，更是涉及了人的存在问题，从中体现出的是人与整个世界相关的精神方式。西方的“艺术终结论”为我们提供了一种批判的思想资源，它时刻提醒我们人类自身存在的危机，关涉人类自身的建构和创造。只要我们努力克服时代的重负，建立起人的真正尊严，绝不放弃通过艺术或文学的方式来建立对现实世界的精神联系，就不能轻言艺术或文学的死亡。

总之，有关“艺术终结”的讨论，是美学和艺术哲学对于18世纪以来人类的审美实践和文艺现实的诊断和批判，是基于艺术美的理想性而对于新兴艺术类型和审美范畴的反思和回应。这一讨论，与其说宣布了艺术的“死亡”，毋宁说是美学和艺术哲学因现实语境的转型而对艺术前景抱持的一种审慎态度，是从艺术美和美的艺术的悠久传统出发而对艺术美的理想性的辩护和印证。尽管现代艺术更突出的是人性的状态而呈现为崇高、喜剧和丑，但是，作为人性理想的美，仍然是艺术最高的指向。

第二节 艺术美与人生艺术化

艺术美的审美特性是艺术美的存在基础，它组成了艺术美的基本结构与核心内涵，是对艺术美的整体理论概括。艺术美与人生的融合，即是人生艺术化。社会文明的进步使审美的影响力逐渐增强，先进的技术为人们创造了欣赏艺术的机会。随着社会的进步、文化的民主化和传播技术的演进，艺术似乎逐渐走出了少数人的“樊笼”而进入寻常百姓的日常生活。物质生产的进步，生活水平的提高，释放了社会人的内在心灵，产生了欣赏艺术的需求。艺术与生活的界限被打破，艺术仿佛成了我们生活的一部分，无数艺术生活的片段构成了我们的人生，形成了艺术美与人生的融合，即人生艺术化。

我们需要记得现实与艺术的辩证关系：“严格地说，离开人生便无所谓艺术，因为艺术是情趣的表现，而情趣的根源就在人生；反之，离开艺术也便无所谓人生，因为凡是创造和欣赏都是艺术的活动，无创造、无欣赏的人生是一个自相矛盾的名词。”① 人生与艺术美走向了统一，艺术美与人生成为了不可分割的整体。“人生

① 朱光潜：《谈美 文艺心理学》，《朱光潜全集》第3卷，中华书局2012年版，第92页。

本来就是一种较广义的艺术。每个人的生命史就是他自己的作品。”① 将个人生命视为艺术作品，通过品味艺术来审视自己的人生，对人生进行艺术化的加工，人生本身就拥有了更多的审美价值，得到了美学意义上的自我完善。

人生艺术化用美装点、改造主体人生，将艺术美的视野扩大到审美主体的人生上，人生与艺术美走向了统一，二者在有机融合的过程中将艺术美升华至主体的人生整合与重新建构，艺术美从对象观审转而倾向于主体的自我完善体验。

一、装饰的人文意义

“人生艺术化”改变了主体的审美观念，美的本质的呈现不再远离生活，美的概念进一步宽泛化，曾经被忽略的日常生活进入主体的审美视野，成为审美对象。生活审美化之后的人生艺术化，改变了艺术存在的固有方式，人生成为艺术的表现形式。主体将审美的目光投向人生时，艺术成为了人生审美特性的集中表现。人生艺术化使装饰成为艺术美改造日常生活的手段和组成内容。作为动词，装饰指主体在审美理想的指导下，按照美的规律装点和打扮对象，使其审美特性更加鲜明。作为名词，装饰指经过主体一系列装点、打扮之后具有审美效果的成品。艺术对日常生活的审美化改造正是充分发挥艺术的装饰功能，增添日常生活的审美色彩，使生活在主体对艺术装饰的审美观照下获得情趣，“情趣本来是物我交感共鸣的结果。景物变动不居，情趣亦自生生不息。”② 丰富多彩的装饰活动与装饰作品构筑了主体审美生活的广阔情趣空间，主体在情趣的体验中完成人生的审美建构。复合性人文意义将人生思考表现在装饰中，捍卫了装饰在人生艺术化中的合理性地位。

1. 装饰中人文意义的产生

人类的生产具有高度的自觉性，主体会将自身的思想意识反映在对象上，生产与人类的社会生活关系紧密，它成为日常生活的一部分。具体到审美活动中，主体按照审美意识去构筑进而约束生活，审美化的社会生活被打上意识的烙印，审美体现出较强的主体性。审美活动由人按照美的理解来进行，审美中的人文意义不容忽视，它影响到装饰能否达到预期效果。

艺术体现强烈的人文色彩，更广泛意义上的生活艺术中也彰显着人文的光芒。艺术审美以人为本，艺术作品的意义体现取决于人对艺术所蕴含意义的把握能力。“一件艺术品的可理解性是由使整体中各部分的个性以及它们间的相互关系直接显示在经过知觉训练的眼与耳之中的意义的呈现所决定的。”③ 主体通过感官捕捉各

① 朱光潜：《谈美 文艺心理学》，《朱光潜全集》第3卷，中华书局2012年版，第92页。
② 朱光潜：《谈美 文艺心理学》，《朱光潜全集》第3卷，中华书局2012年版，第93页。
③ ［美］杜威：《艺术即经验》，高建平译，商务印书馆2005年版，第236页。

个局部意义，最后综合形成艺术欣赏。意义在艺术审美中是主体赋予对象的言说内容，艺术作品因为具有意义而被主体欣赏。舞蹈动作包含着特殊的意义，泰国传统舞蹈中舞女的手部动作代表着她们对佛的信仰。京剧表演中演员在举手投足间完成意义体现，喜怒哀乐的情绪意义通过程式化的夸张表演展现在观众面前。艺术欣赏是一个意义解读之后的审美享受。主体要欣赏某种形式的艺术，必须掌握艺术元素的意义表现，具备一定的艺术领悟力。

艺术作品需要意义的建构，艺术对象泛化到人生，意义建构同样重要。装饰中的人文意义代表了艺术审美主体的人生思考。装饰艺术主体的人文思考在装饰中逐渐沉淀，就变成了某些固定的符号，形成人文意义。装饰中人文意义的产生是艺术美作用于社会人生的自然结果，装饰在整体层次上完成了对单纯意义上的美的超越，使美的内涵更加丰富。鹤的体态优雅所形成的轻盈、流畅线条成为中国装饰艺术中常用的造型，出现在中国的书画作品和建筑中。鹤的那种飘逸成分被逐步放大，如仙一般的灵性使其成为了中华文化中对长寿的祈求。

2. 装饰中人文意义的表达

装饰中人文意义的表达以满足人们的审美需要为宗旨，审美地表达其中的意义蕴藉，“艺术的装饰性，是艺术中美的部分。但艺术不仅满足美的要求，而且满足思想的要求，要能从艺术中认识社会生活，社会阶级斗争和社会发展规律。”① 艺术中的装饰在审美基础上对人类社会进行总体观照，主体认识和理解社会的审美化体验凝结成了装饰的人文意义。

首先，装饰中美学意义占据主导地位，美化生活是装饰的根本意义，审美是装饰的主要目的。作为以美为目标的修饰活动，装饰的产生、发展、成熟都离不开美学意义的不断丰富。在主体审美活动的作用下，装饰中蕴含了美学理念，美学意义也从装饰外形的色彩、线条、语句等各个方面得到彰显。古希腊建筑中的爱奥尼克式柱式，在柱头的装饰部位出现了一对涡旋式造型，遵循了美的对称原则，表现了古希腊对比例的审美追求，同时涡旋式造型又体现出古希腊文明中动态、庄严的美学特色。

其次，装饰具有政治意义。装饰由人创造，被人发展，带有不同政治倾向的人从事装饰活动时一定程度上会带有鲜明的政治意义。一方面，装饰成为统治阶级树立自身尊贵地位的艺术手段。故宫红墙黄瓦的建筑外形以及出现在影壁、立柱和汉白玉石阶上的龙形图案象征着封建帝王至高无上的统治地位；另一方面，装饰也是统治阶级炫耀国力的惯用手法。图拉真广场上的图拉真柱，柱身用精美的浮雕

---

① 宗白华：《中国美学史中重要问题的初步探索》，林同华主编：《宗白华全集》第 3 卷，安徽教育出版社 2008 年版，第 453 页。

表现着罗马帝国的强大和宏富巨丽。

最后，装饰蕴含着哲学、宗教意义。装饰中的哲学、宗教意义伴随着主体对宇宙和世界的形而上思考展开，主体突破政治局限性，用艺术的形式进行思考。中国天坛主体建筑与殿下石阶均采用圆形建筑，而围绕天坛的外墙则形成了一个方形结构，体现了中国的“天圆地方”观念。米兰大教堂外观的哥特式风格，顶部采取塔状处理，外形尖细、高耸挺拔，产生一种向上的视觉力量，仿佛正要飞升而去，反映了天主教对美好天国的渴望。

二、劳作技艺化

劳作创造了生活实践的经济基础——物质财富，成为主体生活的有力保障。生活水平的提升带来了生活模式的改变。劳作不仅是人类生存的必要手段，而且成为人类生活的重要内容，占据了人类生活的很大比重。人类用自己的劳作创造产品，这些产品进入生活，又改变了人类的生活面貌。作为人类劳作结晶的电脑大规模地普及、进入家庭后，带给了我们虚拟世界的神奇魅力，也不同程度地改变了主体的生活习惯。生活变成了审美的一部分，审美开始对日常生活进行全面改造。作为生活重要主题之一的劳作，成为审美改造的重要内容，劳作出现了技艺化的倾向。

劳作技艺化指美的本质在主体劳作活动中的表现，主体在美的规律的指导下，以技艺为主要表现形式体现劳作的审美特性。劳作技艺化是现代社会“日常生活审美化”在主体劳作活动中的表现。同时，劳作活动在现代性话语中被当做一门艺术形式，技艺化成为劳作艺术审美特性的呈现。作为人生的组成部分，劳作技艺化促使劳作主体对人生产生了深厚的审美感情，形成人生艺术化的审美感受。

1. 劳作技术提高后的审美需求

劳作技艺化是主体在劳作技术提高后的审美需求，生活的审美化改变了人们的日常生活观念和审美观念。生活与审美走向和谐的同时，曾经在生活中扮演重要角色的劳作主体提出审美化的要求，这个审美要求就是劳作技艺化。劳作技术的提高为主体创造了良好的技术基础，主体在此基础上产生了审美需求，带着这样的审美需求反观自身，形成了劳作技艺化的转变。

首先，劳作中的主体意识转变是关键。劳作技术水平的提高，改变了主体的劳作效率，主体从劳作的附属性地位中解放出来，不再是劳作的奴隶，而有了更多的精力去关注主体意识的自觉建构。劳作技术的进步使主体地位由被动变为主动。随着主体在劳作中的角色转换，主体在劳作之外开始有了更多的思想追求，审美需求就在其中。主体在审美意识的作用下完善自我，提升后的技术水平激励着主体的不断进步。在这样的良性循环中，主体与劳作打破了以往的对立局面，二者变得更加和谐、统一。主体在克服了劳作的消极情绪之后，认识到了劳作与主体的生活可以相辅相成，主体自身产生了审美需求促使劳作技艺化。

其次，劳作大环境的形成是必要因素。劳作技术的提高意味着技术难度增加，劳作对主体的要求提高并进行了相应的选择。机器的广泛使用代替了传统的人工简单重复性劳动，劳作已经由简单的机械式劳动过渡到复杂的创造性劳动，传统的顺应性主体已经不能够适应社会的快速发展，被动消极的劳作主体被排除在主流生产之外。现代社会的劳作更加强调主体意识的调动和发挥，大量带有明确主人翁意识的高智商群体投入到劳作中，他们开始主动地改造劳作环境。劳作在主体审美需求的驱使下由单纯的劳动转变为复杂的技艺呈现，技术提高劳作大环境促使主体在审美需求的指引下，立足现实寻找美的本质呈现。

2. 劳作活动中的审美观照

劳作水平提高后，主体产生了审美需求，使劳作技艺化成为可能。劳作技艺化产生后的内容的丰富有赖于主体在劳作活动中的审美观照。在劳作水平极大提高的当今社会，“艺术不再是单独的、孤立的现实，它进入了生产与再生产过程，因而一切事物，即使是日常事务或者平庸的现实，都可归于艺术之记号下，从而都可以成为审美的。”① 劳作进入主体的审美视域，主体将其当做艺术对象进行审美欣赏，劳作在审美观照中以艺术这个全新的身份出现，获得了崭新的艺术价值。主体将自身的审美意识不断投射到对象中去，劳作的审美特性被创造性地重新发现，源源不断地充实到技艺化的内容中去，为技艺化的持续发展提供持久的动力。

艺术脱胎于劳作，二者之间的同宗性联系因技艺化的审美观照而重现。“艺术本技术，指的是物质生产活动中的技术操作所达到人的内在目的性与外在规律性的高度一致。”② 主体的审美理想在美的规律下以技艺化的形式表达，形成了艺术与劳作活动的有机融合。主体的态度发生了转变，劳作变成了一种享受，它可以引起主体的审美快感，使劳作与艺术在技艺化的形式中完美统一。艺术与劳作代表着不同类型的人类活动，如果没有统一，它们永远是一种片面存在，无法达到整体性的宏观审视。陕北剪纸本是民间妇女的日常家务劳作之一，但在剪纸艺人的眼中，这项劳作俨然成为艺术，无数生动的形象从艺人的手中创造出来，表达了陕北人民对生活的审美体验，这种劳作变成一项技艺给人带来了艺术享受。由于人类的社会生活不断发展，人们的审美体验也不断丰富，从而剪纸技艺保存了下来，并不断追求创新。

3. 劳作技术所呈现的艺术美

劳作的审美观照保存并发展了劳作技艺，主体不断发展的审美意识为劳作技

① ［英］迈克·费瑟斯通：《消费文化与后现代主义》，刘精明译，译林出版社 2000 年版，第 23 页。

② 李泽厚：《华夏美学·美学四讲》增订本，生活·读书·新知三联书店 2008 年版，第416 页。

艺化提供着源源不断的创作灵感，劳作技术的艺术美则为劳动技艺化做好了充足的技术准备。“艺术是一种技术，古代艺术家本就是技术家（手工艺的大匠）。现代及将来的艺术也应该特重技术。”① 高超的技术是艺术的必要条件，艺术美的表现需要主体具备一定的技术基础，劳作也不例外。劳作中的技术水平提高了劳动效率，也创造了艺术美。劳作中的技术含量直接影响到作品的审美特性，技术之美内在地决定了艺术之美的诞生。享誉世界的中国景泰蓝正是因为制作技术的精益求精而具备了巨大的艺术欣赏价值。制作景泰蓝的工匠不仅需要一定的技术能力完成对铜胎的基本塑形，还必须结合审美能力用金属丝在铜胎上掐出各种造型，完成珐琅釉的灌注。整个劳作过程中，景泰蓝成品的艺术价值高低取决于凝聚其中的审美化的技术含量高低。

劳作的技术不仅需要艺术审美作为指导，劳作技术本身也表现出了艺术美。艺术与技术的内在统一性使技术本身成为另一种意义的艺术，当主体进行审美观照时自然产生了艺术美。茶艺表演中，茶艺师把泡茶、斟茶这样简单的劳作动作进行了艺术化处理，娴熟的泡茶技术本身就产生非常优美的艺术效果，形成了丰富的艺术享受。茶艺表演被当做艺术对象，茶艺师的整个技术操作过程就是主体的审美体验过程。

三、生活的节奏韵律

人生进行审美化改造，艺术化成了人生的亮点，人生开始拥有艺术般的审美特性。节奏韵律是艺术美的形式组成，生活是人生的具体呈现，当艺术美与人生艺术化碰撞、交流之时，生活的节奏韵律就成为二者融合的动人旋律。主体将生活纳入了艺术的视域中进行审美观照，不仅意味着主体对既有生活的审美反思，更重要的是主体根据艺术美的特质，将生活当作艺术进行重新设计，规划艺术化的蓝图。“一个人可以通过采用和适应熟悉的规则与生活风格，通过调整这些一般形式使之适应他个人的偶然情形，从而在审美上设计自己的风格，将自己的生活创造成一件艺术作品。”② 主体以艺术审美心境面对生活，立足塑造健全人格，将生活打磨成一件艺术作品。机械呆板的生活在艺术世界中焕发出精彩的光芒，生活在艺术审美的作用下，展现出蕴含的美的本质，审美意识召唤下的生活节奏韵律逐渐清晰，审美特性在节奏韵律的衬托下愈发鲜明。

1. 生活节奏韵律的艺术必然

人生成为艺术，人生的色彩成为艺术美的显现。主体身心得到全面发展，自

---

① 宗白华：《论文艺的空灵与充实》，林同华主编：《宗白华全集》第2卷，安徽教育出版社2008年版，第344页。

② ［美］理查德·舒斯特曼：《实用主义美学》，彭锋译，商务印书馆2002年版，第336页。

觉意识活跃，主体开始了自我观赏。这是主体独立后的自然发展，主体完成自身的主客双重定位，意识游走于主体与对象之间。这样的反省能力有助于主体对自我的清醒认识，使主体超越外在对象，在自身所构成的审美系统中进行内在的现实审美。在内在的现实审美中，生活成为主体的审美对象，生活以节奏韵律为突出表现的审美特性不断显现，组成生活的艺术色彩。生活艺术化一旦形成，就按照艺术美的形式和规律反作用于生活，在美的本质要求下，不断鞭策主体“积极地把我们人生的生活，当做一个高尚优美的艺术品似的创造，使他理想化，美化”①。生活艺术化造就了自觉的审美主体，主体则在生活艺术化的呼唤下，将艺术美引入生活，艺术审美规律在生活中发生作用，体现审美规律的形式——节奏韵律相应地呈现于生活之中，形成生活的节奏韵律。

缺乏节奏韵律的生活是呆滞、乏味的，它不符合艺术美对生活的要求。生活对人类来说曾经意味着重复与轮回，人们在蒙昧中被生活驱使，只能被动地适应生活。生活在人们思想意识中，拟人化为一个无比强大的生命体，左右人类的发展，形成“宿命论”。人们认为生活掌握在命运的手中，这是注定的，人们唯一能做的就是逆来顺受地“认命”。主体在生活中扮演着消极被动的角色，处于一种麻木不仁的状态，无法用开放自由的心境去面对生活，更谈不上审美化改造。生活成为沉重的负担，整体体现出毫无节奏韵律的死寂，主体的审美意识被压抑，生活变成了一种“煎熬”。现代社会转变了主体的思想观念，唤醒了被压抑的主体意识，为死气沉沉的生活注入了一丝活力。生活经历了艺术化的改造后，主体对生活的情感由“煎熬”变成了“享受”。当主体用艺术的眼光观察生活时，生活的原初固有模式被打破。艺术美需要生活艺术化，生活的节奏韵律被挖掘出来，为生活增添了艺术化的动力，也使生活具备了进行审美享受的条件。

2. 生活节奏韵律的艺术表达

人生艺术化要求我们对待生活的艺术化，节奏韵律成为生活艺术化的必然要求，生活的艺术美借助节奏韵律进行传达。节奏韵律出现在生活中，装点了我们的生活，使我们的生活走上了艺术化的道路，标志着生活中艺术美的诞生，它的存在性和必要性毋庸置疑。生活节奏韵律的艺术表达决定着生活艺术美的呈现面貌和形式，也影响着艺术美在生活中的实质内容。对生活节奏韵律的艺术传达锤炼了生活审美化的手段，使之更加符合审美要求，最大限度地发挥节奏韵律的艺术化改造作用。生活节奏韵律的艺术表达作为艺术美产生之后的深化发展，涵盖了艺术美对日常生活两方面的改造。

---

① 宗白华：《新人生观问题的我见》，林同华主编：《宗白华全集》第1卷，安徽教育出版社2008年版，第207页。

首先，生活节奏的艺术表达——时间观念的改变。时间是对人类生活过程的量化描述，单向性地记录了生活的长度。人类的时间观念代表了人类自身对生活过程的基本思想以及对生活长度的计算和把握能力。每个时间点都对应着人类生活状态，多点连贯形成人类对整体人生的基本记录。时间描述着人类生活的动态过程，主体对时间的基本认识反映着人类生活的快慢，控制着生活的整体节奏。生活节奏的艺术表达立足于时间，审美化地改变主体的时间观念使之更加符合美的规律。在艺术化的生活节奏中，时间在计时的同时也承担着促进主体发展的重任。马克思所说的自由时间用于个人的全面发展，并非仅仅因为这种发展是创造财富的源泉，而是因为在根本上说，个人的全面发展本身才是个人与人类时间—历史进程的本体性目的，而这正是马克思“美的规律”所展示的人生理想。有效控制生活的节奏，使其能够得到艺术的表现，需要从本体上完成个人发展与时间的对接。生活节奏的艺术表达摆脱物质生产、财富创造对主体时间的掠夺，回归到人本意义上的重新解读。“慢慢走，欣赏啊！”① 怀着欣赏的心境，人生既有的机械脚步在艺术世界中驻足，时间的延伸改变了生活的固定节奏，增加了艺术的气息，生活在“慢慢”的“欣赏”韵律中展开了以人为本的艺术表达。艺术表达生活节奏以促进人的全面发展为原则改变主体的时间观念，使二者达到审美的统一。

其次，生活韵律的艺术表达——审美氛围的营造。生活节奏标志着主体生活的快慢程度，一旦以某种方式固定下来，就形成了生活的韵律。生活节奏决定主体活动的速度，生活韵律则形成了生活氛围，左右主体的心境。在田园牧歌时代，时间在主体意识中悠然流过，生活节奏缓慢，主体的审美意识相对淡薄，生活节奏的缓慢无法引导主体产生专注的审美感受，审美的目光散化在生活之外的他处。工业时代的到来，为了物质财富的生产，人类的生活时钟被拨快，“忙”成了生活的主题，主体的生活节奏陡然加速，每个人都在高速运转的社会机器上为生存而奋斗，疲惫不堪，根本无暇反观生活，无法获得一个良好的审美氛围。审美地改造主体的生活状态，必须适当地调整生活韵律，以一种快慢适中的节奏出现，形成适宜的审美氛围，生活的审美特性随之出现，并具备了艺术价值。

3. 生活节奏韵律的艺术显现

生活节奏韵律经过艺术化之后，成为生活审美化的重要方式，艺术化的节奏韵律调整主体的生活状态，改变了主体的生活心境。生活在这样的审美化改变中变成了艺术欣赏的对象，成为了一件艺术品，每个生活的主体变成了艺术家，用艺术化的节奏韵律重新规划自己的人生。在人生艺术化的审美改造中，生活的节奏韵律增强了人生艺术化的可操作性，成为主体改造日常生活的最佳切入点。随

---

① 朱光潜：《谈美 文艺心理学》，《朱光潜全集》第3卷，中华书局2012年版，第98页。

着人类生活的逐渐改善，生活节奏韵律的艺术化巩固了主体对生活的审美认知，并扩展到了对自身生存空间的审美改造。“春夏秋冬配合着东南西北……时间的节奏（一岁，十二月二十四节）率领着空间方位（东南西北等）以构成我们的宇宙。所以我们的空间感觉随着我们的时间感觉而节奏化了、音乐化了！”① 主体在艺术化的生活中，将节奏韵律的二维审美观照延伸到三维空间，进入到生活艺术化的立体建构之中。主体在把握自身生活节奏韵律的基础上，自觉审美意识逐渐增强，产生了认识宇宙韵律，调整自身节奏与之协调的“天人合一”式追求。

生活节奏韵律的艺术化，揭示了艺术与主体生活之间的紧密关系。艺术表征的是人类心灵最深处的节奏和律动，它是人类基本生存行为的劳作乃至人类生命演进的形式感的自由表达，因而，艺术本来就潜伏于个体生命与生活深处。艺术与生活的距离缩短、艺术作为主体内在心灵的自然表现、生活节奏韵律的艺术化改造具有深广的时代背景，它显示出作为审美意象的自由劳动，已经越来越成为现实的劳动本身，艺术审美与现实审美已经开始趋近融合。生活成为艺术，主体成为艺术家。

四、艺术意象凝聚人生境界

人生艺术化过程中的艺术美呈现，包含两个方面的重要意义：一方面，人生成为艺术对象，主体对人生进行审美化改造，“艺术是情趣的生活，艺术的生活也就是情趣丰富的生活。”② 艺术生活中的主体，审美意识高度自觉，能够敏锐地捕捉并感受生活中的各种趣味，在情趣中体验艺术化的人生，“所谓人生的艺术化就是人生的情趣化。”③ 另一方面，艺术审美活动关注人生，艺术意象中凝聚人生境界，完成艺术对人生的审美观照，展示艺术的“人生化”。艺术美以艺术意象为载体，在人生艺术化与艺术人生化的双向活动过程中与人生艺术化相结合，主体在艺术审美中表现自身的人生境界。

艺术意象主要指艺术领域中的意象呈现，是艺术世界中审美特征最为集中的意象存在。意象是艺术美的凝集，是艺术意象的艺术之美赖以存在的基础。中国古代“意象”说在《易传》思想对“象”的认识中发轫，早期表现为对外在世界的宏观把握，“是故夫象，圣人有以见天下之赜，而拟诸其形容，象其物宜，是故谓之象。”④ 伴随着“象”对象外观的发展成熟，“象”意义基点开始发生对象至主体的转向。刘勰注意到观“象”之人，在“象”中挖掘审美主体的积极体验，

---

① 宗白华：《中国诗画中所表现的空间意识》，林同华主编：《宗白华全集》第2卷，安徽教育出版社2008年版，第431页。

② 朱光潜：《谈美 文艺心理学》，《朱光潜全集》第3卷，中华书局2012年版，第97页。

③ 朱光潜：《谈美 文艺心理学》，《朱光潜全集》第3卷，中华书局2012年版，第97页。

④ 《易传·系辞上》。

将意象的侧重点从外在观照引向内在想象，提升了“意象”的主体色彩，“独照之匠，窥意象而运斤”①，“意象”的意义开始指向艺术体验。“意象”说因此逐渐从对外在世界的一般概括走向艺术欣赏的特殊对象，在历代学者对艺术的积极体验中，“意象”说逐渐走向成熟。朱光潜、宗白华吸收了中国传统“意象”说中鲜明的艺术色彩，将艺术之美与“意象”相勾连，熔铸出美学意义的艺术意象。“艺术凭借自然，却也超脱自然。它是根据自然而另外建立的一个意象世界。”② 艺术主体将自身情感灌注于对象之中，在超越自然对象的层面上形成了独有的意象世界，从而出现了主体之情与对象之景的融合，“这个完整的、充满意蕴的感性世界，就是审美意象，也就是美。”意象的意蕴丰富产生了艺术之美，主体在审美意象中完成艺术体验，获得审美感受。“美和不美（美的反面）的界限，艺术和非艺术的界限，就在于能不能生成审美意象。”③ 审美意象是艺术美产生的重要媒介，艺术意象既是艺术美的外化表现，又是“艺术”能够产生“美”的关键环节。

艺术意象凝聚的人生境界是艺术在人生层次上的升华，人生境界指主体在积累了一定人生经验的基础上，在人生观、人生态度、生活行为方式等一系列人生意识共同作用下所形成的看待及指导人生的特定精神境界。人生境界提升了艺术的表现力，是艺术面向主体本体的追问。艺术意象是艺术家为了充分表现自身审美情感而创造的典型形象，在形象中艺术家灌注自身的审美意识，完成情感寄托。这种形象在艺术欣赏中被欣赏主体接受和认可，形成某种特定符号，称之为艺术意象。为了适应美的本质产生，艺术家的情感往往借助于具体形象来传达，“艺术家造了一个意象或幻影；而喜欢艺术的人则把他的目光凝聚在艺术家所指示的那一点上，从他打开的裂口朝里看，并在他自己身上再现这个意象。”④ 艺术意象所寄托的人生感悟，在艺术美的体验中进行着创造者与欣赏者之间的双向交流，艺术美通过艺术意象引导主体在审美实践中改造既有生活，建构美好人生。

主体将人生当做艺术品进行审美化改造，人生意义在艺术世界中被审美地呈现出来，形成人生境界。“‘境界’就是一个人的‘灵明’所照亮的有意义的世界。”⑤ 人生境界就是主体在关于人生的自觉意识作用下，人生意义的集合。艺术意象的质量高低取决于艺术意象中凝聚的人生境界。

1. 艺术意象凝聚人生境界的必然性

艺术的审美特性成为艺术美的基点，艺术意象成为表现艺术美的重要对象。

---

① （南朝宋）刘勰：《文心雕龙·神思》，范文澜注本，人民文学出版社 1958 年版。

② 朱光潜：《诗论》，《朱光潜全集》第 5 卷，中华书局 2012 年版，第 378 页。

③ 叶朗：《美学原理》，北京大学出版社 2009 年版，第 70 页。

④ ［意］克罗齐：《美学原理 美学纲要》，朱光潜译，人民文学出版社 1983 年版，第 172 页。

⑤ 叶朗：《美学原理》，北京大学出版社 2009 年版，第 431 页。

艺术对主体的影响是在审美中通过意象潜移默化形成的，艺术总是在寻找意象与主体之间的意义沟通，在共鸣中体悟艺术意象所蕴含的审美意义。艺术共鸣的高峰，实质是艺术欣赏者对艺术意象意义的领悟升华到人生境界高度。

人生境界是主体站在历史的整体高度对人生的透彻感悟，它代表人类高层次的思考，形成了一个不断发展的系统。艺术的审美特性要得到有效表现，就必须发人深省。艺术意象作为艺术美的典型形式，主体需要对意象意义反复提炼，不断发展。在艺术美的审美要求下，人生境界成为艺术意象适宜表现的意义世界。“艺术的成就在情趣意象契合融化为一整体时。无论是创造者或是欣赏者都必须见到情趣意象混化的整体（创造），同时也都必觉得它混化得恰好（欣赏）。”① 人生境界是人生意义的集合，其中蕴含深厚的意义沉淀，艺术美的呈现要求艺术意象与人生境界的有机统一。“凝聚”把两个分别处于哲学意义和美学意义的概念合二为一，完成了对人生境界与艺术意象审美性的整合。整合极为符合主体的审美创造和欣赏习惯，使主体丝毫没有牵强之感，以良好心态去感受艺术美的生成。“艺术的人生观就是从艺术的观察上推察人生生活是什么，人生行为当怎样?”② 主体立足于美好生活，将人生纳入审美之中，在艺术美的召唤下，借助艺术意象将自我人生锤炼为艺术品，在意象中审美地观照生活，感悟人生。

2. 艺术意象中人生境界的呈现

艺术意象在艺术美的要求下，找到了凝聚人生境界这样的有效方式来增强艺术的感染力和生命力，人生境界的具体内容成为影响艺术意象审美价值高低的重要因素。艺术中的人生体悟以艺术意象的形式审美地表达出来，这其中就包含主体对审美的本质探索。“对美本身的观照是最值得过的生活境界。”③ 对审美本质的思考是主体在全面发展自身的前提下对外在审美世界进行的高级意识活动。当人生成为艺术对象时，审美的本质就包含了对人生的睿智思索，它维护人生的良性循环，使人生在美的召唤下拥有良好而健康的生存状态。审美活动以主体完善自我为目标内在地优化生活，艺术就是其中一项代表性活动。艺术意象凝聚的人生境界总是将人生意义的体现与美结合在一起，美代表意义的理想表达，“十全十美”思想下，意义全面展现，人生的圆满就是一种美的境界。为了表达这样的审美感受，中国戏剧经常采用“大团圆”式的结局，心想事成本身就是美的本质在人生中的实现。“圆满”成为人生之美的主题，艺术意象呈现出对“圆满”的追求。杨柳青年画连年有余的艺术意象，其中的手捧莲花的孩童和身下骑着的鲤鱼

---

① 朱光潜：《谈美 文艺心理学》，《朱光潜全集》第3卷，中华书局2012年版，第254页。

② 宗白华：《新人生观问题的我见》，林同华主编：《宗白华全集》第1卷，安徽教育出版社2008年版，第207页。

③ 《柏拉图文艺对话集》，朱光潜编译，人民文学出版社1983年版，第274页。

都是非常饱满的形象，人们除了借用谐音之外，又用鲜艳的颜色、丰盈的线条勾勒出丰满的艺术形象，表现了创作者对人生的审美化理解。

“美这个概念本身就要求把美表现于艺术作品，对于直觉观照成为外在的，对于感觉和感性想象成为客观的东西。”① 艺术意象将主体的审美意识转化成可供观照的对象。徐悲鸿《奔马图》中的骏马凝聚了画家对中华民族国难当头的深切焦虑，奔马矫捷的身姿表现了画家高尚的个人情操。《命运交响曲》中刚劲有力的节奏，扣人心弦的旋律，代表了贝多芬与命运抗争，顽强拼搏，坚持自我的人生境界。艺术意象凝聚的人生境界是艺术对于人生的审美化表达，它成为艺术意象的精神支柱，使由此产生的审美观照更加厚重。

3. 艺术意象凝聚人生境界的作用

首先，艺术意象凝聚人生境界促进人生境界不断提升。艺术意象包含两方面的意义，一方面将艺术的范围扩展到人生，艺术意象成为人生艺术化后包含人生意义的审美解读。艺术意象是主体审美观照社会生活的最佳方式，是主体审美活动的意识结晶，在人类趋优思想的指导下艺术意象凝聚人生境界必然促进人生境界的不断提升。对人生作艺术化的审视，拉开了人生理想与实际功利的距离，主体超然于实际人世之上，超越自我个人得失，以深沉的历史责任感看待世界，“栖神物外，寄心世表，生死荣悴，渺不系怀，但悯彼众生，犹陷泥淖，于是毅然奋起，慷慨救世，是超世入世观也。”② 在超越中获得自身独有的审美感受。另一方面，艺术意象作为纯粹的艺术审美意象，审美活动是人类意识活动的一部分，在审美创造和欣赏的过程中必然具有鲜明的主体色彩，主体追求进步的愿望审美地表现出来，就形成了艺术意象对人生境界的凝聚。艺术意象的意义深化从审美上要求其中人生境界的不断提升，从而创造出更加具有艺术魅力的艺术意象。人生境界提升了主体的审美创造和欣赏水平，他们呼唤更加优秀的艺术意象，而独立的艺术意象潜在地要求主体用不断提升的人生境界来丰富艺术意象的实质内涵，使艺术更加血肉丰满。

其次，艺术意象凝聚人生境界使主体心灵更加“澄明”。艺术意象的审美特性在于主体对于艺术的发现，它有赖于主体审美心境的形成。审美心境是主体进行审美活动时的内在心态，主体用审美的心灵对世界进行审美观照。经过净化的心灵可以使主体变得开放而自由，有利于审美心境的形成。艺术意象是主体审美活动的必然结果，人生境界是主体意义探求的产物，当艺术意象捕捉到主体的人生境界并将之凝聚其中时，主体的审美心境就完成了意义的深化。深化后的审美心

① ［德］黑格尔：《美学》第3卷（上），朱光潜译，商务印书馆1979年版，第3页。

② 宗白华：《说人生观》，林同华主编：《宗白华全集》第1卷，安徽教育出版社2008年版，第18页。

境增强了主体的审美领悟力，来到心灵中的“澄明”世界。面对外在世界，主体能够在大彻大悟后从容面对，可以自如地开展审美活动，主客体的关系更加协调，完成对审美活动的宏观把握。“澄明”之心使审美主体能够时刻保持超脱之心，以超越功利的艺术眼光看待世界，“明理哲人，神识周远，深悉苦乐，皆属空华”。[①] 主体在艺术意象的欣赏中净化心灵，拥有一种旷达的人生态度，以心灵的“澄明”境界迎接审美感受的到来。

艺术美因此产生了更具长远性的发展目标——人生艺术化。“什么叫艺术的人生态度？这就是积极地把我们人生的生活，当作一个高尚优美的艺术品似的创造，使他理想化、美化。”[②] 艺术美在人生艺术化的作用下，凸显出审美的社会意义，在人生理想化的前提下，将艺术美的静态观照引向了对审美主体人生的积极作用。人生艺术化为艺术美的未来发展指明道路，为艺术美持续呈现提供动力，也是人生层次上的审美展望。艺术的审美特性是艺术美诞生的必要条件，是对艺术美的静态描述，人生艺术化是艺术美发展的必然结果，是对艺术美的动态表达，二者分别从不同的侧面阐释了艺术美。

思考题：

1. 如何理解艺术独立的现代性？
2. 怎样认识审美共通感在艺术美中的作用和影响？
3. 如何把握艺术美与人生艺术化的内在关系？
4. 如何理解“艺术终结论”和“日常生活审美化”？

▶ 本章小结与回答示例

① 宗白华：《说人生观》，林同华主编：《宗白华全集》第 1 卷，安徽教育出版社 2008 年版，第 18 页。

② 宗白华：《新人生观问题的我见》，林同华主编：《宗白华全集》第 1 卷，安徽教育出版社 2008 年版，第 207 页。

第八章　作为审美范畴的优美与崇高

审美的本质不是唯一把握审美现象的理论。审美的本质是对审美现象最高层次的抽象和最普遍的把握，但亦存在其他层次的把握与抽象。审美范畴理论是在审美本质理论的指导和规定下，对审美现象的一种类型化概括。即把审美的本质看作规律与目的相统一的过程，不同阶段与差异呈现为不同的类型。这同时也可表述为人的本质力量的对象化活动，依据人的本质对象化纵向运动所呈现的不同状态，区分出崇高、悲剧、喜剧、优美等范畴类型。其中，优美与崇高是最有代表性的审美范畴，也是美学系统中具有奠基性的审美范畴。这两种审美范畴具有对举特征，因而本章合并对比性论述。

第一节　优美与崇高的本质及其特征

依照马克思实践论美学对审美本质的理解，作为审美范畴的优美与崇高，被看做人的本质力量（自由实践劳动）的对象化活动，亦即规律（真）与目的（善）相统一的自由形式运动。作为审美范畴的优美与崇高，虽然从理论抽象角度看有所区别，但审美现象具有同一审美本质这一性质，决定了审美范畴的分析，是从更具体的层面对审美本质的探讨，从中可看出不同审美对象间的联系、依存和转化。优美与崇高作为审美活动的不同状态，客观彰显出人的本质力量对象化的特点与规律，表现出丰富的内涵与特征。

一、优美的本质及其特征

优美，也称阴柔之美、秀美。优美以感性形式的和谐为主，其审美意蕴、情感力度柔和平稳，呈现为秀丽、妍雅、清新、明媚、轻盈、宁静等风格，具有小巧、平静、舒缓、圆畅、单纯等表现形式。优美的诸多特质是由其审美关系的内在本质所决定的。

规律与目的相统一是实践与劳动的内在结构。审美则是这一结构的功能性机制之一，即规律与目的相统一的自由形式。优美是人的本质对象化的实现和结果，是合目的性与合规律性统一的最终成果，是现实对实践最充分的肯定。在人与现实所构成的审美活动中，优美的对象表现，因其特有的完整、单纯、统一、秀丽、小巧、平静等质的规定性，生成和同构了主体柔和平稳、舒畅喜悦的美感心理特质；优美的活动过程没有突出的矛盾冲突与情感张力，主客体始终处于相对统一的状态，其核心是人的本质对象化的完满实现，体现了规律与合目的的内在统一。优美不仅是人的本质对象化过程中获得现实肯定最圆满、最充分的形态，也是其他审美范畴对象化实现最终所达到的结果。故在很大程度上成为美的代名词和统称，往往以“和谐”“完满”作为最具本质性的特征。西方美学一般也未加说明地以优美特性的“beauty”或“beautiful”泛称审美对象。

优美这种内在规定性的形成，一方面由人的本质对象化实现的性质决定。活动中主客体所形成的相对平衡与和谐的状态，使优美作为活动的最终结果呈现出来，集中而纯粹地体现了审美关系的本质：对象化了的人的本质，统一于一体的合规律性与合目的性；或者说，优美充分而圆满地体现了现实对人的本质的肯定。优美是成熟而纯粹的美，人类美学意识发生伊始就较早注意到优美，并把优美作为美的典范以与其他意识形态特征相区别。另一方面，从人的本质对象化表现的程度看，作为审美范畴的崇高、悲剧、喜剧、丑与荒诞等，尽管包含了主客体曲折的矛盾冲突与斗争，但因其活动结果最终指向完满、统一及和谐的目的，即对人的本质的最终肯定，实现了合目的性与合规律性的统一，所以，和谐与圆满不仅是优美的典型特征，也构成全部审美范畴努力争取所要达到的境界。

人的本质对象化实现的过程中，优美侧重活动结果的展示，在本质上是静态的，很少有矛盾冲突与审美张力的痕迹。作为人的本质对象化的成果，优美具有积淀物的性质；人的本质对象化的全部艰难曲折的内容都作为过渡的中间环节扬弃掉了，其中所保留于优美成果的是更为普遍而抽象的形式，优美以和谐的形式包涵了人的本质对象化的内容。优美特征的显示在形式方面比较直接，不仅带有普遍的涵摄概括性，而且逐渐形成了以“和谐”为典型形态的某些相对稳定的特征，但另一方面又比较抽象，与特定内容的关联比较间接。

与崇高、悲剧、喜剧相比，优美更多体现于艺术与自然这类形式美因素突出的形态中，而在社会美中优美一般只能以较为抽象的领悟方式被人感受到。在自然与艺术审美中，形式美直接以外观形象和感性形式作用于主体的感受，优美形态是一种直观对象。无论是花的缤纷绚烂，鸟的千啼百啭，水的蜿蜒……所有这些鲜艳活泼的色彩、奇特怪异的形状，都是自然美不可缺少的外部条件，直接产生优美审美过程中的和谐与完满。艺术审美中真实生动的形象，感人至深的情感，丰富多样的意蕴以及感性直观的形式等，均可达到和谐、完满的境界，产生优美范畴所具有的审美效果。社会审美中形式则处于从属活动形态，虽然有形式美的体现，但并不以形式美作为主要内容，而是以其特定的社会美内容的显现，即人的本质力量对象化实现所带来的愉悦为根本，这种和谐感的获得，应是优美内容的体现。所以，社会美的优美形态恰恰不是具象的直观，而是抽象的领悟。

和谐作为人的本质对象化实现的标志，形成优美某些相对稳定的形式特征。

如柔媚、安静、秀雅、轻盈等形态与境界，形式因素偏于小巧、纤细、平缓、光滑、圆润，感性特性比较突出。那些舒缓宛转的曲线、悦耳动听的乐音、协调柔和的色彩，以及整齐一律、对称均衡、调和对比、比例匀称等，都是优美在形式上的突出特征。美学史上对美的形式因素的探讨，大部分依据的是优美范畴的本质，美学家常常以优美为美的原始形态。无论是风和日丽、鸟语花香、莺歌燕舞的自然景象，或是山明水秀、波平如镜、倒影清澈的自然景色，还是艺术表现中的单纯静穆、情景和谐等，其境界均体现了优美的形式特点，给人以和谐、完满的审美享受。英国美学家博克曾指出，优美的特征是小的、光滑的、不能构成棱角，要有娇柔纤细的结构，不带任何显著的强壮有力的外貌，颜色要清洁明快但不刺目，姿势和动作悠闲自若、圆满和娇柔等。① 清人姚鼐视优美为“阴柔之美”，“其文如升初日，如清风，如云，如霞，如烟，如幽林曲涧，如沦，如漾，如珠玉之辉，如鸿鹄之鸣而入寥廓。”② 这些描述正是从不同角度对优美形式美特征的肯定。

优美因主客体始终处于统一状态而具有直观愉悦的感性特点，其审美效果是日常所说的“审美愉快”。人的本质对象化的实现，合规律性与合目的性的统一，消除了矛盾抗争的紧张情绪，导致优美中主体心理体验的理性因素不明显、不突出，主体无需借助思考便可获得感官的直接把握，达到主体审美感受中各种心理因素的平和协调。德国美学家玛克斯·德索指出：“一种发亮的颜色、丰富的音质、吸引人的曲线会毫无冲突地激起愉悦感。和谐的空间与音乐的形式在其自身中便具有可理解性，恰当地被称为美的——一种自然的浮动，它没有限制，没有斗争，没有粗暴的障碍，没有不确定。移情只介绍了愉快的解释，联想只使人想起愉快的观念。正因为没有骚扰，所以纯粹美的价值便总保持为一种表面价值。”③ 这段论述形象揭示了优美形式上的纯粹性与和谐感，它是形成愉快观念的根源。优美感受中轻松愉快、心旷神怡的特征，不仅指动态斗争过程结束后的安静松弛，也指人的本质对象化所达到的自由心境。这种为无数美学家神往描述的自由感（心境），亦是全部审美形态感受终极的追求目标和最高境界。

二、崇高的本质及其特征

崇高是一种突出了主体与客体、人与自然、感性与理性的矛盾、对立，情感

① 参见北京大学哲学系美学教研室编：《西方美学家论美和美感》，商务印书馆 1980 年版，第 121—122 页。

② （清）姚鼐：《复鲁絜非书》，《惜抱轩文集》卷六，上海古籍出版社 2008 年版，第 94 页。

③ ［德］玛克斯·德索：《美学与艺术理论》，兰金仁译，中国社会科学出版社 1987 年版，第 141 页。

力度异常强烈，具有以痛感、压抑感为基础，由不和谐到和谐、由痛感到快感的复杂心理体验，并以狂放、暴烈、无限、模糊、神秘等为基本特征的审美范畴。

崇高侧重展示人的本质（实践劳动及其自由性）对象化（规律与目的相统一）实现的曲折过程。在此阶段，主体与客体处于矛盾、对立的激化状态，人的本质尚未实现对象化，主体还未得到现实的肯定、看不到胜利的成果，甚至还处于被压抑的地位。但崇高审美关系的质的规定性，不断激励主体力争统一和征服客体，以取得最终胜利。崇高蕴含的动力及矛盾斗争状态，可推动实践主体巨大的精神力量的无限生成与提升。

更确切地说，崇高中受阻受挫乃至被强大的外部力量压倒的是矛盾状态中的个体主体，但这只是矛盾双方力量对比的外在客观情势，作为人类族类本质的实践劳动及其自由，在总体上是不会消亡的。崇高活动中主体力量的发挥所带来的前景，是以人的总体性即人的本质的实现为目标。崇高指向族类总体，在崇高性审美中个体向族类总体的升华，即主体精神（人格意志、伦理力量等）的张扬及其向无限延伸，成为崇高审美形态最显著的特征。布鲁诺拒绝认罪而选择火刑，车尔尼雪夫斯基放弃请求赦免而选择终生苦役，表面看个体处于劣势，但他们的选择却以个体的苦难牺牲为中介而达到一种更高的境界，从而使个体与整个人类总体的历史命运统一于一体。他们超越了个体生命的物质规定性而从狭隘的“自我”中解放出来，以个体的牺牲充分显示出人的本质力量的伟大。崇高美的力量正根源于个体向总体性人类的更高的升华。

族类总体性的突出，使崇高接近于以社会总体规范个体的伦理道德。康德就认为崇高是审美向道德过渡的形态；认为崇高已不是纯粹的审美，而是依附于伦理道德内容的审美，是“美作为德性的象征”。① 康德“道德”的全部意义，并不限于社会伦理规范，而是指人类性的本体。马克思实践论把改造外界万物使之人化并同时创造人类自身的实践劳动作为人类性本体（它不同于作为自然性本体的物质）。黑格尔把绝对理念看作精神性的本体，因此，向绝对理念实体即神表示敬意，就是崇高的本质。② 总之，在崇高中个体向总体——这在马克思的实践论美学看来，即指作为人的本质完整体现的人类总体——的升华运动，构成崇高审美形态最重要的内容特征。

个体向人类总体的升华，意味着审美主体的不断抗争、突破与超越，这是崇高审美始终处于矛盾激化与强烈运动状态的内在根据。它使崇高范畴在内容上更侧重社会美与艺术美的展示，显现庄严、宏伟、力量与气势，表现一种主体严重

---

① ［德］康德：《判断力批判》，邓晓芒译，人民出版社2002年版，第198页。

② 参阅［德］黑格尔：《美学》第2卷，朱光潜译，商务印书馆1979年版，第80—81页。

斗争的痕迹和具有强烈伦理道德力量的美。在社会领域内，凡是体现实践主体的巨大力量，展示主体征服和掌握客体的坚强意志，表现了主体由弱到强所付出的艰苦卓绝的斗争与努力，显示出巨大潜力和坚强斗争精神的种种行为，均是崇高美的表现。历史上那些为推翻封建腐朽统治、反抗外族入侵的民族英雄和忠诚爱国之士，其行为英勇顽强，悲壮动人；现代文明的争取与建立中无数先行者抛头颅、洒热血，那种大义凛然、宁死不屈的精神，均体现了艰苦斗争中实践主体的巨大力量，是崇高的更本真、更壮丽的存在形态。日常生活中崇高的表现，则更多与伦理道德的高尚有密切关系。凡是能提高和扩大人的精神境界，鼓舞人的意志，激发实践主体向上的力量，达到促使个体不断超越和升华目的的行为表现，都直接或间接地构成崇高美的内容要素。

自然审美中的崇高，不仅关联自然对象的巨大体积、力量及粗犷不羁的形式，如汹涌的波涛，直泻而下的瀑布，狂风暴雨，雷电交加，奔腾的江河，高耸入云的山峰，陡峭的悬崖等，这些大自然的奇特景象，具有崇高对象的自然特点。但重要的是，审美之所以可能在精神上涵摄这些外在强大的自然客体，仍以人化自然的社会历史积淀为后盾；也只有当人类的实践发展到能够征服和掌握这些自然对象时，才能成为人们欣赏的崇高的对象。艺术审美中，崇高的内容表现侧重艺术张力的拓展与艺术激情的张扬，表现艺术形象的内在力量及艺术的冲突与对抗。如古希腊、文艺复兴时期的悲剧，浪漫主义的绘画，屈原、李白的诗，张旭、怀素的狂草及气贯长虹的交响乐等。这些作品把主体内在的力量、意志、人格及精神发挥到极致，展现了主体的超越和对无限的不懈追求，是对人的本质力量的充分肯定与实现，因而具有崇高的普遍特征。

崇高突出的形式特征是“大”，即具有对各种特定有限形式的包容、涵括的性质，带有趋向无限性的特点。黑格尔认为崇高是内在理念压倒形式。康德指出，“如果我们不单是把某物称之为大，而且是完全地、绝对地、在一切意图中（超出一切比较）称之为大，也就是称之为崇高”①，一种超越了实在感知的想象中的“大”，即无限性。当我们在这种想象中把握住无限性之“大”时，就进入了崇高审美感受。中国先秦时期把与优美有别的崇高称作“大”“大美”。除此之外，崇高的形式特征还表现出反常甚至怪异，其特征有巨大、粗糙甚至丑陋。如西方艺术表现中的不谐和性与反传统特征，雕刻中粗糙的顽石底基，现代音乐中不谐和的音响、诗歌中无规则的分行形式等，都是一种主体反压抑情绪的冲荡发泄，在形式上与崇高接近。中国绘画中刻意追求的“拙朴”“野”“怪”，像郑板桥那东倒西歪、结构奇险的书法等，在那些抽象艰涩的结构与线条中，艺术家力图打破

① ［德］康德：《判断力批判》，邓晓芒译，人民出版社2002年版，第88页。

的是平面的和谐与流畅。正因为对立中蕴含有矛盾与冲突，它更能激发主体强大的生命力量，这是崇高审美形式特征显现的根本所在。

崇高的审美感受与效果特征，按康德的说法是一种痛苦的愉悦性。崇高在展现主客体由巨大冲突到趋向统一的艰难过程中，主体经历了由对象强大所造成的紧张与压力，从而引发主体的抗争。社会性族类作为个体抗争的后盾力量与依据，促使主体能自觉意识到一个更为持久而伟大的族类本质力量的存在境界，激发出主体的敬仰之情，从而引导主体把自身现时的抗争，归属于一个更大的社会历史的总体活动与目标实现的过程。这期间个体向人类的过渡与升华，使个体在人格、心理及精神等层面趋向无限，从而终于从紧张动荡的心理转向为总体与人类而骄傲自豪的激情与愉悦。其间伴随有审美想象与情感的剧烈变化，也伴随有审美领悟与理解的不断超越与升华。

第二节 优美与崇高的相互转化

一、优美与崇高的历史

人的对象化实现中优美与崇高所处的位置，决定二者呈现出相互依赖、相互映衬的关系。西方美学史上，毕达哥拉斯学派基于作为世界本质的数，把美概括为由一定数构成的“和谐”说，这实际上是历史上最早对“优美”特征的探讨。亚里士多德把美的形式规定为“秩序、匀称与明确”,① 这仍然是指优美。古罗马新柏拉图主义者普洛丁虽然攻击亚氏把审美本质归于对象外观的做法，但同样把美理解为“整一性”，即“把那分散的杂多部分抓住，加以组织，把它们纳入内在的不可分割的整一体，使它们见出协调，适应以及与上述内在的统一体的内在联系”②。这仍然是囿于优美论美。值得注意的是，古罗马的朗吉弩斯在《论崇高》中明确地提出并论证了崇高这一范畴。“所谓崇高，不论它在何处出现，总是体现于一种措词的高妙之中，而最伟大的诗人和散文家之得以高出侪辈并在荣誉之殿中获得永久的地位，总是因为有这一点，而且也只是因为有这一点。……但是一个崇高的思想，如果在恰到好处的场合提出，就会以闪电般的光彩照彻整个问题，而在刹那之间显出雄辩家的全部威力。”③ 这虽是从修辞学角度论证崇高，但已涉及崇高范畴的某些特征。

---

① ［古希腊］亚里士多德:《形而上学》，吴寿彭译，商务印书馆 1959 年版，第 265—266 页。

② ［古罗马］普洛丁：《九卷书》，见北京大学哲学系美学教研室编：《西方美学家论美和美感》，商务印书馆 1980 年版，第 55 页。

③ 高建平、丁国旗主编：《西方文论经典》（第一卷），安徽文艺出版社 2014 年版，第 410 页。

18世纪英国经验派博克，不仅明确地把优美与崇高放在同一个审美本质观念下对比研究，而且还联系心理经验详细区分了崇高与优美产生的心理根源。他指出人的所有情感都可以归结为自我保全和相互交往两大类。属于自我保全的一类情感主要是与危险与痛苦相关。它不能产生积极快感，相反，倒会引起一种明显的痛苦或恐惧的感觉，由于危险和痛苦的消失，也会产生一种愉悦。这种愉悦是由痛感转化而来的，这就是崇高感的起源。总之，凡是能引起人的恐惧的东西，都是构成崇高对象的因素。例如晦暗与朦胧，巨大的力量，庞大的体积，无止境的长度，无边无际的沙漠，浩瀚无涯的汪洋大海，一望无际的天空，往往产生无限的观念，也能给人以崇高感。崇高的对象在形式上往往是粗犷不羁的直线条、凹凸不平和偏重于阴暗的颜色等。而属于相互交往的一类情感主要与爱联系在一起，所产生的是积极的快感，这就是美感的起源，凡能产生这种积极快感的东西，就是美的。博克所讲的“美”是指优美。他说：“优美这个观念和美没有多大区别，它包含在差不多相同的东西里。”① 博克还细致地列举了优美的形式特征，如小的体积，光滑的表面，缓和渐次的变化，各个局部不露棱角、彼此融为一体，娇弱纤细的结构，纯净明快的颜色等，所有一切共同构成了对象的美。

把崇高与优美上升到哲学高度进行深入研究的是德国美学家康德，尽管康德主要进行的是崇高的分析，但在著名的美的鉴赏判断的四个规定中，实际依据的审美经验正是优美。在《判断力批判》中，康德认为崇高的特征是“无形式”，即对象的形式无规律、无限制或无限大（数量的崇高），以及力量的无比强大（力的崇高）。他认为，这种无限的巨大、无穷的威力，超过主体想象力所能把握的限度，即对象否定了主体，因而唤起主体的理性观念。最后是理性观念战胜对象，即肯定主体。这样，主体就由对象的恐惧而产生的痛感转化为由肯定主体尊严而产生的快感，这就是崇高感。康德认为：“而我们愿意把这些对象称之为崇高，因为它们把心灵的力量提高到超出其日常的中庸，并让我们心中一种完全不同性质的抵抗能力显露出来，它使我们有勇气能与自然界的这种表面的万能相较量。”② 那么，“另一类抵抗能力”是什么呢？就是主体的超越精神。所以，“对自然中的崇高的情感就是对于我们自己的使命的敬重，这种敬重我们通过某种偷换而向一个自然客体表示出来”③。按照康德的理解，美是想象力与知性的和谐统一，产生比较安宁平静的审美愉悦；崇高则是想象力与理性相互矛盾斗争，产生比较强烈激动、震荡的审美感受。崇高感是由痛感转化而来的，即巨大的自然对象，通过

---

① ［英］博克：《关于崇高与美的观念的根源的哲学探讨》，载《古典文艺理论译丛》第5册，人民文学出版社1963年版，第51页。

② ［德］康德：《判断力批判》，邓晓芒译，人民出版社2002年版，第100页。

③ ［德］康德：《判断力批判》，邓晓芒译，人民出版社2002年版，第96页。

想象力唤起人的伦理道德的精神力量与之抗争，后者在心理上压倒与战胜前者，而引起愉快，这种愉快是对人自己的伦理道德力量、尊严的胜利的喜悦和愉快。这就是崇高感。所以，从哲学上看，崇高的审美判断最接近伦理道德的判断。

黑格尔依据美是理念的感性显现的观点阐释美与崇高。他认为在美与崇高那里都是以理念为内容，以感性的表现为形式，不过这两种因素表现不同而已：在美的内在因素即理念渗透在外在的感性的现实时，成为外在现实的内在生命，使内外两方面相互配合，互相渗透，成为和谐的统一体。崇高却不然，它是绝对理念大于感性形式。“崇高一般是一种表达无限的企图，而在现象领域里又找不到一个恰好能表达无限的对象。……因此，用来表现的形象就被表现的内容消灭掉了，内容的表现同时也就是对表现的否定，这就是崇高的特征。”① 黑格尔对美与崇高的理解，抓住了主客体及内容与形式的双重关系特征，给人以深刻的启示。

从审美文化史的角度看，如果把审美范畴作为对特定社会审美文化现象的抽象与概括，那么，作为逻辑行程结果的优美反而是人类最早注意的形态范畴，崇高则更为晚近才被注意，属于近代以后的审美范畴。原因之一在于人类生存状态的内在变化背景。近代社会分工及产业革命之后迅猛发展的资本主义工业化，不仅从生产方式上也从生活方式与社会心理状态上深刻地打破了中世纪田园牧歌式的和谐平衡，一种空前剧烈而痛苦的矛盾冲突日渐扩大演化为人类常态。崇高正是这种人类社会进程加剧阶段上的审美反映。而崇高在近代的崛起，是人类把所处社会中更为尖锐复杂的矛盾斗争，直观为主体自由化历程中一种特定阶段的表现。在原始野蛮人那里只能视为神秘恐怖对象的自然灾异，却被纳入文明更高阶段人类的审美欣赏之中，应当说是人化自然达到一定历史水平之后的结果。因而，崇高在近代的流行，又反映出人类文明发展的更高成就。

中国古代美学思想虽然根基于分歧不一的哲学观，而无论儒、道、墨、法，在把美视为优美性质的“和谐”这一点上并无二致。春秋时代史伯以“和”取代流行的“同”，“声一无听，物一无文”②。表面上是以对立取代同一，实则把以优美为中心形态的和谐观，建立在更加辩证的对立统一基础上了。概要地讲，“和谐”这种从对象到主体、从美到善、从形式（文）到内容（质）、从自然到社会、从个别到一般的普遍化，已不是西方美学传统中注重感性外观形式的“和谐”或“整一性”了，它已上升为一个以优美为典范形态、以人文审美为中心的形而上的宇宙观准则。这一准则在孔子之前表述为“和”，而在孔子之后，则更多地表述为“中庸”。“中和之美”不仅是中国古代审美形态的最高典范，而且广泛、深刻地支

① ［德］黑格尔：《美学》第2卷，朱光潜译，商务印书馆1979年版，第79—80页。
② 《国语·郑语》。

配着中国古代社会的各种意识形态。

孔子美学的主要特征是强调“美善”统一、“文质”统一、“乐而不淫，哀而不伤”的“和”的审美标准与取向。《论语·八佾》记载“子谓《韶》：‘尽美矣，又尽善也。’谓《武》：‘尽美矣，未尽善也’”；《论语·雍也》：“子曰：‘质胜文则野，文胜质则史。文质彬彬，然后君子’”；《论语·八佾》：“子曰：‘《关雎》乐而不淫，哀而不伤。’”诸多方面的统一都是在讲“和”，以“中和之美”为最高境界，虽对“优美”无具体命名，实则涉及其范畴的内核。以庄子为代表的道家学派尽管追求崇高之“大”，但“大”之极致仍然是“和”，是全部对立因素统一于自然本体的“天和”；“与天和者，谓之天乐。”① 先秦时孟子是首位较为接近地探讨优美与崇高的思想家。在论述人格美时孟子提出了“充实之谓美，充实而有光辉之谓大”的思想。“美”（优美）是“充实”，所谓充实即仁、义、礼、智、信所达到的和谐，孟子也是把仁义礼智的道德原则作为“和谐”的重要内容。所谓“大”即人的道德力量所具有的光辉气势，接近于美学上所讲的“崇高”。所谓“大而化之之谓圣，圣而不可知之之谓神”，无论是“圣”，还是“神”，均建立在“大”即崇高性的基础上。孟子虽然是在谈人格美，但同样把握到了优美与崇高的本质。

直到18世纪，清人姚鼐才明确地以“阳刚之美”的崇高与“阴柔之美”的优美相比较，把二者统一于一个更完整的审美形态中。姚鼐以大量生动的现象描述“阳刚之美”与“阴柔之美”：“其得于阳与刚之美者，则其文如霆，如电，如长风之出谷，如崇山峻崖，如决大川，如奔骐骥。其光也如杲日，如火，如金镠铁。其于人也，如凭高视远，如君而朝万众，如鼓万勇士而战之。其得于阴与柔之美者，则其文如升初日，如清风，如云，如霞，如烟，如幽林曲涧，如沦，如漾，如珠玉之辉，如鸿鹄之鸣而入寥廓；其于人也，漻乎其如叹，邈乎其如有思，暖乎其如喜，愀乎其如悲。”② 姚鼐所分析的“阳刚之美”（壮美）与“阴柔之美”，是中国文学与艺术中最普遍的审美风格与形态。崇高如飘风震雷，如扬沙走石，如鲸鱼碧海，如巨刃摩天，如荒荒油云，如寥寥长风；优美如秋水芙蕖，如白云初晴，如采采流水，如蓬蓬远春等，它们与西方美学家对崇高与优美的解释可以对应理解。

二、优美与崇高的相互转化

优美与崇高的相互转化，是指对象化过程中不同审美范畴所呈现的关系状态，是对其活动、发展的进一步描述。玛克斯·德索在《美学与艺术理论》中把美分

① 《庄子·天道》。

② （清）姚鼐：《复鲁絜非书》，《惜抱轩文集》卷六，上海古籍出版社2008年版，第93—94页。

成三对对立的范畴，即美的、丑的，崇高的、优美的，悲的、滑稽的。他称之为“审美形式”，并用圆环表示它们的相互关系，意在说明这三对共六种美的范畴并不是各自孤立的，而是每一邻近的范畴都可以相互向对方运动和转化。① 由于审美形态的划分与美学范畴的确立是有条件的和相对的，因而，不同审美范畴间既有一定联系，又可互相转化和结合。这种转化或结合的内在依据由审美本质的理论所决定。它们虽然表征了人的本质对象化运动的不同发展阶段，却内在地统一于人的本质对象化运动这一核心。

依人的本质对象化的纵向运动看，审美范畴相互转化的实质是指主客体对立统一的矛盾运动，因主体在关系中所处地位的变化，从而形成了一个纵向发展的审美形态序列：崇高、悲剧、喜剧及优美。具体到优美与崇高的相互转化看，优美作为人类审美史上历史悠久、在审美生活中最为流行普及的成果，集中体现了审美的本质，代表了诸种审美范畴发展的基本趋向。因而，二者相互转化的常态性规律是由崇高趋向优美。优美与崇高作为美的不同表现形态，它们的关系是由审美的本质所规定的，即真与善、合规律性与合目的性的统一。当人的本质实现自身对象化的行程遇到巨大的阻力，甚至遭受失败牺牲时，审美活动呈现为崇高的发展趋势。这种具有冲突性的对抗形态，可激发主体努力战胜阻力，力争占据矛盾的主导地位，这一对象化实现的过程是崇高范畴的充分表现。而当人的本质实现了对象化，主客体的矛盾冲突相对和谐，达到规律与目的的统一时，崇高感向优美感转化。这种转化，是现实生活中人类实践活动进程的客观反映，它意味着人类对自然和社会斗争的不断发展和进步。

如艺术审美中对英雄型悲剧的观赏，自然审美中主体漂流长江、攀登险峰、跋涉荒漠的行为，社会历史进程中人类一次次伟大的探险与革命等，尽管活动的方式与时间跨度不同，主体努力的程度有巨大差异，但从实现人的本质对象化的状态看，均展现了从崇高向优美转化的内在特质及规律。这种转化，无疑是实践主体成长、上升期，趋向成熟与强大过程中具有的一种普遍形态。另一方面，合规律性与合目的性统一的关系，由于新因素的介入开始造成新的不平衡时，审美关系会从无冲突走向冲突状态，优美又开始向崇高转化。如现代交响曲欣赏中，从田野诗意过渡到急风暴雨，再到和谐、平静的回归；日常社会生活中面对突发性的自然灾害主体的抗争与拯救等，均体现了由优美向崇高的转化。人类社会的发展与主体的生存，正是不断经历着从崇高转向优美再转向崇高这样一种无限延伸的过程。由此可见，优美与崇高的关系不仅互相对立、互相依存，而且也存在

① ［德］玛克斯·德索：《美学与艺术理论》，兰金仁译，中国社会科学出版社1987年版，第136页。

着互相演变与转化。优美与崇高是美的两极，没有优美，就无以突出崇高；反之，没有崇高，也难于显现优美。优美与崇高的这种运动与演变，生成千姿百态的美，使审美活动显得无限丰富又色彩纷呈。

除常态性转化规律外，优美与崇高的转化还表现出复杂性状况。在崇高向优美转化的纵向历程中，因主体存在位置与活动情境的变化，亦可能有新的审美范畴产生的趋向。例如，当主体失去其对抗的力量，被客体压倒，甚至出现失败与毁灭时，崇高会转化为悲剧，如《王子复仇记》《拉奥孔》等；而与人对抗的旧的过时的力量，从一种可畏惧的、不容等闲视之的严肃存在，转化为被人摆弄的可笑的没落事物时，审美形态运动便从崇高、悲剧走向了滑稽和喜剧，如阿 Q、孔乙己等；而当主体的本质失去合规律性与合目的性的统一，甚至表现出反价值、反理性特征，与人类总体的目标相背离时，其实践主体将背离美（优美）的规定性，而转化为丑或荒诞等范畴。可见审美形态并不是孤立单一的存在，它们之间的联系、转化和交错是十分突出的现象。如阿 Q 作为一个审美形象，便包含了悲剧、喜剧、丑等多种因素间的交织与转化。

值得注意的是，现代审美的突出变化是崇高的解构与丑在艺术审美中的大量滋生，这是人类自身生存状态的深刻变化在审美方式上的直接反映。有人把西方现代艺术和审美称为不再崇高的英雄和不再美丽的艺术。现代以来崇高形态的逐渐式微，乃至在后现代审美中的消解，一方面源于现代哲学对崇高宿命的深刻认识，即崇高的美是悲剧的。任何从前看起来似乎有其不言而喻之价值的东西，都只会无可避免地步入毁灭，步入悲剧结局，幻想愈高，愈不可能实现。所以，“在丑学那里，悲剧中的崇高，只不过是貌似而已，——只不过是一种无本质的假象，一种不存在的存在，……代之而起的便常是一种‘反英雄’——是碌碌无为而又心灵敏感易受伤害的宵小，是扭曲变态、心灰意懒有时却又不甘堕落而渴望生活的侏儒，是不乏善良天性却又只会逆来顺受任人宰割的庸人，甚至是灭绝人伦却似乎又自有一番道理的禽兽……”① 从《变形记》到“迷惘的一代”，从“黑色幽默”和“荒诞派”戏剧再到“垮掉的一代”，这既是构成丑的艺术产生的社会土壤与基础，也反映了崇高因其悲剧性结局，而在现代审美中不断被边缘化、被解构的过程。

另一方面，崇高的这种变化更多源于主体的变异，即由近代以来所形成主体精神的张扬与自觉，向现代囿于狭小、卑微的自我与后现代“零散化”与存在的“消失”的境遇转化。主体作为近代以来西方哲学的元话语，在后现代所谓“零度写作”“作者之死”诸多鼓噪与叫嚣声中，逐渐丧失了其中心地位。后现代学者杰

① 刘东：《西方的丑学——感性的多元取向》，北京大学出版社 2007 年版，第 199 页。

姆逊的分析是，后现代的崇高是一种“歇斯底里的崇高”①，因为它不再是现代主义式的孤独、反常、个人反抗、凡·高式的疯狂等，而是被一种更奇特的欣快症所支配，其崇高感中没有康德式的震惊、恐惧和敬畏，崇高也不再是一种关于纯粹的力量。主体的边缘化甚至消亡，是造成现代以来崇高式微的根源之一，这虽然是对主体异化的反抗，是对何谓存在的真实性的探索，但不容置疑的是，它无疑是审美贫困与危机的征兆。因此，探讨崇高现代意义的重建，已显得非常迫切而必要。

第三节　崇高在现代的意义

本节在现代性语境下进一步思考崇高意义的重建。现代以来，文化危机与审美贫困的出现，与崇高所遭遇的命运不无关系。崇高这一近代美学所构建的元话语进入现代后何以会衰落，是否有其存在的依据与意义，在文化危机与审美泛化的时代，崇高是否依然能承担应有的使命，等等，这正是当代社会与美学所要思考的重大命题。而现代性作为一种新的社会文化语境，它所指涉的美学问题亦不再具有原理性意义或形而上的理论推演，而是与现代社会最有影响力并隐含着丰富社会心理的审美共通感形态息息相关。现代性所关注的是以社会政治经济制度现代化为基础的现代人的精神心态气质，它属于人文科学所指向的心灵领域。20 世纪中国最强大的变动机制以及最深广的生活基础就是现代化。因而现代化—现代性构成今日中国人文社会科学的生活世界与源初的解释学视野，美学研究亦进入这种现代性语境。

一、后现代语境下的审美贫困

后现代语境下的审美贫困所表征的是当今人类审美所面临的一种危机状况，导致这种结果出现的原因虽然复杂，但无疑和主体的变异、沉沦及崇高的历史意义与目标的逐渐模糊不无关系。

德国美学家沃尔夫冈·韦尔施曾描述过审美贫困的状况。他指出，美学在当代社会中危机深重，是因为脱离真善关联的形式化审美泛滥无边，到了让人忍无可忍的地步。我们的世界实在是被过分审美化了。美的艺术过剩，艺术应当给人以震惊的东西却十分缺乏。“在表面的审美化中，一统天下的是最肤浅的审美价值：不计目的的快感、娱乐和享受。这一生气勃勃的潮流，在今天远远超越了日常个别事物的审美掩盖，超越了事物的时尚化和满载着经验的生活环境。它与日

① 参阅［美］弗雷德里克·詹姆逊：《快感：文化与政治》，王逢振等译，中国社会科学出版社 1998 年版，第 186 页。

俱增地支配着我们的文化总体形式。经验和娱乐近年来成了文化的指南。一个日益扩张的节庆文化和娱乐，侍奉着一个休闲和经验的社会。"① 作者的观点是，美学应当在消解之后予以重构，应当超越传统上它专同艺术结盟的狭隘特征而重申它的哲学本质，应给人以震惊，使我们被花花哨哨的美刺激得麻木不仁的神经，能够重新振作起来。② 韦尔施分析的这种现象，在中国当代美学领域同样存在。

20 世纪 90 年代后，当民间大众的喜剧化审美风格冲击了革命意识形态的崇高风格后，慵散的享乐与世俗幸福感成为大众消费文化的基调，这一时代背景揭示了形成审美贫困的深层原因：即现代化过程中崇高历史责任的消解及主体的异化。现代性蕴含的虚无主义包括两个相互依存的方面：一方面是理想幻灭不再有想象力体验"未来"彼岸，而降低为感官经验主义，这种感官经验主义只能以感官享乐为价值观；另一方面，虚无主义又相反的是对现实存在的幻灭，无力在现实中使"未来"意义落实为一个生成性的"当下"。现代性虚无主义缺失的正是这两个方面的逆转性结合，一个在"当下"可以感受体验到的"未来"。

从人的本质对象化理论看，后现代语境下的审美贫困，表现出规律与目的、真与善之间的冲突与错位，合目的性与善的疏离甚至消解，导致主体向唯我主义③滑落进而产生文化上的虚无主义。现代审美范畴中丑与荒诞的大面积泛滥及反美学命题的提出，便是审美主体变异的结果。哈贝马斯从哲学上分析过主体的衰落。他借用兰德曼的断言"个体的人的三千年黄金时代已经到头了"而阐发道："人类精神的一种具体的历史形态同古代欧洲一起消亡了。但是我在此想到的是那些断言资产阶级个体形态已经死亡的更不留情面的解释。正如谢尔斯基反思人在科学文明中的自我的变化那样，如果说人类曾经理解到理性的技术劳动世界乃是自身与世界的分裂，是对一种古老的自身与世界的有机统一的疏远，并为此感到痛惜，那么，人类毫无生气的建构和赢得的这种新的人与世界的统一，现在日益成为一种人类在那种分裂中所获得的特性的威胁。……今天，那种分裂已经历史性地消失了。从世界与人的重新统一中所表现出来的形而上学失落感，集中反映在对形而上学的渴望当中，凝聚为对处于世界分裂和异化状态的主体性自由的回忆。"④ 审美主体

---

① ［德］沃尔夫冈·韦尔施：《重构美学》，陆扬、张岩冰译，上海译文出版社 2002 年版，第 6—7 页。

② ［德］沃尔夫冈·韦尔施：《重构美学》译者前言，陆扬、张岩冰译，上海译文出版社 2002 年版，第 2—3 页。

③ 唯我主义，英文为 Solipsism（拉丁文：solus，alone + ipse 单独的自我，self）是指以个体自我为认识论根基与价值论立场的个人主义，即将社会、他人或上帝等所有超越个体自我的存在都还原于自我的哲学世界观。

④ ［德］尤尔根·哈贝马斯：《合法化危机》，刘北成、曹卫东译，上海人民出版社 2000 年版，第 165 页。

的衰落与崇高的边缘化甚至被解构，有着上述客观的历史背景。

后现代语境下的审美贫困，反映了历史转向中审美主体的变化，即从近代的自我觉醒、探寻和解放，到现代化以来自我的异化、迷惘及历史性迷误，它表明了某种程度的人类精神价值的迷误与丧失。这一变化，不仅造成审美文化活动的平面化和感性化，也导致主体的无根基状态，整体感的断裂、精神的失落、苦闷和漂泊。无信仰的功利时代只能生产和制造一个个“明星”，导致价值自我的消解，后现代语境下的审美贫困正是主体消解，文化日益平面化、欲望化的结果，其表现是：

1. 形成社会审美行为中的盲目性与价值失落状态。由于受大众文化传播和社会心理情绪的影响，原有的文化范式和价值体系在很大程度上受到动摇和冲击，而能为人们普遍认同的新的文化价值体系还远未形成，导致文化选择与价值认同上的随意性与无序状态，形成审美行为方面的无所适从、浮躁及价值判断上的错位等现象。审美实践的价值取向也越来越趋于由深层向表层、由崇高向卑微、由高雅向媚俗转化。

2. 导致审美追求中的信仰失落与迷惘感。在对五光十色的审美幻象的消费中，主体虽然一次次获得瞬间的满足与刺激，但也一次次远离人的理性和精神。大众审美对幻象和欲望满足的期待，使主体无原则地放弃了价值判断，而本能地认同外在形象的标新立异。文化工业和科技力量作为大众审美的物质基础，它迎合并刺激了个人的形象意识却丧失了自我，它制造了过剩的形象却颠覆了信仰。主体的审美行为蜕变为频繁转换视点，不断追踪新潮，以流行、浮华为美，追求新奇与怪异，审美的主体行为逐渐演化为一种唯我主义的意识，在虚假的欲望满足中获得种种肤浅的满足与快乐。以放弃生存的价值根基和意义沉沦为代价，必然导致唯我主义的审美贫困。

审美的发展与人的进步具有同一性。要解决文化发展的价值趋向，拯救唯我主义的审美贫困，从深层背景看，需要人类共同的文化信仰与理想目标，需要建立人类发展所依赖的精神价值形态等，但当前最迫切、最根本的任务是：进行一场大众日常生活世界的革命，即努力致力于人的心性（心体）改造与人性的内在建设。现代性语境下新人性的建设和主体的完善，既需要审美价值的重建，也需要崇高的力量及信仰的回归。

二、审美共通感与现代社会

面对唯我主义审美贫困的出现，迫切需要崇高现代意义的重建。如何凸显崇高的现代意义，并通过有效的途径与方式，发挥崇高在文化建设中的积极作用，是当下美学研究的重点。而借助审美共通感与现代社会这一公共中介文化机制，也许可以发掘在现代人的主体建构即心体建设中，崇高所能提供的有益的思想与理论资源。

审美共通感作为现代公共社会心理的基本构成载体，它能确保审美在重建社会公共精神中受到特殊的重视，故成为联系崇高与现代社会，促使崇高努力发挥其现代意义的重要平台与天然的公共心理纽带。审美共通感是共通感的一种。所谓共通感，其含义是：（1）作为社群共同体存在而积淀形成的族群认同感，但正如伽达默尔研究康德所指出的，前现代共通感在18世纪虽然流行地指称伦理道德感，但道德不能仅仅依据共同的感受而被康德指向绝对律令，因而康德将共通感归结为审美鉴赏的审美共通感。从社会心理角度看，传统上代表“社会感”的共通感被缩小为审美一域，正深刻反映了前现代的宗教—伦理共同体解体以后，现代社会在利益与价值认同上的分化，共同存在感已缩小并抽象为审美形式的共同感知。（2）以个体为单元的现代社会中，共通感又是指个体超越自我界限而与他人沟通理解的感觉，这已成为建构现代交往论的基石。（3）共通感更为深潜的含义是指主体或自我被局限于特定对象格局之前的“本心”。审美心理学所谓“通感”其实就是这种不执著于分别对象化的心体丰盈共通感对五官感知的融通状态。“通感”表现出心体的自由。这一界定确立了审美共通感的特殊地位与作用。

进入现代性后，随着传统共同体信仰的衰落及其前现代宗教—伦理共同体的解体，共同存在感抽象为审美形式的共同感知，审美共通感成为天然正当的沟通中介与公共精神重要的象征代表，审美在重建现代社会公共精神中受到特殊的重视。崇高作为与现代性精神同步生成的重要审美范畴，其潜在意义应得到进一步发掘。现代性心体所拥有的审美共通感不仅是整合个体自身感知的资源，而且是超越现代化社会分化局限、与他人交往沟通的伦理资源。更为重要而深刻的是，审美共通感可以将个体带入现代化缺乏的共同存在感。一种共同体存在感作为公共社会的伦理资源和审美共通感的现代性领域，从而具有了特殊重要的公共文化乃至政治文化意义。将个体带入现代化缺失的共同体存在感与公共社会的心理资源对崇高现代意义的重建尤为重要。这是由于崇高作为近代审美范畴，它带有这一时代突出的文化心理烙印，即强调主体自身的价值与力量，把自我与个性放在极为突出的地位。如浪漫主义审美风格对天才、想象、个性的推崇，以个体的力量改造和拯救社会等，随着传统共同体信仰的衰落，进入现代社会后崇高近代精神的衰落成为必然。现代社会作为一种社会化高度建构的时代，公共性成为个体之间的契约与交往的纽带，现代人在凸显个体性的同时又空前地统一于全球化的公共生产—生活方式。而胡塞尔的“主体间性”与哈贝马斯的“交往”理论模式成为现代公共精神策源机制的主流理论，表明了“共同体存在感”的重要性。要从根本上改变唯我主义的审美贫困，崇高现代意义的建构需要进入这一特殊领域。

提出“公共社会的心理资源”，意在强调对保留于审美共通感这一共同体文化—心理结构中全部丰富成果与资源的借鉴与吸收，这是崇高在现代社会凸显其意义的核心所在。

审美从宗教与伦理中的近代独立，被视为现代性的分化性标志之一。从根本上看，古代精神是真善美一体性的。其中，“善”在古希腊与整个古代中国历史上均居于支配地位。康德以“美”统一“真”与“善”，则标志着“美”在现代性中的突出地位。此后，整个现代精神呈现为唯美主义方向。从真与善有机体中分化出来的美，成为现代社会的支配性价值，但从文化史的演进规律看，现代社会仍然不可或缺地依赖不同于古代共同体的公共精神。作为从古代到近代逐渐建立与完善的真与善的价值，虽然经历了现代性的分化，但依然会作为一种积淀的共同文化资源而保留于审美共通感之机体中。这种资源的形成与崇高内涵的历史性建构有文化上的同一性，故应传承与弘扬。

审美共通感中所蕴含的现代公共精神资源理应受到高度重视，因为美感的社会统一性不再是古代共属感的遗留特征，而成为现代社会中对现代化—现代性的分裂性缺陷具有积极整合功能的公共精神资源。其中包括：在吸收古典道德价值基础上，更突出以精神文明的“心体”建设和“德性”自觉为核心的现代社会伦理资源地位，这是个体主体进入现代性视域的重要条件；另外，自近代以来中外启蒙美育思潮，通过培养审美共通感和陶冶现代公民的心理习性，在文化精神滋养中重建精神信仰，是现代性公共精神资源的重要方面，十分有利于主体信仰的自觉生成；此外，审美共通感中作为形式机制的族群认同感与形式共通感等，均体现为一种公共性的视域，与20世纪新生成的并具有强劲活力的大众审美团体等，共同强化了现代主体的共在感与共鸣性，是现代崇高形态及意义重建不可缺少的“共通感”因素。

三、作为自由个性与社会使命合题的崇高

本节所讨论的问题可看作是崇高现代意义重建的核心内容及理想目标，也是马克思主义人学思想及审美理论的精华所在。

所谓自由个性即人的自由个性，它是马克思主义关于每个人的全面而自由发展的题中应有之义。人的自由个性的发展包括人的独立性和自主性的发展。人的能力的发展、社会关系的发展都与人的自由个性的发展分不开，在一定意义上甚至可以说，能力和关系的发展都是为“自由个性”服务的。关于“人的全面发展”，马克思的表述是：“人以一种全面的方式，就是说，作为一个完整的人，占有自己的全面的本质……对人的现实的占有；这些器官同对象的关系，是人的现实的实现（因此，正像人的本质规定和活动是多种多样的一样，人的现实也是多

种多样的)，是人的能动和人的受动，因为按人的方式来理解的受动，是人的一种自我享受。”① 在这段经典论述中，马克思把“自由”与“全面的本质”相联系，作为实现完整人的条件与途径，以显示自由个性的重要性。它不仅构成人的本质力量全面实现的内在规定，也体现了现代审美最核心的价值取向。

美是自由的象征，自由作为人的活动中所表现的一种自觉、自为、自主的状态，从价值形态看，实则体现的是真、善、美的内在统一，是规律与目的的统一。人类的特性之所以恰恰就是自由自觉的劳动，原因正在人的劳动是按照真善美的尺度进行的。“动物只是按照它所属的那个种的尺度和需要来构造，而人却懂得按照任何一个种的尺度来进行生产，并且懂得处处都把固有的尺度运用于对象；因此，人也按照美的规律来构造。”② 马克思所讲的按照“美的规律”来构造，就是讲合规律性与合目的性，即真善美统一的问题。这种作为人的本质纯粹形态的无限自由创造的生产即“美的规律”的生产，所表征的不是经验性主体的自由，而是不断超越现实规定性的无限性的理想亦即理念性的自由。从审美角度看，马克思以“美的规律”的生产和发展人的自由创造个性，作为人的无限性理念与最高价值，体现着以“未来”扬弃“现在”，并永不停止这一现代性核心特性，这种具有社会感召力与价值制高点的美学思想资源，深刻体现了崇高现代意义构成的一个极其重要的方面。

然而，在其现实性上，人的本质是一切社会关系的总和。人总是在一定的社会关系中生存和发展的，社会关系实际上决定着一个人能够发展到什么程度。人的自由发展固然是人的发展的重要内容，但马克思从不把人的发展绝对化和单一化，而是从人的社会关系发展和社会使命的角度说明人的发展的历史性。“人的依赖关系（起初完全是自然发生的)，是最初的社会形式，在这种形式下，人的生产能力只是在狭小的范围内和孤立的地点上发展着。以物的依赖性为基础的人的独立性，是第二大形式，在这种形式下，才形成普遍的社会物质变换、全面的关系、多方面的需要以及全面的能力的体系。建立在个人全面发展和他们共同的、社会的生产能力成为从属于他们的社会财富这一基础上的自由个性，是第三个阶段。”③ 马克思所讲的三个阶段，既是自由个性的发展需要依赖的现实规定，也代表了社会使命的内容，即从人的对象性关系的全面生成，到个人社会关系的高度丰富和完善，再到人对社会关系与财富的共同控制与全面占有。在马克思主义看来，真正的人的发展也只能是全社会的每一个人的发展，因为一个人的发展取决于和他直接或间接交往的其他一切人的发展。

① 《马克思恩格斯文集》第 1 卷，人民出版社 2009 年版，第 189 页。
② 《马克思恩格斯文集》第 1 卷，人民出版社 2009 年版，第 163 页。
③ 《马克思恩格斯文集》第 8 卷，人民出版社 2009 年版，第 52 页。

除此而外，关于人的发展的历史使命，马克思呼吁劳动者过“真正人的生活”，享有“真正的人的自由”，马克思把人的异化看作人的本质的丧失，把人的解放看作人获得了自己的族类本质，这就是人的总体性的实现。“历史不过是追求着自己目的的人的活动而已”①，人的活动是有理想性与目的性的，建立在这一基础上的“美的规律”的生产的无限性理想，正是作为未来的历史哲学终极目的。在对社会历史使命的理解中，马克思主义美学的贡献不仅在于强调人的自由本质的发展与人的感觉的解放问题，而且还在于提出了“人的一切感觉和特性的彻底解放”与“全面的人的复归”等重大任务。所以，每一个社会发展需要以自由个性的发展来实现，并以个人的幸福为目的；但同时又要通过社会的发展来完善自身，并获得人与自身、人与自然、人与社会、人与人类总体的和谐共生和共同发展，这是作为自由个性与社会使命合题的真正内涵。而崇高现代意义的重建，正体现于这一合题的历史进程之中。

思考题：

1. 如何理解优美与崇高的联系与区别？
2. 试述优美在审美形态中的特殊地位。
3. 从现代性语境看崇高的生成与演变。
4. 举例说明优美与崇高的相互转化。
5. 结合现代审美状况阐释崇高的现代意义。

▶ 本章小结与回答示例

① 《马克思恩格斯文集》第1卷，人民出版社2009年版，第295页。

第九章　作为审美范畴的悲剧与喜剧

首先须要分梳悲剧与喜剧两术语的语义语用。

在日常生活与大众传媒中我们看到的具有鲜明对立意味的“悲剧”与“喜剧”术语，基本指的是一些令人伤感不已的不幸、悲惨遭遇与令人忍俊不禁的滑稽、可笑之事。前者如一次车祸、一场矿难、一桩凶杀案件，后者如马戏团的小丑表演、一些搞笑图片与场景等。

在更多或更专业的情形里，原本发源于古希腊并成为西方重要文化现象的悲剧和喜剧①这对术语，是被作为戏剧类型或体裁而看待（有时还会加上正剧、悲喜剧等类型），且每每与那些西方艺术史上的戏剧与文学（作为剧本）的经典之作，如索福克勒斯的《俄狄浦斯王》、莎士比亚的《哈姆莱特》和莫里哀的《伪君子》、果戈理的《钦差大臣》等联系在一起。

但悲剧与喜剧术语实际并不囿于上述日常生活传媒话语和戏剧艺术类型的范围内。尤其是在相关理论探讨中，悲剧与喜剧概念还被扩展到人们对一些小说、电影、电视剧、小品等叙事性艺术类型的审美体验与评价，前者如列夫·托尔斯泰的《安娜·卡列尼娜》、鲁迅的《祝福》、电影《魂断蓝桥》，后者如吴敬梓的《儒林外史》、卓别林主演的电影《摩登时代》等。甚至在对诸多真实的历史事件的特别观照范围内，也常常使用着这一对术语。末一种在广泛意义上被使用的悲剧与喜剧术语——为了与作为戏剧及文学艺术样式的悲剧与喜剧概念相区分，美学上有时称之为“悲剧性”与“喜剧性”或“悲剧美”与“喜剧美”，这正是本章即将讨论的作为审美形态和美学范畴的悲剧与喜剧。

---

① 悲剧和喜剧两词分别源于古希腊文 Tragōidia（英文为 Tragedy）和 Kōmōidia（英文为 Comedy），其名称与起源均与古希腊的酒神即狄俄尼索斯祭祀及相关庆典表演或比赛密切相关。前者的字面义为“山羊之歌”，关于此名称由来的代表性解释有：比赛的奖品是山羊，演出时歌队围绕着作为祭品的山羊，歌队成员常扮作山羊或身穿山羊皮衣服；后者的字面义为“狂欢”或“狂欢（队伍）之歌”，大概因祭祀酒神时的狂欢歌舞和滑稽表演而得名。亚里士多德认为，悲剧与喜剧均“从即兴表演发展而来的。悲剧起源于狄苏朗勃斯歌队的即兴口诵，喜剧则来自生殖崇拜活动中歌队领队的即兴口占”（《诗学》第四章）。另据学者们研究，狄苏朗勃斯本身即起源于祀祭酒神狄俄尼索斯的活动，内容以讲述狄氏的出生、经历和所遭受的苦难为主；而生殖崇拜实际亦是狄俄尼索斯庆祭活动的一部分，在领队的带领下，放荡的人群一边簇拥着男性生殖器模型行进，一边唱着言词污秽的歌。学者们也指出，典型意义上的悲剧大概产生于公元前 534 年的雅典，是由酒神节祭祷仪式中的酒神狄俄尼索斯颂歌演变而来；喜剧则大约于公元前 486 年获雅典官方承认，同悲剧一样成为酒神狄俄尼索斯庆祭活动中的一个比赛项目。参阅罗念生、水建馥编：《古希腊语汉语词典》，商务印书馆 2004 年版，第 894—895 页、第 492 页；［古希腊］亚里士多德：《诗学》，陈中梅译注，商务印书馆 1996 年版，第 48、54 页，第 248—253 页。

人类始于古希腊时期的悲剧审美史源远流长，自柏拉图与亚里士多德以来的悲剧与喜剧理论研究已逾两千多年，关于悲剧与喜剧的审美本质及其特征迄今却仍莫衷一是，罕有公认定论。从逻辑上讲，作为审美范畴的悲剧与喜剧的本质实际是审美本质在审美形态层面的展开，也可以说是审美对象和审美主体矛盾运动状态在特定阶段的两种具体表现形态。规律与目的相统一或者人的本质对象化包含着克服阻力的对立统一运动过程。当作为人的本质的自由遭到伤害甚至牺牲时，便产生悲剧；当统一或对象化即将实现，主体确定地占据矛盾支配地位时，对于对象的优越感便油然而生，遂有喜剧。由于悲剧与喜剧具有对举特性，所以本章合并讲述。

第一节　作为审美范畴的悲剧

一、作为审美范畴的悲剧的本质

尽管不排除不同时代、不同理论家给予悲剧概念以特殊的规定性，前边已经区分的三种悲剧概念，即作为日常话语的悲剧、作为戏剧艺术类型的悲剧和作为美学范畴或审美形态之一的悲剧则构成了悲剧概念的基本用法。三种悲剧概念各有其使用范围，其内涵所指也大有不同，但三者并非各不相干，实际存在着十分密切而复杂的逻辑与现实关联。作为戏剧艺术类型的悲剧概念实际是日常话语悲剧概念与美学范畴悲剧概念产生的历史根据，作为戏剧艺术类型的悲剧形态虽然只是美学研究的悲剧形态的一部分，但却同呈现于如小说、影视等叙事性作品中的悲剧形态一起，构成了作为审美形态的悲剧的原型与典型代表；日常话语中的悲剧即苦难、不幸和死亡等悲惨事件虽不等于作为艺术类型与审美形态的悲剧，但它无疑又常常构成了作为艺术类型悲剧的现实基础、创作素材，也构成了作为审美形态的悲剧及其研究的现实背景；作为美学范畴的悲剧明显不能等同于生活中司空见惯的苦难、不幸和死亡，也包括但不限于戏剧及其他艺术类型中的悲剧形态，但它不能完全脱离后两者而存在，在一定意义上，它是对艺术类型中的悲剧形态、历史或现实生活中具有典型意义的悲剧事件的哲学概括与意义提升。

另外，从悲剧理论研究而言，作为戏剧艺术类型的悲剧概念之于作为美学范畴的悲剧概念的联系更为密切、意义更加重大。因为作为戏剧艺术类型的悲剧概念不仅构成了整个悲剧理论史的核心，也因此成为作为美学范畴的悲剧讨论的重要前提与基础。

由三种悲剧概念及其关系遂引出一个颇有争议的重要理论问题：现实生活中有无美学所谓的作为审美形态的悲剧？

大多数美学家给予否定回答。英国学者海伦·加德纳说："严格说来，现实生活中没有悲剧，悲剧是艺术品，因而它是用来提供娱乐的。事件本身也并不具有悲剧性，它们可能是灾难性的、令人震惊的、可怜的或是恐怖的，但不经过想象力的加工则不具有悲剧性。"① 朱光潜也曾明确写道："现实生活中并没有悲剧，正如辞典里没有诗，采石场里没有雕塑作品一样。悲剧是伟大诗人运用创造性想像创作出来的艺术品，它明显是人为的和理想的。"② 还有学者更具体地从美学视角分析指出："现实中存在的悲剧，经常迫使人们采取严肃的伦理态度和实践行动。……对于跟人的实践利害直接联系的现实中的悲剧，人们很难、一般也不应直接采取审美观照的态度。因此，只有反映形态的悲剧艺术，才经常作为审美对象，引起人们的审美愉悦。"③

现实生活中当下发生的苦难与悲惨事件的确首先是需要"人们采取严肃的伦理态度和实践行动"的伦理事件，因而并不构成美学意义上的悲剧形态。但这些苦难与悲惨事件一旦成为历史，接受者一旦与之拉开一定的心理距离或给予审美观照，那些分明不是艺术虚构而是真实的悲惨事件就会以作为审美形态的悲剧呈现出来。

而且，戏剧与文学艺术史上的那些以真实的历史或现实事件为题材的经典悲剧作品的诞生，无不以此类现实的悲剧审美形态为前提。很难设想以真实的历史或现实事件为题材的悲剧艺术作品会在未经审美观照的前提下创作出来。悲剧艺术家对历史或现实中那些被视为艺术悲剧素材的真实事件，"运用创造性想像"（朱光潜）进行"加工"（海伦·加德纳）的初始阶段，或创作一部特定悲剧艺术品的过程，就已经或至少是伴随着现实的悲剧审美的发生过程。

因此，作为美学研究对象的悲剧概念既包括普遍存在于各门类叙事性悲剧艺术作品中的悲剧审美形态，也包括在特定的时空情境下，针对具有悲剧性意义的社会生活与历史事件而展开或存在的现实悲剧审美形态。

那么，作为一种审美形态的悲剧究竟有着怎样的本质规定性？鉴于悲剧美学争讼纷纭，结合第一章对审美本质理解和前面对审美形态的界定，可以给美学意义上的悲剧概念下一个权宜使用的定义：

悲剧（tragedy），又称悲剧性（the tragic）或悲剧美（the tragic beauty），是指具有值得人同情、认同的个体，在特定必然性的社会冲突中，遭遇不应有却又不可避免的不幸、失败甚至死亡结局的同时，个性遭到毁灭或者自由自觉的人性受

① ［英］海伦·加德纳：《宗教与文学》，江先春、沈弘译，四川人民出版社 1998 年版，第 9 页。

② 朱光潜：《悲剧心理学》，张隆溪译，人民文学出版社 1983 年版，第 243 页。

③ 王朝闻主编：《美学概论》，人民出版社 1981 年版，第 52 页。

到伤害，并激起审美者的悲伤、怜悯与恐惧等复杂审美情感，乃至发生某种转变的一种审美形态。有别于其他审美形态，悲剧审美形态实际同时具有四个必不可少的基本要素，即悲剧主角、悲剧事件、悲剧悖论和由悲剧审美的主体所承当的悲剧效果。① 其中，前三个要素是悲剧审美的对象方面的要素，悲剧效果则是悲剧审美的主体方面的要素。

由于审美形态是审美活动的综合效应及其表现形式，是从主客两方面对审美的感性特征的整体描述，因而，审美形态意义上的悲剧或悲剧美形态并非静态的实体性事实，而是一个现象学意义上的动态呈现或生发、展开过程。在此意义上，可以将作为审美形态的悲剧的生发、展开过程称为悲剧审美，并将在悲剧审美中所获得的美称为悲剧美。

从马克思主义美学出发，悲剧审美与悲剧美突出展示的是悲剧人物在人的本质对象化过程中所受到的伤害乃至毁灭，但是与崇高审美中主人公遭受挫折甚至死亡、激起人的总体族类升华感有别，悲剧审美中主人公所遭受的伤害或毁灭是对个性自我意识的伤害或毁灭。悲剧主人公的个性承担着悲剧中被毁灭的人的本质，人性的伤害或个性的毁灭也因此构成了悲剧审美对象的核心。因而，悲剧审美的本质或重心在于对个性或人性毁灭事件自觉或不自觉的哲学性观照。

人们常常依据悲剧主人公沉沦或悲剧发生的主要根由，将悲剧区分为命运悲剧（如《普罗米修斯》《俄狄浦斯王》）、性格悲剧（如《哈姆莱特》《罗密欧与朱丽叶》）和社会悲剧（如《玩偶之家》《高老头》）等类型；有时也根据悲剧人物的身份及其悲剧效果将悲剧划分成英雄悲剧（如《普罗米修斯》）、小人物悲剧（如《阿Q正传》）和反面人物悲剧（如《麦克白》）等类型；根据题材将悲剧划分为爱情悲剧、家族（庭）悲剧、恐怖悲剧等。此类划分主要着眼于各种经典艺术作品、因而更适用于作为戏剧等艺术类型的悲剧，对认识整个审美形态的悲剧发生的根源和具体情况同样具有重要参考意义。不过，根据上述对悲剧的美学定义和悲剧主人公个性特征在悲剧中的呈现方式，可以将美学意义上的悲剧分为以下两种：

第一种，悲剧主角以超前出现的强烈个性姿态与客观环境对抗，目的因脱离规律条件而表现为不能实现的理想愿望；悲剧主角目的无法实现的绝望境况与其执著追求目的的理想的强烈个性构成了悲剧与崇高的交叉。此可谓悲剧中最接近崇高的一类悲剧，故可称之为“崇高性悲剧”。表现神话英雄普罗米修斯为了人类的福利而将火种盗往人间，因此被宙斯用镣铐钉在高加索山受酷刑折磨的《被缚

① 参阅［英］安德鲁·本尼特、尼古拉·罗伊尔：《关键词：文学、批评与理论导论》，汪正龙、李永新译，广西师范大学出版社2007年版，第100—108页。

的普罗米修斯》就是这样的悲剧；战国时期楚国著名诗人屈原一生忠于楚国国王却屡被诬陷、不受信任且屡遭放逐，最终投江自尽的真实事迹也是这样的悲剧。

第二种，悲剧主角在既定现实的结构秩序中磨灭了个性和创造力，悲剧主角的个性不是超前，而是无个性；作为主体的悲剧主角的目的不是夭折，而是被特定的现实情境及其力量同化消解。这是明显与崇高有别、更集中体现悲剧审美形态的独特性质的“非崇高性悲剧”。用鲁迅的话讲，此即“软刀子割头不觉死”①的“平常悲剧”，“这些极平常的，或者简直近于没有事情的悲剧，正如无声的言语一样，非由诗人画出它的形象来，是很不容易觉察的。然而人们灭亡于英雄的特别的悲剧者少，消磨于极平常的，或者简直近于没有事情的悲剧者却多。”② 悲剧突破了英雄牺牲的狭隘格局，而将整个人生收入视野。从阿 Q 扭曲麻木的性格到电影《摩登时代》中沦为活扳手的工人的机械动作，从契诃夫笔下那个为将鼻涕溅到将军身上而竟至于自我惊吓而死的小公务员到盲从邻居选购消费、追随街头时装穿戴、被大众传播信息裹挟得不能自主的当代日常心态，此类悲剧更为深刻地展示了人的个性在现实生活中是如何被泯灭的。

二、作为审美范畴的悲剧的特征

与悲剧审美范畴的本质内涵及其四要素，即悲剧人物、悲剧事件、悲剧悖论和悲剧效果相对应，作为审美范畴的悲剧或悲剧审美同时具有下述四个方面的基本特征：

首先，悲剧至少有一个值得人同情和认同的个性化人物作为主人公。

任何悲剧都至少会有一个主要人物或主人公作为悲剧事件的承担者与行为主体，但并非任何人都可以作悲剧的主人公。最早对悲剧做出著名界说而且影响深远的亚里士多德，从其文艺摹仿说出发明确写道：“悲剧是对于比一般人好的人的摹仿。”③ 在亚里士多德看来，悲剧主人公的理想人选既非“十分善良的人”，也非“极恶的人”，而是介乎两者之间的会犯错误的“好人”。因为，悲剧主人公倘是十分善良的人，他们遭遇不幸只会使人厌恶，而不能引起人的恐惧与怜悯之情；倘是罪大恶极的人，他们遭遇不幸便是咎由自取，也不能引起人的恐惧与怜悯之情。只有会犯错误的好人遭遇不幸时，才能既引起人的怜悯之情——惟其是好人，故值得人同情；也引起人的恐惧之情——惟其不是好到极点，同普通人一样会犯

① 鲁迅：《老调子已经唱完》，《鲁迅全集》第 7 卷，人民文学出版社 1981 年版，第 311 页。
② 鲁迅：《几乎无事的悲剧》，《鲁迅全集》第 6 卷，人民文学出版社 1981 年版，第 371 页。
③ ［古希腊］亚里士多德：《诗学》，罗念生译，人民文学出版社 1962 年版，第 50 页。

错误，因而遭遇不幸，故使人担心类似的不幸也会降临到自己头上。①

亚里士多德的总结主要针对古希腊悲剧艺术实践，其“会犯错误的好人”说及其具体分析意见未必会被人全部接受，但他所强调的悲剧主人公一定具有这样或那样的、哪怕是些微的伟大的、善良的、正义的、正面的、积极的等值得肯定的素质，即必有其值得人同情与认同之处的看法，仍具有相当大的普遍性。“悲剧将人生的有价值的东西毁灭给人看”②，鲁迅这一关于悲剧的简明表述可谓是对亚里士多德悲剧人物“有过失的好人”理论的概括性表达。

此理论不仅为亚里士多德特别提到的古希腊悲剧家索福克勒斯《俄狄浦斯王》中的俄狄浦斯这一经典悲剧主角所证明，也可由英国文学巨匠莎士比亚《麦克白》中的著名恶人麦克白获得支持。俄狄浦斯的悲剧固然很大程度上是因为命运安排，他本人从未主动为非作歹，似乎是一位完全无辜的好人，但动怒失手杀死老人（实为其生父）和因除斯芬克斯妖而被动接受王位并娶前王寡后（实为其生母）的事实，毕竟表明他仍存有看事不明的弱点（戏剧终了时俄狄浦斯刺瞎自己的双眼可谓是对此之象征性回应）；因勃勃野心而逐渐蜕变为欲令智昏、倒行逆施、冷酷不仁的暴君，最终落得众叛亲离、身败名裂下场的麦克白，俨然是一位十恶不赦的坏人，做悲剧主角似乎根本不够格，但或许是因为其出场时的善良本性、一世之雄和丰功伟绩的闪光点的存在与映衬，《麦克白》仍然被公认为莎士比亚的四大悲剧之一。

从亚里士多德通过能否引发接受者的怜悯与恐惧之情来决定一个人是否够格做悲剧主人公的论证来看，成功的悲剧主角的确立，需要经过接受者与主角本人具体表现主客两方面微妙的价值关系来实现。然而，悲剧人物的价值衡量依据并不能简单地归结为伦理学意义上的善，而应该用马克思的以自由自觉创造性为内核的人的本质对象化理论来确立。人的自由自觉创造性或对象化本质的展开与存在是体现一个正常人价值的根本，其遭遇失败或完全丧失，也便构成了一个悲剧人物之所以是悲剧人物的真正原因。

单从作为戏剧类型的悲剧在西方的演变史来看，悲剧的主人公在很长一个时期内，不是帝王英雄就是王公贵族。只是到了后来，随着市民阶级的形成和发展，普通市民才担任起这个角色，甚至“市民悲剧”随之也成了近现代戏剧的主流。

因此，从美学意义上的悲剧观念讲，不论是勇武过人的英雄人物（如普罗米修斯、项羽）、令人钦敬的社会贤达（如苏格拉底、屈原）、意坚志强的仁人志士

---

① 参阅［古希腊］亚里士多德：《诗学》，罗念生译，人民文学出版社 1962 年版，第 37—38 页。

② 鲁迅：《再论雷峰塔的倒掉》，《鲁迅全集》第 1 卷，人民文学出版社 1981 年版，第 192—193 页。

(如布鲁诺、谭嗣同)、地位显赫的王子贵族(如哈姆莱特、林黛玉),还是表面上平凡无奇的小人物(如苔丝、高加林)、默默无闻的芸芸众生(如玛蒂尔德、祥林嫂)、乏善可陈的平庸之辈(如别林可夫、阿Q),甚至是劣迹在身的反派人物(如麦克白、周朴园),当他们遭遇不幸甚至毁灭时,只要表现出人的自由自觉创造性本质的丧失,具有了哪怕些微的值得肯定的正面价值,并进而激起亚里士多德所谓的怜悯与恐惧之情,或者引发人们的一定同情与认同,就可称之为悲剧人物。

其次,悲剧人物会遭遇到一个结局不幸的灾祸、失败或死亡的悲惨事件,并常常使个性遭到毁灭或者使自由自觉的人性受到一定程度的伤害。

同优美与崇高的审美对象可以是人事活动,也可以是物质实体有别,悲剧审美的审美对象必定是有人参与的人事活动,而且是悲剧主人公所体现出来的人生的痛苦、不幸和悲哀之事。亚里士多德特别强调悲剧的情节及其完整性,以为"悲剧是对于一个严肃、完整、有一定长度的行动的摹仿",而且"情节乃悲剧的基础,有似悲剧的灵魂"①。或许与古希腊悲剧具有突出的崇高特征有关,从其悲剧定义看,亚氏似乎并不着意于悲剧情节的"悲"。但从悲剧所产生的怜悯与恐怖效果看,他也并未否认悲剧"悲"的特征。后来人们通常以为,"悲剧要求表现剧中人所遭遇的巨大的危难;喜剧则满足于对主要人物的惊慌和烦恼的模拟"②。换言之,无悲不成悲剧,悲剧必须具有令人悲惨、悲伤、悲叹、悲悯、悲酸、悲切的事件。事件愈是撕心裂肺,悲剧就愈是出色;悲得愈深,哀得愈甚,愈能产生悲剧效果。

"在悲剧中,血腥和死亡并不是必需的。"③ 因而,必须强调:悲剧事件的悲惨性,即悲剧主角所遭受的失败、伤害甚至死亡不能片面、肤浅地理解为其肉体上的死亡或伤害,而是指本质内容上、在矛盾斗争的总体形势上,主体被客体压倒,合乎人类本质发展方向的目的性愿望被严酷的客观规律所否定,体现人的本质的劳动——实践的能动性、创造性和自由性受到损害乃至丧失。按高尔基的话来讲,就是"人性的毁灭"。就此,美学上所谓的悲剧便同报刊与日常用语中常常意指车祸丧生之类偶然不幸事件的"悲剧"划清了界限,也同特定社会生活情境中必要的牺牲有了重要区别。后者如董存瑞为了人民解放军赢得战役的胜利而手托炸药包与敌堡同归于尽的英雄行为,电影《泰坦尼克号》主人公杰克为保全救助其女

① [古希腊] 亚里士多德:《诗学》,罗念生译,人民文学出版社1962年版,第19、23页。

② [法] 高乃依:《论戏剧的功用及其组成部分》,载伍蠡甫主编:《西方文论选》上卷,上海译文出版社1979年版,第255页。

③ [法] 拉辛:《〈贝蕾妮丝〉前言》,克利福德·利奇:《悲剧》,尹鸿译,昆仑出版社1993年版,第5页。

友罗丝而冻死在寒冷海水里的爱情故事，就均不能归属于悲剧事件。因为主人公虽然均牺牲了自己的生命，却并未表现出人的本质力量的失败，反而是人的对象化本质的完满实现。所以，这两个事件体现的与其说是美学上的悲剧形态，毋宁说是美学上的崇高形态。多数美学不区分崇高与悲剧，就失去了对上述深刻差异的把握。

因此，悲剧中的巨大痛苦与不幸固然往往表现为主人公的死亡，但有主人公死亡发生的事件却不一定是悲剧，无主人公死亡发生的事件也不一定不是悲剧。主人公人的本质的泯灭或其遭受的内在伤害其实是悲剧的精髓所在，它也常常构成了中外经典悲剧艺术作品最具深度、最令人战栗的部分。莫泊桑小说《项链》女主角玛蒂尔德因为一夜风流舞会而付出的十年含辛茹苦的生活，并非其因一条丢失的假项链而造成的悲剧全部，她为上流社会的权势奢华所征服进而丧失独立人格的强烈的虚荣心，比其不幸、辛酸的生活经历更加令读者惊心。这里没有死亡事件，却因其展示了人性毁灭的惨状而成为典型的悲剧作品。鲁迅《祝福》主人公祥林嫂历经丧夫、被迫改嫁、儿子丧命等人生之痛，屡受经济剥削、社会压迫，最终在祝福之夜倒毙街头。祥林嫂的一生无疑是悲惨的，但给予祥林嫂真正致命打击的还非上述各方因素带给她的外在伤害，而是在捐过门槛后仍不被允许参与鲁四老爷家年终祭祀所宣判的、她无法赎罪事实造成的内在伤害。祥林嫂是否有资格作为一个人活在现世的主体自我意识、她作为一个人赖以与动物相分的最后的人格自信心与自尊心就是因此被摧残殆尽的。悲剧在此以人性的内在毁灭，对于比经济剥削与社会压迫更为凶残的杀人礼教做出了深度控诉。

再次，悲剧人物所遭遇的痛苦甚至死亡结局及其人性伤害或丧失，既是必然而不可避免的，又同时是不正当的、令人不可接受的。

如前所述，亚里士多德就已经注意到悲剧主人公自身的矛盾与复杂性，以为悲剧人物比一般人好，但不是非常好。不过，最先触及悲剧悖论性的应该是黑格尔。黑格尔从其绝对理念哲学出发，在《哲学史讲演录》和《美学讲演录》中用冲突概念来解释悲剧的根源时，提出了更具有审美形态内涵的著名悲剧冲突理论。他明确指出："真正悲剧性的事件中，必须有两个合法的、伦理的力量互相冲突。"①而作为两种伦理观念体现者的矛盾冲突双方，均既是合理的，又是片面、不正义的，因为实现其伦理观念都必然要损害对方。尽管黑格尔的悲剧理论所谓的悖论存在于悲剧冲突双方，严格说来还不是这里所谓的主人公悲剧事件的悖论性反映，而且存在着为人诟病的抹平矛盾双方正义与非正义性、将胜利归结为抽象的"永

---

① ［德］黑格尔：《哲学史讲演录》第2卷，贺麟、王太庆译，商务印书馆1960年版，第44页。

恒的正义”的倾向，但他所揭示的悲剧矛盾冲突及其主人公命运的不可避免性仍然是有启发性的。

别林斯基甚至强调说悲剧事件一定是具有必然性的：“偶然性，例如人物的意外的死亡，或者跟作品的基本概念没有直接关系的另外一种未能预料的情况，是不能够在悲剧中占有一席位置的。”① 汲取了黑格尔的悲剧冲突概念，但注重挖掘悲剧性的社会历史根源的马克思和恩格斯则以为，悲剧性产生于特殊的悲剧情境，是“构成了历史的必然要求和这个要求实际上不可能实现之间的悲剧性的冲突”②。马克思、恩格斯与黑格尔、别林斯基一样强调了悲剧发生及其结局的必然性，都不把悲剧归结为偶然的、个人的作用的结果。

因此，通过那些经典的悲剧作品就能看到，俄狄浦斯必然要弑父娶母，不管其父母还是他本人如何摆脱都无法幸免，但人们又无论如何也不能接受弑父娶母这一悖天逆伦之事的正当性。同样令人无法接受和觉得正当的是善良的祥林嫂竟然非死不可，因为非但鲁四老爷、四婶，就连她的婆婆、小叔子、小丈夫，甚至处于同样佣工地位的柳妈，都几乎共同一致地、自觉不自觉地把祥林嫂逼向恐怖地狱，尽管他们并非一定心存害人之念。越是如此，与主观恶念或人事设计无关的悲剧历史必然性就越具有深度。

每一个悲剧主人公都是不幸的，他所遭遇的肉体痛苦与死亡，所受到的人性方面的戕害、损失，也都会产生一种不可避免的印象，这就是人们时常谈论的悲剧的不可避免性或历史必然性。但是此类似乎是命中注定的事情，同时又是不可接受的、非正当的、不适合的。悲剧似乎因此也陷入了一个奇怪的矛盾或悖论，此可谓主人公悲剧遭遇及结局的悖论性。古今中外那些经典的艺术悲剧作品之所以成为被人不断回味的经典，在很大程度上无不与其对各种不同背景下发生的触目惊心的悲剧悖论的沉重展示紧密相关。

在人们常常依据悲剧主人公沉沦或悲剧发生的主要原因，将悲剧区分为命运悲剧、性格悲剧和社会悲剧这三类悲剧类型中，不只是命运悲剧和社会悲剧格外醒目地凸显了个体对造成悲剧发生的不以个人意志为转移的外在强制特征的感受，即便是性格悲剧，导致悲剧发生的性格因素也并非主观随意性，而同样体现出一种必然的强制性。

最后，是悲剧极其重要的一个审美感受与功能方面的特征：悲剧会引发其审美者恐惧、怜悯与悲伤等诸多复杂的情感反应与审美感受，甚至发生某种精神提升或转变。以上对悲剧三个特征的探究，已经不断提到悲剧主角及其事件所激起

---

① ［俄］别林斯基：《别林斯基选集》第3卷，满涛译，上海译文出版社1980年版，第73页。

② 《马克思恩格斯文集》第10卷，人民出版社2009年版，第177页。

的悲剧审美者的情感反应，亦即悲剧的审美效果。由悲剧审美者而承担的悲剧效果是复杂而具有启示性的。

亚里士多德悲剧理论最引人瞩目的“净化”说就是对此特征的权威表达：“悲剧是对于一个严肃、完整、有一定长度的行动的摹仿；它……借引起怜悯与恐惧来使感情得到陶冶。”① 这里被中译为“陶冶”的希腊原文 Katharsis 本有两种使用语境：作为医学术语，意为“宣泄”，是一种较常用的使肉体摆脱某种有害物质的医治手段；作为宗教术语，意为“净洗”，是某些宗教活动所要实现的目的，即使肉体或灵魂等从某种污垢或激情的纠缠中摆脱出来。此词一般被译为“净化”，也有译为“疏泄”的，更有主张为保全其上述多种内涵而最好音译为“卡塔西斯”的。

亚里士多德“净化”说名下的悲剧理论首先凸显的是通过“恐惧”“怜悯”的情感反应而实现的悲剧“卡塔西斯”（净化）效果或功能。正如雅斯贝尔斯所说：“即便是亚里士多德也没有跟我们讲清楚何为净化。但有一点可以肯定，它是触及每一个人灵魂深处的经验。它使人更深刻地接受实在，不只是作为一个旁观者，而是亲身投入其中。”② 雅氏的分析表明，悲剧“触及每一个灵魂深处的”恐惧、怜悯等悲剧情感经验及其净化效果与功能，不仅通过“旁观”而实现，而且通过“亲身投入其中”而实现。

那么，谁是这里所谓的悲剧“旁观者”与“亲身投入者”？事实上，讨论悲剧审美效果与功能的前提是首先须确立承担悲剧效果的悲剧审美主体或曰悲剧审美者。但这个十分重要的悲剧效果与功能的承担者，常常被悲剧研究者忽视或语焉不详。比如，在亚里士多德的著名悲剧定义中根本没有直接出现，在雅斯贝尔斯的上述表达中则用极具抽象意义的“人”来说明。

在作为审美形态的悲剧审美活动中，悲剧事件（喜剧事件也是如此）作为审美对象，本身已经至少有一个主人公（在现场的悲剧戏剧表演中亦即扮演此主人公的艺术家或演员）作为其活动主体，但任何现实的悲剧审美活动也必定会有若干个真实存在着的悲剧审美主体，即欣赏悲剧艺术作品及悲剧性真实事件的观众、听众、读者、知情者、观照者，实际创作一部特定悲剧艺术作品的编剧、作家、艺术家，或实际参与戏剧影视表演的演员、导演，亲身经历一个悲剧性历史事件的主人公（如黑格尔曾经分析过的苏格拉底）等，正是他们才是真正进入一个悲剧审美活动的旁观者与亲身投入者。

再来考察：悲剧经由其审美者会产生怎样的审美感受，收到怎样的审美效果，

① ［古希腊］亚里士多德：《诗学》，罗念生译，人民文学出版社 1962 年版，第 19 页。

② ［德］卡尔·雅斯贝尔斯：《悲剧的超越》，亦春译，工人出版社 1988 年版，第 19 页。雅氏也因此说“没有超越就没有悲剧”。

发挥怎样的审美功能。

按照亚里士多德的观点，悲剧会激起审美者的恐惧与怜悯的审美情感，怜悯是由悲剧主人公遭受不应遭受的厄运而引起的，恐惧则是由遭受厄运的悲剧主人公与审美者相似而引起的。不过，悲剧给予审美者的感情体验除了怜悯、恐惧，还使人悲愤、压抑、痛苦，甚至产生快感。亚里士多德的悲剧分析也明确论及此种“悲剧快感”：“我们不应要求悲剧给我们各种快感，只应要求它给我们一种它特别能给的快感。既然这种快感是由悲剧引起我们的怜悯与恐惧之情，通过诗人的摹仿而产生的，那么显然应通过情节来产生这种效果。”①

当然，崇高性悲剧还同时会使审美者感奋、充满力量、产生超越感。因而，悲剧的审美感受既是变化的，又充满了矛盾。在悲剧审美的实际发生过程中，审美者既可能经历一个陷于悲痛沉重、紧张压抑感受复又从中超越出来的过程，也可能会熔悲伤与愉快、哀矜与振奋等矛盾的情感体验于一炉。正因如此，后人才不断会阐发亚里士多德充满矛盾的“悲剧快感”说。雪莱以为，悲剧提供的“悲愁中的快感，比那从快乐本身所获得的快感更其甜蜜”②；瑞恰兹则指出：“悲剧或许是已知的最普遍的、接受一切的、梳理一切的经验”，它能使两种对立的冲动“怜悯，即接近的冲动，恐惧，即退避的冲动，在悲剧中得到一种其他地方无法找到的调和”③。

无论是艺术类型意义上的悲剧还是美学意义上的悲剧，在当下均不是一个时髦的话题，因为它同偏爱喜剧与喜剧审美、追求娱乐与快感最大化的及时行乐、玩世不恭的当代流行文化格格不入。但不管是作为文学或艺术门类，还是作为一种审美形态，悲剧历来仍然深受为数甚多的艺术家、审美者和哲学家的青睐，以至被称为艺术中的贵族，审美形态中之最能动人心魄者。尼采就曾经指出：悲剧“要使我们相信生存的永恒乐趣”，悲剧所特有的“一种形而上学的慰藉使我们暂时逃脱世态变迁的纷扰。我们在短促的瞬间真的成为原始生灵本身，感觉到它的不可遏止的生存欲望和生存快乐”④。在特定的悲剧审美时刻，悲剧审美者不止可以逃脱世俗生活的纷扰、感受别样的生存欢乐，更会受到悲剧人物、事件、悖论的引导，思考自己或他人的命运，乃至对人生获得哲学性的审视眼光，从而得到

① ［古希腊］亚里士多德：《诗学》，罗念生译，人民文学出版社 1962 年版，第 43 页。关于人为什么喜欢看悲剧，朱光潜的《悲剧心理学》有深入讨论，可以参阅。

② ［英］雪莱：《诗辩》，载伍蠡甫主编：《西方文论选》下卷，上海译文出版社 1979 年版，第 55 页。

③ ［英］艾·阿·瑞恰慈：《文学批评原理》，杨自伍译，百花洲文艺出版社 1997 年版，第 225、223 页。

④ ［德］尼采：《悲剧的诞生：尼采美学文选》，周国平译，生活·读书·新知三联书店 1986 年版，第 71 页。

某种启示，且有可能落实于自己的人生实践，进而产生更深远的现实意义。这正是亚里士多德所谓的悲剧独特的（似乎由悲剧审美专享的）“卡塔西斯”（净化）效果或功能。它实际也是悲剧审美的独特魅力之所在。

三、作为审美范畴的悲剧与崇高的关系

“人们通常都承认悲剧是崇高的最高、最深刻的一种。”① 车尔尼雪夫斯基的论断表明：作为审美形态的悲剧与崇高很容易被混同。康德在《对美感与崇高感的观察》（1764）中也指出：“在我看来，悲剧不同于喜剧主要就在于前者激起崇高感，后者引起美感。”② 中国美学家多赞同此说。李泽厚指出：“悲剧性是否是最高的崇高，我以为还可研究，但说悲剧性是崇高的一种，却是大抵不错的。”“所以悲剧的实质主要在于能否创造崇高，能否激发人们伦理精神的高扬。”③ 朱光潜则以为，悲剧“是崇高的一种，与其他各种崇高一样具有令人生畏而又使人振奋鼓舞的力量；它与其他各类崇高不同之处在于它用怜悯来缓和恐惧。……崇高会激起两种不同的感情，首先是恐惧，然后是惊奇和赞美”④。然而，诚如朱光潜也承认的，作为审美形态的悲剧与崇高在内容范围、基本特征上既有相互联系的一面，更有相互区别的一面。

从相互联系或相似的一面讲，悲剧与崇高都侧重于展示作为审美对象的主人公人的本质在实现对象化过程中的矛盾激化、艰难斗争，主体遭遇巨大阻力的对抗状态和矛盾冲突；崇高性悲剧与崇高都在所涉及的主人公人的本质的暂时失败中，激发起人们对人的本质的伟大自豪感和必胜信心；在心理感受上，二者都在压迫刺激的痛感中使审美者体验、升华出一种强烈而独特的快感即美感。另外，如前所述，从悲剧的类型上看，的确有一类悲剧是接近于崇高的，可称之为“崇高性悲剧”。大概是因为上述共性，人们才将二者混同起来，甚至视悲剧为崇高之一种。

即使如此，基于“非崇高性悲剧”的存在事实，作为审美形态的悲剧与作为审美形态的崇高的差异仍然不容抹杀：第一，崇高审美突出的是作为审美对象的主人公的斗争精神及其胜利前景，而悲剧审美更侧重表现主人公所置身矛盾的主客观条件的限制及主体不可避免的失败与人性所受的伤害与毁灭。第二，悲剧审美侧重表现个体的命运，格外强烈地刺激着个体意识的觉醒；崇高审美则突出人

---

① ［俄］车尔尼雪夫斯基：《艺术与现实的审美关系》，周扬译，人民文学出版社 1979 年版，第 20 页。

② ［德］康德：《康德美学文集》，曹俊峰译，北京师范大学出版社 2003 年版，第 17 页。

③ 李泽厚：《美学论集》，上海文艺出版社 1980 年版，第 210、211 页。

④ 朱光潜：《悲剧心理学》，张隆溪译，人民文学出版社 1983 年版，第 92 页。

类总体背景，它引导个体向人性道德境界升华。第三，崇高性悲剧审美不仅有崇高那样的亢奋激情和人类自豪因素，包括崇高性与非崇高性悲剧在内的悲剧审美更常常以深邃的哲理内容启人深思。第四，悲剧审美比崇高审美的审美对象范围小，它只涉及人的行为或事件；崇高审美的对象既包括人的行为事件也包括自然的对象世界。崇山峻岭、汪洋大海可以具有崇高美，但不可能具有悲剧美。

从某些典型的审美实例看，作为审美形态的悲剧与崇高的确可以各有侧重地统一于一体。如古希腊悲剧中的普罗米修斯故事和戊戌变法中的谭嗣同就义事件，如果从突出两位英雄的斗争精神及其胜利前景的视角来观照，二者可以给人以崇高性的美感；如果从侧重表现两位英雄所置身矛盾的主客观条件的限制及其不可避免的失败或死亡来观照，二者又可以给人以悲剧性的美感。此类悲剧美与崇高美兼备的审美现象可以称之为悲壮的审美形态，实为悲剧审美与崇高审美的交叉形态。不过，还有大量的实例告诉我们，二者是绝不容许被混为一谈的。比如，《祝福》中祥林嫂的故事和《项链》中玛蒂尔德的故事就只能属于美学上的悲剧，而不能归属于美学上的崇高；英雄董存瑞舍身炸碉堡的事迹和电影《泰坦尼克号》中主人公杰克为保全救助其女友罗丝而冻死在寒冷海水里的爱情故事只能属于美学上的崇高，而不能归于美学上的悲剧。因此，作为审美形态的悲剧不能被简单地视作作为审美形态的崇高之一，尽管两者存在诸多相关性。

第二节 作为审美范畴的喜剧

一、作为审美范畴的喜剧的本质

同悲剧一样，喜剧概念也存在着作为日常话语的喜剧、作为戏剧类型的喜剧和作为审美范畴的喜剧三种内涵。这三种喜剧概念虽各自有别，但也有着密切而复杂的逻辑与现实关联。作为戏剧艺术类型的喜剧概念实际是日常话语喜剧概念与美学范畴喜剧概念产生的历史原型与根据，如果没有戏剧上的喜剧也就没有美学中的喜剧范畴，作为戏剧艺术类型的喜剧形态虽然只是美学研究的喜剧形态的一小部分，但却和其他艺术类型如漫画、相声、小说、影视、小品等中也常常出现的喜剧形态一起，构成了作为审美形态的喜剧的典型；日常话语中的喜剧即欢笑、愉快、幽默及戏谑、搞笑、滑稽的事件虽不等于作为艺术类型与审美形态的喜剧，但它们无疑又常常构成了作为艺术类型喜剧的现实基础、创作素材，也构成了作为审美形态的喜剧及其研究的现实背景；作为美学范畴的喜剧明显不能等同于生活中司空见惯的戏谑、搞笑和滑稽，也包括但不限于戏剧及其他艺术类型中的喜剧形态，但它亦不能完全脱离后两者而存在，在一定意义上是对艺术类型中的喜剧形态和历史或现实生活中具有典型意义的喜剧事件的哲学概括与意义提升。

这样，作为一种尤其与悲剧相对而言的审美形态，美学意义上的喜剧明显是广义的，它既包括普遍存在于被称为喜剧、喜剧片、戏剧小品、相声、滑稽剧、漫画艺术作品中的喜剧审美形态，也包括普遍存在于社会生活与历史事件中那些令人发笑且类似于艺术喜剧性的审美形态。

同现实生活中是否有美学意义上的悲剧存在着争论不同，似乎从未见有人对现实生活中有美学意义上的喜剧提出过质疑。当然，从喜剧理论研究而言，作为戏剧艺术类型的喜剧概念之于作为美学范畴的喜剧概念的联系更为密切、意义更加重大。因为作为戏剧艺术类型的喜剧概念不仅构成了整个喜剧理论史的核心，也因此成为作为美学范畴的喜剧讨论的重要前提与基础。

结合第一章对审美与美的本质理解和前面对审美形态的界定，这里给美学意义上的喜剧的定义是：

喜剧（comedy），又称喜剧性（the comedic）或喜剧美（the comedic beauty），是指有这样那样的弱点、缺陷甚至虚假、丑恶特性的人或对象，在特定的矛盾冲突或不和谐情境事件中暴露出自身的不协调与自相矛盾性，从而引人发笑的审美形态。喜剧或喜剧美是一个现象学意义上的动态呈现或生发、展开过程，在此意义上，可以将作为审美形态的喜剧的生发、展开过程称为喜剧审美，而将此审美活动中所获得的美称为喜剧美。与悲剧审美范畴的四要素相类，喜剧审美范畴也同样拥有有别于其他审美形态的同时必不可少的四个基本要素，即喜剧人物、喜剧事件、喜剧矛盾和由喜剧审美的主体所承当的喜剧效果。其中，前三个要素是喜剧审美的对象方面的要素，喜剧效果则是喜剧审美的主体方面的要素。

马克思主要针对欧洲史上一些代表性的历史人物与事件分析而提出的喜剧理论启示我们：作为审美对象进入审美活动的喜剧主角往往是现实生活中的丑角，他们“用一个异己本质的假象来掩盖自己的本质”①，从而表现出人的非本质与无价值性。对喜剧人物此种虚假性的暴露、嘲弄与批判正构成了喜剧审美的核心内容。因此，如果说悲剧审美的本质是对作为审美对象的悲剧主人公所遭受的个性或人性本质毁灭事件的观照，那么喜剧审美的本质就是对作为审美对象的喜剧主人公遮蔽自我个性或人性本质事件的揭露。

往往与作为艺术形式的喜剧相纠缠，人们对喜剧有过视角不同、五花八门的分类方法。最常见的是从对待喜剧主人公的价值态度出发，将喜剧分为肯定性喜剧与否定性喜剧：肯定性喜剧的主人公的美的内容往往采取丑的形式，目的在于

---

① 《马克思恩格斯文集》第1卷，人民出版社2009年版，第7页。

肯定或局部肯定人物的某种品质，因而是“丑中见美”或“以丑衬美”，以此收到正剧所没有的喜剧性效果，如传统戏曲中的《七品芝麻官》《徐九经升官记》，周星驰主演的影片《唐伯虎点秋香》。在肯定性喜剧中，喜剧对象的善的本质在喜剧形式美的可笑中显得可爱（日常生活中揶揄自己疼爱的“傻女婿”）；否定性喜剧的主人公的丑的内容往往假饰成美的形式，目的是在矛盾冲突中暴露和鞭挞假丑恶的事物及其无价值性，因此也被称为讽刺性戏剧或批判性喜剧，如果戈里的喜剧《钦差大臣》、卓别林的影片《大独裁者》、吴敬梓的讽刺小说《儒林外史》等。

另有所谓闹剧、浪漫喜剧（幽默喜剧）、情绪喜剧（讽刺喜剧）、风俗喜剧（风趣喜剧）、文雅喜剧和阴谋喜剧的喜剧种类划分，还有所谓情境喜剧、性格喜剧、欢乐喜剧、轻喜剧、荒诞喜剧、感伤喜剧等喜剧种类名称，只是这些喜剧种类划分更加适用于作为艺术类型的喜剧。

二、作为审美范畴的喜剧的特征

与前述喜剧审美范畴的本质内涵及其四要素，即喜剧人物、喜剧事件、喜剧矛盾和由喜剧审美者所承当的喜剧效果相对应，作为审美范畴的喜剧或喜剧审美同时具有下述四个方面的基本特征。

1. 喜剧人物的无价值或反价值性

喜剧一般也须有主人公，而且同悲剧一样是由特定的人来承担。柏格森就曾明确指出滑稽（喜剧）事件的主人公非人莫属：“在真正是属于人的范围以外无所谓滑稽。景色可以美丽、幽雅、庄严、平凡或者丑恶，但绝不会可笑。我们可能笑一个动物，但那是因为在这个动物身上，我们看到一种人的态度或表情。我们可能笑一顶帽子，但我们所笑的并不是这片毡或者这些草帽辫，而是人们给帽子制成的形式，是人在设计这顶帽子的式样时的古怪念头。”① 只是与作为悲剧审美对象的主人公具有值得人同情与认可的价值性不同，作为喜剧审美对象的主人公往往具有惹人发笑的无价值或反价值性。

古今理论家对喜剧审美对象的这一特性多有揭示。柏拉图在《斐利布斯篇》和《理想国》等对话中不止一次地涉及喜剧话题，并指出过喜剧与滑稽对象一定是有缺陷的特征。亚里士多德则在对比中揭示了喜剧有别于悲剧的本质特征：同悲剧摹仿会犯错误的好人不同，“喜剧是对于比较坏的人的摹仿，然而，‘坏’不是指一切恶而言，而是指丑而言，其中一种是滑稽。滑稽的事物是某种错误或丑陋，不致引起痛苦或伤害，现成的例子如滑稽面具，它又丑又怪，但不使人感到

① ［法］柏格森：《笑》，徐继曾译，北京十月文艺出版社2005年版，第2—3页。

痛苦”①。亚氏对喜剧主角特性简短而精细的解释自有其尚待挖掘的深意（比如，他是否在主张喜剧是一种不使人痛苦的丑或滑稽），但喜剧主角具有不值得人同情的丑陋或滑稽的非正价值性特征仍然得到了明确强调。美国当代学者奥森更旗帜鲜明地道明了喜剧主人公的无价值性：“悲剧赋予价值，喜剧却取消价值；悲剧显示生命被引向重大的结局，喜剧或者不引向这样的结局，或者表明这样的结局是未必可能的。如果把后一种动作称之为无价值的，那么，我们就可以把喜剧定义为是对一种无价值的动作的模仿。”② 鲁迅关于喜剧的名言也突出的是这一点：“悲剧将人生的有价值的东西毁灭给人看，喜剧将那无价值的撕破给人看。”③

从文艺复兴到 17、18 世纪的许多喜剧观念基本都是对亚里士多德喜剧观的阐发，却在下面这一点上比亚里士多德走得更远更偏：不少喜剧理论把喜剧主角所表现出来的弱点同其卑贱低微的社会地位联系起来。意大利瓜里尼说“喜剧是卑贱人物的写照”，英国德莱顿说“喜剧中的行为是琐屑的，人物是微贱的”，西班牙维加说“喜剧所讨论的是卑贱的和平民的种种行动，而悲剧则是王室的和高贵的行动”④，黑格尔以明显的阶级偏见则指出：“被统治阶层的情况和性格一般地比较适宜于喜剧和喜剧性的作品。”⑤

不过，大量的喜剧审美事实及经典的艺术喜剧作品告诉我们，喜剧人物并未完全由身份卑微的下层平民所包揽，包括帝王将相、权贵名流和普通大众在内的任何人均可能因为其自身所具有的虚假可笑的无价值性表现而充任喜剧人物的角色。正如即便充任非崇高性悲剧主人公的寻常普通人仍有其可肯定与同情的正面价值一样，即便充任肯定性喜剧主人公的正面角色也因其可指摘的缺点与不足而具有其可笑的无价值性。

另外，同悲剧审美突出的是对个性或人性本质毁灭事件的观照、因而作为悲剧审美对象的悲剧主角往往是独立的个体有别，喜剧审美凸显的则是对遮蔽自我个性或人性本质事件的揭露，因而作为喜剧审美对象的喜剧主角既可以是个体（如别里科夫、阿 Q），也可以是群体，甚至很多讽刺性艺术喜剧作品以塑造讽刺群像为己任（如果戈理的喜剧《钦差大臣》不仅讽刺假钦差赫列斯塔科夫的种种可笑行径，而且更着意于暴露市长及其妻女、属僚人等的诸般丑恶嘴脸）。不仅如此，从悲剧审美与喜剧审美主角的性格特征而论，悲剧主角一般是性格偏重变化、

---

① ［古希腊］亚里士多德：《诗学》，罗念生译，人民文学出版社 1962 年版，第 16 页。

② ［美］埃尔德·奥森：《喜剧理论》，左健译，南京大学出版社 1992 年版，第 39 页。

③ 鲁迅：《再论雷峰塔的倒掉》，《鲁迅全集》第 1 卷，人民文学出版社 1981 年版，第 192—193 页。

④ 伍蠡甫主编：《西方文论选》上卷，上海译文出版社 1979 年版，第 198、309、219 页。

⑤ ［德］黑格尔：《美学》第 1 卷，朱光潜译，商务印书馆 1979 年版，第 245 页。

具有多样复杂性的立体人物，而喜剧主角则往往是性格无大变化、可以一言以蔽之的二度平面人物。正因此故，英国学者福斯特才会用其著名的“圆形人物”（round character）和“扁平人物”（flat character）概念来分别指称悲剧主角与喜剧主角，并称扁平人物为“类型人物”“幽默人物”或“漫画人物”①。

总之，不管喜剧主角是个体还是群体，也不管其性格简单还是复杂，正如主角的有价值性构成了悲剧审美的基础条件一样，主角的无价值性或反价值性则构成了喜剧审美的重要前提。

2. 喜剧事件的矛盾性与可笑性

喜剧人物的无价值性必须通过特定的喜剧事件表现出来。与悲剧事件的悲惨表征不同，作为喜剧审美对象的喜剧事件，常常在形式上表现出不和谐、不协调的矛盾性及其反常性，在内容上表现出可笑性的特征。

美国学者霍兰德指出：“我们发笑，是当我们看到一项不协调性的时候。”② 对喜剧事件中普遍存在的此种不和谐、不协调的矛盾性，美学家们曾从多个方面予以描述与揭秘。黑格尔认为喜剧矛盾根源于绝对精神发展中感性形式压倒了观念，表现了对象的空虚和缺乏理念内容，他尤其强调喜剧形式与内容的矛盾性。法国哲学家柏格森用“生命的机械化”来解释喜剧及笑产生的原因。在他看来，“只有机械地完成的事情才是根本可笑的”③，因而，笑体现的是动作、姿态、形体的机械性与生命的灵活性的冲突。当一个人的生命出现了物质化现象，变成机械物件，就会失去全部生气，失去生命的灵活性和多样性，从而变得呆板、笨拙。而这种呆板笨拙的地方，正是产生喜剧性的根源，如杂技团中的小丑，喜剧中的喜剧人物（卓别林已成经典的机械步态与手势）都是这样。行为呆笨、费尽周折吃一个鸡蛋的王蓝田也堪称这样的喜剧人物：“王蓝田性急。尝食鸡子，以筯刺之，不得，便大怒，举以掷地。鸡子于地圆转未止，仍下地以屐齿碾之，又不得。瞋甚，复于地取内口中，啮破即吐之。”（《世说新语·忿狷》）

如前所述，与诸喜剧理论不同，马克思特别强调喜剧的现实社会冲突背景，将喜剧看作两种社会历史背景冲突的一种矛盾形态，进而深刻揭示了喜剧人物用异己本质的假象来掩盖自己的虚假性本质特性。这对理解喜剧对象的本质及其内容与形式的矛盾性无疑具有十分重要的意义。

崇高审美与悲剧审美的审美对象也同样以展示其内在的矛盾性为特征。不过，

---

① 参阅［英］爱·摩·福斯特：《小说面面观》，苏炳文译，花城出版社 1984 年版，第 59—68 页。

② ［美］诺曼·N. 霍兰德：《笑：幽默心理学》，潘国庆译，上海文艺出版社 1991 年版，第 19 页。

③ ［法］柏格森：《笑》，徐继曾译，北京十月文艺出版社 2005 年版，第 98 页。

喜剧审美虽与前两者都有涉及矛盾冲突的共性，但三者各自的侧重点与目的有着明显的不同：崇高审美展示事物的矛盾甚至主人公的牺牲，突出的是其矛盾的过程，强调的是对象数量巨大或势力强大，目的是激起审美者的惊险刺激感、惊异震撼感、敬仰自豪感及超越升华感；悲剧审美展示事物的矛盾尤其是主人公的灾难、毁灭与死亡，突出的是其矛盾的不可避免性，渲染的是悲剧主人公结局的必然性与悖论性，目的是激发审美者恐惧、悲哀、怜悯等复杂情绪并哲理性思考；喜剧审美则展示事物的矛盾，凸显的是其喜剧对象本身的不和谐、不协调及其反常性，以实现引人发笑或批判鞭挞等目的。

喜剧事件的矛盾性及其反常性是造成可笑性的原因，可笑性则是喜剧矛盾及其反常性的必然结果。两者有着十分密切的因果关系。但黑格尔曾经指出，不能“把可笑性和真正的喜剧性混淆起来”①。也不能将可笑性与笑混为一谈。可笑性属于喜剧事物自身具有的一种属性，笑则属于对该喜剧事物可笑性予以回应的喜剧审美者，喜剧性则是事物可笑性与喜剧审美者相互影响而形成的一种综合效应，它是喜剧艺术品与喜剧审美的本质呈现与追求目标。

喜剧事件或事件的矛盾性及其可笑性是喜剧审美与喜剧美的关键因素。此矛盾性及其反常性、可笑性往往体现于喜剧对象的神态、动作、姿态、语言等方面。因此，喜剧性艺术作品一般都会特别通过一些诉诸人的神态、动作、姿态、语言等方面的一系列具体方法，如反常、变形、扭曲、夸张、对比、反讽等，以凸显事物本质与现象、内容与形式、现实与理想、目的与手段、动机与效果等的矛盾，从而最大限度地收到强烈的喜剧性或可笑性效果。豫剧电影《七品芝麻官》中的喜剧人物知县唐成，其贼眉鼠眼的丑角扮相、“当官不与民作主，不如回家种红薯”的为官信条、“老诰命，你个老杂毛，小青蛙我要把长虫吸，小鸡娃我要斗斗恶老雕”之类大俗唱词与疾恶如仇、严肃正直的清廉官员身份之间的强烈反差，无疑是这部喜剧片产生喜剧性与可笑性的重要根据。

3. 喜剧矛盾的突发性

悲剧事件的矛盾冲突具有悖论性，喜剧事件的矛盾冲突则具有突发性。施勒格尔《论希腊喜剧的审美价值》就指出：“喜剧的根本任务就是：以最小的痛苦为代价创造最高的生活。喜剧实现这个任务最好的手段就是进行安排，譬如在一个对比产生的让人吃惊的突然性里。”② 更具体地讲，喜剧矛盾冲突有突发性，就是有悬念，能扣人心弦，而且急转直下，出乎人的意料，由知觉、想象到理解、情感的运动异常迅速，形成拍案叫绝、惊喜交错的特点。如果矛盾发展平缓无奇，

① ［德］黑格尔：《美学》第3卷（下），朱光潜译，商务印书馆1981年版，第291页。

② ［德］施勒格尔：《浪漫派风格——施勒格尔批评文集》，李伯杰译，华夏出版社2005年版，第8页。

就不会激发出笑声，而只能叫人慢慢思索，就失去了喜剧领悟（顿悟）的冲击突发力量。人们在欣赏喜剧时放声开怀大笑之处，往往就是矛盾突然转折，谜底突然解开，悬念突然得到放松的地方。

用被命名为“乖讹说”或“预期失望说”的康德理论来解释，造成喜剧性矛盾的可笑的东西是荒谬的，不和谐的，常出乎人的预料，让人的心理期待突然归于消失。康德说：“在一切会激起热烈的哄堂大笑的东西里都必然有某种荒谬的东西（所以对于它知性本身不会感到任何愉悦）。笑是由于一种紧张的期待突然转变成虚无而来的激情。”① 康德为此给出了三个著名笑话作例证。其中一个是：一位从富有的亲戚那里继承了一笔遗产的人，想给这亲戚举行一个非常隆重的葬礼，但却抱怨这件事做得很不顺手：为了让他们显得悲伤些，给丧葬人员的钱越多，他们看起来就越快活。

严格说来，康德理论的解释范围并不具有绝对的普遍性，但此理论强调的喜剧矛盾的突发性却可谓喜剧审美普遍具有的一个重要特征。下文将要论及的霍布斯的“突然荣耀感”中的“突然”也可谓对喜剧矛盾突发性的一个证明。《儒林外史》中严监生死前的一个著名细节就颇能说明这一点：严监生伸出两个指头对着油灯迟迟不闭眼的情形明显造成了一个悬念，等到其妻子终于明白含义挑去油灯里两条灯芯中的一条后，严监生才死去的结果，则是对上述悬念的解除。这一过程所体现的喜剧矛盾发展具有突发性，严监生这个爱财如命的守财奴形象，也正是通过这一喜剧性细节而鲜活起来，并成为一个当之无愧的文学经典。莎士比亚名剧《威尼斯商人》故事的精华即第四幕围绕正式执行割一磅肉契约前后所展开的矛盾冲突，美国喜剧片《小鬼当家》中“小鬼”即八岁男孩凯文同乘圣诞节无人之际入室盗窃的两个成年窃贼之间所发生的一系列匪夷所思的搞笑情节，同样是说明喜剧突发性特征的典型实例。中国相声和小品艺术反复施展系包袱、抖包袱和解包袱技法的过程，其实正是通过制造矛盾及其突发结果，来获取强烈的喜剧性效果的过程。

4. 喜剧效果的愉悦性

愉悦性是以优美为代表的审美经验共同的情感基调，即便是以悲伤为主旋律的悲剧审美，自亚里士多德以来的悲剧理论家也承认其中必然存在的审美快感。不过，相较而言，喜剧的愉悦性则来得更直接、更强烈，更有大众性、更受青睐，也更显其审美的本质特征。对喜剧人物虚假性的暴露、嘲弄或批判的同时，对审美者面对引人发笑的喜剧人物的喜剧心态亦即优越感的笑（实乃人的本质对象化进程中主体业已占据支配地位情况的体现）的尽情展示，也正构成了喜剧审美的主要内容及其魅力所在。

---

① ［德］康德：《判断力批判》，邓晓芒译，人民出版社 2002 年版，第 179 页。

由喜剧审美者（同前一节已经讨论过的悲剧审美者一样不容忽视）所承担的喜剧效果源于喜剧人物的可笑性，喜剧的愉快性则直接痛快地表现为喜剧审美者的笑，喜剧人物的可笑性需要有喜剧审美者笑的情感回应，喜剧审美者笑的愉悦性因此被认为是喜剧审美与喜剧美的基本特征之一。

笑首先是人的一种生理活动，因为笑涉及人的一种特定的身体行为——面部露出愉快的表情，有时也会辅之以欢喜的声音。但对于喜剧审美而言，笑必然拥有其心理基础，就此喜剧之笑便与纯粹的生理之笑（如平常逗着玩时搔痒痒所引起的笑）有了明确的界限。

支撑喜剧之笑的心理原因首先被归结为一种优越感。有不少笑的理论论及于此。最早表达此观念的英国哲学家霍布斯以为，就客体而言，“习以为常的事不能引人发笑，引人发笑的都必定是新奇的，不期然而然的”；就主体而言，“笑的情感不过是发现旁人的或自己过去的弱点，突然想到自己的某种优越时所感到的那种突然荣耀感。”① 法国著名诗人波德莱尔也认为：“人的笑，产生于人的优越感”；法国哲学家马赛尔·帕尼奥尔则说：“笑乃是一曲凯歌——有时是善意的，这就是积极、健康、令人舒适的笑：我笑，因为我感到比你、比他、比全世界的人都优越……”②现在归之于霍布斯名下的这种解释喜剧或笑的发生原因的理论，就此被称之为突然荣耀说或鄙夷说。二者名称虽异，但表达的实际是喜剧审美者情感体验或态度的两个方面：一是发现喜剧人物的欠缺，对其产生鄙夷；二是突然感到自己的优越性，对自己产生一种荣耀感。突然荣耀说或鄙夷说的确在一定意义上可以解释喜剧之笑及愉悦的心理背景或根源，但它并不构成喜剧审美的本质。

生活、艺术中的悲剧固然容易打动人心，但人们更加喜爱喜剧和笑声。然而，直接的愉悦性的笑固然是喜剧审美与喜剧美最具本质性的效果和特征，但并非其唯一的效果与特征。因为喜剧审美与喜剧美的愉悦性绝不只是一种单纯甚至是肤浅的娱乐感（正像悲剧审美与悲剧美的快感绝不会是一种单纯的不愉悦感一样），也不只是为了通过喜剧审美者显示人类主体不可撼动的优越感。只要是真正的喜剧审美——尤其是以那些堪称经典的喜剧艺术杰作或讽刺性喜剧作品为中心而展开的喜剧审美，喜剧带给我们的就绝非“一种悠闲的美（easy beauty）”，还可能是“极大的辛辣感”，是“所有艺术共有的那种本能——同情感（sympathetic vision）”，而这也正是不只悲剧才拥有的“喜剧的卡塔西斯作用的独特性”③。对于

① ［英］霍布斯：《论人性》，见朱光潜：《西方美学史》上卷，人民文学出版社 1979 年版，第 209 页。

② ［法］让·诺安：《笑的历史》，果永毅、许崇山译，生活·读书·新知三联书店 1986 年版，第 57 页、第 70 页。

③ ［德］卡西尔：《人论》，甘阳译，上海译文出版社 1985 年版，第 191 页。

前者，苏联学者普罗普甚至赋予其一种强大的现实性批判力量："笑是一种毁灭的手段，它使那些被嘲笑的人的虚伪的声望和虚假的伟大归于毁灭。"① 在一定意义上也可以说，能否产生极大的辛辣感、批判性和同情感，是衡量一部喜剧性艺术作品是否优秀的重要指标，也是作为审美范畴的喜剧不致沦落为娱乐而娱乐的后现代主义思潮牺牲品的重要保证。

以上分别讨论了作为审美形态的悲剧与喜剧的性质与特征。悲剧美与喜剧美在一定意义上也代表了人类审美情感对立的两极，但正如悲喜两种相互对立的情感在现实生活中可能会发生奇妙的转化与融合一样，悲剧美与喜剧美也常常会因审美对象与审美者的差异而发生奇妙的转化与融合，以至出现诸多中间形态，如以悲为主的悲喜剧、正剧，以喜为主的悲喜剧等亦悲亦喜，悲剧与喜剧并存的特殊形态。

思考题：

1. 悲剧的审美特征是什么？试结合已有的著名观点及悲剧实例予以说明。
2. 悲剧审美与崇高审美有何联系与区别？试举例说明。
3. 喜剧的审美特征是什么？试结合已有的著名观点及喜剧实例予以说明。
4. 在悲剧审美与喜剧审美之间，你更喜欢哪一种？请稍作内省与阐释。

► 本章小结与回答示例

① ［俄］普罗普：《滑稽与笑的问题》，杜书瀛等译，辽宁教育出版社 1998 年版，第 30 页。

第十章　作为审美范畴的丑

丑在日常生活中是一个常用词。一般而言，丑的日常语义是偏于消极性和否定性的，可以用来概括从形象上的难看怪异、品质上的恶劣不良到心理感受上的厌恶羞耻等广泛领域。作为审美范畴的丑是一个美学术语，它既与日常生活中的丑相对应，与作为审美范畴的美（优美）相对立，也与崇高、悲剧、喜剧等其他审美范畴相关联，因而具有更为复杂多样的性质、特征和功用，及其以审美理想改造和转化现实丑的积极意义，是当代美学研究中聚讼纷纭的概念之一。

第一节　丑的审美界定及其特征

一、丑的审美界定

丑，有时也称为“丑陋”，是一个特殊的否定性的审美范畴。与“美”一样，“丑”也有广义与狭义之分。广义的丑与广义的美相对立，是现实对人的本质的否定，是对目的与规律相统一的破坏与背离。狭义的丑则与狭义的美（优美）相对立，如果说优美是人的本质对象化的实现，是现实对人的本质的最完满、最充分的肯定，是合目的性与合规律性的和谐统一，是纯粹的美；那么，丑就是对优美的这种纯粹性、完满性与和谐性的否定和破坏。在这个意义上说，狭义的美（优美）是不包含丑的“绝对的美”。狭义的丑正是这种纯粹美和绝对美的反面，因而与优美审美范畴是对立的。无论广义的丑还是狭义的丑，都以其独特的作用而参与人类的审美活动。

从审美活动中审美主体与审美客体之间的关系看，丑是人的本质对象化的未实现和残缺状态，是现实对人的本质的否定，是目的性与规律性的不统一；从审美意象中内容与形式的关系看，丑是理性内容与感性形式、理想与现实、社会与自然、背景与前景之间的背离，是对规范和正常尺度的破坏和否定；从审美感受角度看，丑所引起的感觉，是一种复杂的苦味或带有苦味的愉快，它富于刺激性，使人不安、厌恶甚至痛苦，但在其积极的意义上亦可以突破传统习惯的审美趣味的硬壳，渗入灵魂，沁人心脾。因此，否定、背离和苦味愉悦是丑的本质属性，这些属性制约着丑的其他属性和特征。

狭义的丑与优美审美范畴相对立，它基本上应视作一种形式美中的特殊形态，它是对以优美为代表的传统习惯的和谐、对称、均衡、适度等形式美的主要法则的一种背离。以传统习惯的形式法则衡量，丑具有畸形、不和谐、混乱、过度等特征。这些形式特征可以推及社会内容等方面，例如道德上的恶行、生理上的畸形、精神上的怪癖、行为上的怪异、言论上的粗鄙，等等。可以归入丑这一审美范畴的有怪、酷、荒诞、恐怖等次一级审美范畴。

与自然美、社会美和艺术美相对应，丑也可以分为三类：一是自然形态的丑，是特定历史阶段的人类“不可避免的丑”，如残疾身体的丑等，这类丑主要关乎形式而不涉及“恶”的内容，因而是审美实践中应该包容甚至尊重的对象；二是社会形态的丑，是社会生活中与恶相关联的“恶丑”，如丑恶行径、坏人坏事等，这种丑是审美实践中应该加以批判和挞伐的对象；三是艺术形态的丑，这类丑经过了艺术规范和艺术理想的浇灌熔铸，已转化为艺术美的组成部分，是审美实践中需要加以辩证分析的对象。

丑的产生依赖于人类丑感的觉醒形成，离开人们对于丑的感受能力，丑就无法被把握和理解；丑不是一个永恒、抽象的概念，在不同的历史阶段、对不同社会文化中的人而言，丑有着具体而特殊的内涵和不尽相同的意义价值；丑是一个在现代美学中愈来愈突出的审美范畴，也是现代人审美实践中愈来愈重要的组成部分。综合起来看，丑的历史发展可大致分为三个阶段：原始时代，丑以怪诞凶恶的面貌出现，但当时并未独立为审美评判的对象，而与巫术宗教的畏惧恐怖感融合。古典时代与近现代，美丑分明，美就是美，丑就是丑，人们高唱美的赞歌。现代与后现代，丑则登堂入室，不仅参与传统审美形态而获得审美眼光，而且异军突起、成为跻身先锋与时尚的元素。

二、丑的审美特征

丑的事物与优美的事物相反，呈现为反常、混乱、给人以恶性刺激等形式特征。自然界的穷山恶水、毒蛇猛兽，社会生活中的坏人坏事，艺术中的反面形象，等等，大都具有丑陋的形式。换言之，丑的事物所呈现的外观特点是不完整、无规律和不和谐。丑的各个部分通常是残缺的，它们所形成的关系是冲突的、破碎的和分裂的，因而不能构成一个完满、和谐、统一的整体。

所谓不完整，是指丑的事物是畸形的、怪异的。如一张发育不全的脸或一个肢体残缺的人体，它们违反了事物自身的整体性。所谓无规律，是指丑的事物是无规律、无节奏的，是不协调和杂乱无章的。如一阵刺耳的噪声或难闻的气味，依照前边自然美的观念，它破坏了事物自身存在的秩序。所谓不和谐，是指丑的事物不是一个由不同部分协调组合而成的整体，它的各个部分相互冲突、彼此对立，它破坏了事物自身的多样统一性。

人类历史、人类审美心理结构和人的本质对象化过程的复杂性，导致了美丑对立、美丑共存和美丑转化的复杂局面，要求我们对丑的审美特征的存在状态做出历史具体的分析，从而深化对其特征的把握。

1. 美丑对立中丑的特征

在人们的生活世界中，美与丑处在一种对立关系之中，即美与丑是相互否定的，美否定丑，丑否定美，其间的这种对立关系使二者得以界定。在美丑二元对立层面，丑与美对照发明，因而对于丑的审美特征的认定，与人们对美的特征的认识密切联系着，需要从美丑之间的“构成性关系”角度把握丑的特征。①

如果美联系着和谐，丑就联系着不和谐；如果美是人与对象之间和谐关系的体验，那么丑就是这种和谐关系断裂的体验；如果美是人的理性与感性之间和谐运动的结果，那么丑就是和谐运动的中断；如果说美是对人的肯定方面的呈现，那么丑就是对人的否定方面的呈现；如果说美的艺术是内容与形式的有机统一，那么丑就是无形式的内容，或不能纳入任何确定形式的内容；如果美是合乎道德的，那么丑就是非道德或反道德的。因此，丑与美总是相互界定的，在各自的审美特征上，也是彼此对立、互为因果、对比阐发的。

这个意义上的丑，不仅与美相对立，而且与伦理内容的“恶”和认识论意义上的“假”具有总体对应关系。这种丑与恶、丑与假之间的总体对应关系，使广义的丑成为广义的美的反面和对立面，成为人类追求美的进程中必须加以避免、加以扬弃的阶段，是人类社会生活中需要批判和挞伐的对象，它自身并不具有独立自主的审美价值。这也是人们歌颂“真善美”、批判“假恶丑”的基本依据。

丑的这些感性特征也可以在美学史上加以印证和阐发。在古希腊时期，美主要被解释为形式上的比例、匀称和适度，同时，这种形式要求还必须与内容相一致；而与之相对立的“无比例”“不匀称”“不适度”“不一致”就是丑。例如，赫西俄德在《神谱》中说：“对任何事情不要有太多的奢望，在人类的一切活动中，适度是最好的。”② 早期毕达哥拉斯学派也将与适度相近的“秩序”和“匀称”视为美的本质，反之，“无秩序”“不匀称”和“不合尺度”的则是丑的。又如在古希腊时期，亚里士多德特别欣赏“体积与安排”的美，认为美的主要形式是秩序、匀称和明确性。不过，在古希腊人看来，形式与内容不可分离，所以，赫拉克利特也讲：“最美的猴子比起人来还是丑。”③ 德谟克利特则认为：“身体的美、若不与聪明才智相结合，是某种动物性的东西。”④ 从古希腊的审美实践活动看，虽然丑经常与美相提并论，但其主流学说是论述美而不是丑，研究丑远不及研究

① ［美］格里芬编：《后现代精神》，王成兵译，中央编译出版社 1997 年版，第 21—22 页。
② ［波］塔塔科维兹：《古代美学》，杨力等译，中国社会科学出版社 1990 年版，第 57 页。
③ ［古希腊］柏拉图：《文艺对话集》，朱光潜译，人民文学出版社 1963 年版，第 183 页。
④ 北京大学哲学系外国哲学史教研室编译：《古希腊罗马哲学》，生活·读书·新知三联书店 1957 年版，第 111 页。

美所达到的深度和广度。从“在场/不在场”辩证关系看，丑通常是一个未出场的因素，潜在地构成了人们言说美的条件和背景。丑虽尚未成为独立的审美形态和严格意义上的审美范畴，但这也显示出古代美学与美对照阐发丑的特征的传统。

丑的这些外观形式特征主要是人们基于美丑二元对立而得出的结论，是人类早期对丑的感性特征的初步总结。

2. 美丑共存中丑的特征

丑与美并非截然对立，在生活世界中还有美丑共存的复杂局面。事实上，生活世界既不可能是绝对的美，也不可能是绝对的丑，而总是美丑共存的。一有美的存在，便必然有丑的存在，反之亦然。因此，丑与美不可分割，正如光明与黑暗相互依存一样。

鲍姆嘉通建立“美学”学科时，就面临如何处理美丑共存的问题。在他看来，“美”指的是人类“完善的感性（认识）”，丑则是人类“不完善的感性（认识）”。但无论是前者还是后者，都是人类感性生活的组成部分。人类追求美的目的，就是尽量实现前者而“杜绝”后者；审美的目的，就是追求前者而“避免”后者。他认为：“美学的目的是感性认识本身的完善（完善感性认识）。而这完善也就是美。据此，感性认识的不完善就是丑，这是应当避免的。”由此出发，他指出：“感性认识也有同样多的丑、错误或令人讨厌的瑕疵，这些必须加以杜绝，（它们）或者在思想和事物之中，或者在各种思想的相互关系中，或者在表述中。”① 可见，在他那里，丑被逻辑地包含在其“感性学”之中，与美共存。但他所谓的感性学，着重点仍在于后来人们所理解的“美学”研究范围，丑处于“不在场”状态。在他之后，思想家们不断挖掘的仍然是审“美”经验。作为感性学的“埃斯特惕卡”，不但没有真正成为涵盖感性丰富特点的学科，而且连这个词本身也被解释为“美学”或者“美的学科”。因此，在感性学（即把美学理解为广义的感性学）的视野中，美的感性和丑的感性都属于人类感性，后者就是人类感性系统中抽绎出美的感性之后的“剩余部分”，但二者作为对立面，必然同时包含着作为矛盾统一体的相互依存关系。

这种美丑共存现象，由于美丑的形式和内容的多重分裂和多样组合而更加复杂：如形式的丑与内容的美的组合、内容的丑与形式的美的组合、形式的丑与内容的真和善的组合，等等。雨果在《〈克伦威尔〉序》中表达了一种有关美丑共存的辩证思想：“她会感到，万物中的一切并非都是合乎人情的美，她会发觉，丑就在美的旁边，畸形靠近着优美，丑怪藏在崇高的背后，美与恶并存，光明与黑暗

① ［德］鲍姆嘉通：《美学》，王旭晓、简明译，文化艺术出版社 1987 年版，第20页。

相共。”① 基于这样的观念，他在《巴黎圣母院》中塑造了一系列美丑共存的人物形象，如神甫浮罗诺、敲钟人卡西莫多和卫队长巴比等。而他的戏剧《欧那尼》上演时，更是让凶杀、恐怖和死亡充斥着舞台。庄子笔下的很多人物也是如此：他们面部残缺或畸形，肢体支离或佝偻，但他们却往往具有卓越的德性。

从人生审美实践的角度看，人的审美心理结构作为对广阔人类实践的时空内涵的浓缩凝聚，它理应将丑涵摄在内。这是因为，在审美这种人生实践中，人尽管能够相对全面而自由地占有自己的本质，但相对于人类终极的审美理想，由于劳动自由形式是对现实不自由劳动的超越，后者与前者所构成的对立统一关系，势必同样积淀在对象化成果（特别是现实审美）中。丑正是这种对立面的投影。对于作为人生实践阴影部分的包容，恰恰是人本质对象化活动的广延性和人类审美心理结构宽阔性的证明。

3. 美丑转化中丑的特征

丑与美一样，都处于过程之中。生活世界本身的变动不居，导致了美丑的变化和交互转化。美的事物可以转化为丑的事物，反之亦然。这种交互转化甚至是连续不断、循环往复的，不仅表现于现实中的美或丑因其社会历史文化语境的变化而转化为其对立面，而且更集中地表现在现实中的美丑进入艺术审美而转化为其对立面。美丑转化导致了丑与非理性和无意识、丑与恶以及丑与假之间更加复杂的关联特征。

审美活动本身必然包含对于美的发现、欣赏、创造与对于丑的揭露、鞭挞和摒弃两个侧面；同时，两个侧面也都处于历史过程之中。美与丑都不是作为物化形态的结果存在于现实世界之中，而是在审美实践中不断生成和发展的。

在特定条件下，丑可以使人看到或联想到美，或者转化为美。亚里士多德认为现实生活中的丑可以转化为艺术世界里的美：“事物本身看上去尽管引起痛感，但维妙维肖的图像看上去却能引起我们的快感，例如尸首或最可鄙的动物形象。”② 布瓦洛在其《诗的艺术》中也认为诗人凭借生花妙笔“能将最惨的对象变成有趣的东西”。在西方美学史上比较典型的例子还有对于丑与崇高关系的论证。博克就承认“丑（虽然它正好是美的对立面）同崇高是部分地一致的”③。罗丹认为：“自然中认为丑的，往往要比那认为美的更显露出它的‘性格’，因为内在真实在愁苦的病容上，在皱蹙秽恶的瘦脸上，在各种畸形与残缺上，比在正常健全的相貌上更加明显地呈现出来。既然只有‘性格’的力量才能造成艺术的美，所以常有这样的

① ［法］雨果：《雨果论文学》，柳鸣九译，上海译文出版社 1980 年版，第30 页。

② ［古希腊］亚里士多德、［古罗马］贺拉斯：《诗学·诗艺》，罗念生、杨周翰译，人民文学出版社 1962 年版，第 11 页。

③ ［英］鲍桑葵：《美学史》，张今译，商务印书馆 1985 年版，第 265 页。

事：在自然中越是丑的，在艺术中越是美。在艺术中，只是那些没有性格的，就是说毫不显示外部的和内在的真实的作品，才是丑的。”①

罗森克兰兹的《丑的美学》从丑对于“美学”的必要性上论述丑，认为丑虽然“不在美的范围之内”，“但又始终决定于美的相关性，因而也属于美学理论范围之内”。因此，需要一门“丑的美学”，以便与“美的美学”共同构成美学的完整图景。将这一观念推及艺术领域，他认为：“如果艺术不想单单用片面的方式表现理念，它就不能抛开丑。”艺术在表现丑时，“又必须使之服从美的一般法则，如对称、和谐、比例和富于个性的表现的力量等等法则，以便使之‘理想化’。这样的理想化的结果并不是和缓或盖住它的丑，恰恰相反，而是突出了它的富于特征的和本质的轮廓”，“在这样做的时候……令人不快或令人讨厌的细节中的非本质的东西被消除了，正象在平凡的美的再现中，非本质的迷人的东西被消除了一样。”② 在他看来，美丑对立共存的现实，使“丑的美学”成为必要；而艺术中的“丑的美学”对于美的一般法则的运用，既可以突出丑的特征，又可以削弱和消除丑的令人不快之感，从而使现实中的丑向艺术中的美转化。《丑的美学》作为第一部研究丑的美学专著，标志着丑从此成为一种特殊的审美形态和审美范畴。在这种美丑转化观念之下，艺术家关注丑、艺术作品表现丑、艺术批评分析丑，成为一种可称之为“丑学百年”的风尚。

总之，不完整、无规律与不和谐等作为丑的审美特点，必须在美丑对立、美丑共存和美丑转化的历史流程和文化差异中加以深化理解。

第二节　丑的审美价值

一、丑的审美价值

如第一章曾经概述过的，从元价值角度看，假恶丑都是作为元价值对立面而存在的。丑作为元价值的反面，是一种“负值”，即人类文化中的负效应、副作用、负面价值和负面结果，其审美价值在“肯定、否定和否定之否定”的辩证过程中表现出来。从这个意义上说，丑是需要被最终扬弃的。虽然作为审美范畴的丑与美相对立，尤其与优美意义上的美相对立，但它仍然具有审美价值。这在于它是人的自由活动的一个不可或缺的部分。从这个意义上说，丑不仅是美的反衬、陪衬和烘托铺垫，而且是对美的丰富、扩展和解放去蔽，还是其他审美范畴如悲

---

① ［法］罗丹口述、葛赛尔记：《罗丹艺术论》，沈琪译，人民美术出版社 1978 年版，第 26 页。
② ［英］鲍桑葵：《美学史》，张今译，商务印书馆 1985 年版，第 518—519 页。

剧、喜剧、崇高、滑稽等的必要组成部分。

丑的必然存在根据在于，现实生活从来并非合乎人性的存在，而自始即处于人的实践改造使之逐渐人化的进程中。从自然环境到社会关系，都不可避免地具有与人性冲突的方面。丑的审美价值就在于，它从负面角度显示人生不应当如此，而这就意味着，它肯定了正面的生存意义，即生存应当是和谐的、美好的、合目的的、令人喜爱的，符合马克思主义的审美理想思想。这种肯定价值是通过对丑的否定来获取的，它具有不同的意义层次和呈现形式：在美丑对立依存的意义上，丑的审美价值主要表现为对比和陪衬美；在美丑交互转化的意义上，丑的审美价值主要表现为丰富和激活美。

1. 对比和陪衬美的价值

美丑作为对立面同时包含着作为矛盾统一体相互依存的关系，即："真的、善的、美的东西总是在同假的、恶的、丑的东西相比较而存在，相斗争而发展的。"① 从积极的意义上把握美丑的这种对立依存关系，就是所谓对比与陪衬。在这种意义上，丑是一种背景，用来增强美的光辉。雨果指出："滑稽、丑怪却似乎是一段稍息的时间，一种比较的对象，一个出发点，从这里我们带着一种更新鲜更敏锐的感觉朝着美而上升。"② 他在《巴黎圣母院》中所塑造的畸形丑陋的敲钟怪人加西莫多，恰恰是其外在的形式层面的丑陋反衬下，他的善良与对美的献身才产生出震撼的效果。丑所增大的心理反差，被广泛地运用于艺术审美中，丑从多方面映衬、增强了美的效果。尽管如此，这种意义上的丑，仍然不是正面肯定的，而需要通过否定之否定的过程加以扬弃，并使其对比和陪衬的审美价值释放出来。

丑作为人类生活实践中的普遍现象，很早就进入了人们的审美活动并参与了人们审美经验的形成。在原始社会和奴隶社会，凶恶的、怪诞的、可怖的形象就已经出现在当时的器物、艺术和神话中，如神话中的人头马面怪物、埃及的狮身人面像、中国殷商时期饕餮纹青铜鼎的狰狞恐怖和青铜面具的凶怪威惧。这些扭曲、变形、怪诞、不规则、不和谐甚至不可理喻的形式，作为规则中的不规则、和谐中的不和谐、对称中的不对称，作为丑的要素，不仅没有弱化美的力量，反而使美变得更加突出，更具审美张力和历史沉重感，因而显示出它在审美活动中的重要价值。

正因为如此，在古希腊时期，尽管当时的人们执着地爱美并追求着美，但他们并没有将丑从自己的生活中完全排除。朱光潜说："古希腊的关于林神、牧羊

① 《毛泽东文集》第 7 卷，人民出版社 1999 年版，第 230 页。

② 北京大学哲学系美学教研室编：《西方美学家论美和美感》，商务印书馆 1980 年版，第 236 页。

神、蛇神之类丑怪形象的描绘，也都证明造型艺术并不排斥丑的材料。”① 人的审美活动虽已开始区分出美与丑的界限并将美丑对立起来，但是，丑烘托美、突出美的价值仍然得到了重视。在古典艺术作品中，为了使美显得更美，使勇敢者更显勇敢，使英雄更显英武雄壮，作品往往在美的事物、人物关系中，安排一个丑的、懦弱的、邪恶的人物或事物，以便显示出美之完美。比如，《奥赛罗》中的伊阿古之于奥赛罗、《西游记》中的猪八戒之于孙悟空，等等。这种丑依附于美而存在，它虽无独立地位，也不能从其所依附的美中剥离，但它与美相反相成，犹如佛陀菩萨旁面目狰狞的罗汉、正面人物身边的丑角、绿叶鲜花下面的枯枝老干。诚如清代一位画家所言：“密叶偶间枯槎，顿添生致；细干或生剥蚀，愈见苍颜。”②

2. 丰富和激活美的价值

在美丑转化的意义上，狭义的丑密集进入审美领域，甚至占据审美舞台，使自身成为一种形式美中的特殊形态，以其畸形、混乱和不和谐等形态特征，对以优美为代表的传统习惯的和谐、对称、均衡等形式美构成背离和破坏，从而丰富和扩展了广义的美的内涵和范围，激活了人类的审美生活和审美实践。

这种意义上的丑虽背离了美的理想和典型，但它使习以为常的流行审美观念受到冲击挑战，从而为停滞化、规范化、标准化、平面化、单向度化的审美法则的解体以及新的审美观念的出现提供了活力。一切出人意表、不同寻常的因素，无论是特立独行的举止行为、新奇别致的思想表达、怪异奇特的衣着打扮，或是其他种种反传统的激烈形式，一开始出现都多多少少混杂着丑的成分，具有丑的性质。但它们却显得富有个性、与众不同。正是在不单调、不平常、不循规蹈矩和追求个性自由这类特征上，丑恰恰表现出某种创造性活力，从而使它在根本精神上与美相通、向美转化、成为美的一种特殊形态，从而突破了传统习惯的审美规范和美学禁区，激活了人类的审美活动。

随着近代社会的到来，畸形、混乱、不和谐、反目的性和非理性等丑的因素在审美活动中的地位和作用愈来愈突出和重要，丑突破了其作为对比和陪衬的地位，变成了相对独立的审美经验形态和审美范畴。在现代性高歌猛进的过程中，现代理性的片面宰执，引发了对现代性的反抗以及审美向审丑的转化。这一时期资本主义的社会实践明显体现出扭曲和异化的特征，为丑进入审美领域提供了条件，推动丑成为一种特殊的审美形态。这一时期，“一切固定的僵化的关系以及与之相适应的素被尊崇的观念和见解都被消除了，一切新形成的关系等不到固定下

---

① 朱光潜：《西方美学史》上卷，人民文学出版社 1979 年版，第 315—316 页。
② 潘运告编：《清人论画》，湖南美术出版社 2004 年版，第 252 页。

来就陈旧了。一切等级的和固定的东西都烟消云散了，一切神圣的东西都被亵渎了"①。人类按照"美的规律"来塑造物体的劳动实践，由于异化的存在，特别是大工业时代的到来，在更严重的程度上失去了它应有的自由自觉性质，以至于人的劳动带上了很大的异化性，人类创造美的实践受到了不同程度的干扰和阻碍，为丑进入审美形态奠定了实践基础。可以说，丑在一定程度上是人类异化劳动的感性存在状态和结果。面对这一现实，西方哲学、美学亦发生了天翻地覆的变化，理性主义的思辨哲学和美学丧失了统治地位，非理性主义、个人主义、实用主义、心理分析等哲学、美学思潮走向前台，这些新兴的思潮为丑进入审美领域铺就了思想道路。与此同时，艺术作为人类重要的审美实践方式和主要的审美成果，变得面目迥异，不仅在艺术创作中包含了大量对于丑的创造和表现，而且出现了以丑代美的趋势，客观上为丑形成为一种特殊审美形态进行了探索、策应和辩护。在玛克斯·德索看来，丑比美更深刻，审丑比审美更有价值："一旦放弃了通常的与和谐的，而且一旦形式的不平常的选择强烈吸引我们的注意时，我们便能领会到，那激发美感的东西表现了藏在内部的有价值的精神生活……一般说来，丑如果突然出现，就会含义深长。"② 在浪漫主义、现实主义和现代主义艺术中，丑都占据了显赫的审美位置。

浪漫主义艺术家表现丑，主要是运用美丑对照法则来增大美的光辉，衬托美的效果，并以表现丑来对古典主义的美学规范进行破坏和冲击，为丑进入艺术进行辩护。雨果不仅在《〈克伦威尔〉序》中为丑进入艺术的合法性进行辩护，而且主张诗"将开始象自然一样动作，在自己的作品里，把阴影掺入光明，把滑稽丑怪结合崇高优美而又不使它们相混"③。

现实主义艺术家以表现丑来表达对现实的揭露和对美好世界的肯定，认为丑是现实世界的本质的一面，只有无情地揭露它，才能表达自己对理想世界的追求。法国雕塑家罗丹的《欧米哀尔》是审丑化为审美的例子。欧米哀尔是一代巴黎名妓，罗丹并未表现她青春风流的黄金时代，而表现她年老色衰的丑陋裸体：脸上刻满沧桑的皱褶、干瘪的胸脯露出肋骨、腹部和全身布满松弛的皱纹、生命之火已然耗尽，衰朽的皮囊丑得好似枯木断枝。她的确丑陋之极，然而，当时法国著名的艺术评论家葛赛尔却对此惊叹道："啊！丑得如此精美！"从美到丑又从丑到美，人生沧桑，这个形象浓缩了一个人一生的生命历程，显示了青春美貌不可能拥有的丰富内涵。

现代主义艺术家以表现丑陋来表达对于异化世界的厌恶和摒弃，他们认为，

---

① 《马克思恩格斯文集》第 2 卷，人民出版社 2009 年版，第 34—35 页。
② ［德］玛克斯·德索：《美学与艺术理论》，中国社会科学出版社 1987 年版，第 157 页。
③ ［法］雨果：《雨果论文学》，柳鸣九译，上海译文出版社 1980 年版，第 30 页。

由于异化的存在，人和世界本身就是丑陋的，而只有通过对这个丑陋世界的无情展示和全方位暴露，个体才能获得精神的自由。因此，在这种消极绝望背后，仍然存在着对自由的渴望。毕加索的《格尔尼卡》以法西斯对格尔尼卡古镇的狂轰滥炸和市民的悲惨遭遇为主题。但他不是画一幅现实主义作品，而试图通过象征形式和严重变形了的丑的面貌来捕捉和表现苦难与痛苦，以达到超乎寻常的深层意义。乍看之下，人们觉得它混乱无序。细察之时，人们才发现一些由碎片组成的形状：一个张大嘴巴发出尖叫并且惊恐不已地伸出双臂的人；仓皇失措、疯狂奔跑以致自己的一条腿似乎跟不上而被落在了身后的妇女；手握断剑和鲜花、眼睛在死亡时离开了原来位置的士兵；抱着死去的孩子仰天大叫的妇女和连鼻子都下垂了的、毫无生气的孩子；一匹带有可怕肋伤的马。“在毕加索为这幅画所构思的一些草稿中，有一幅上画有一匹小小的从肋间长出双翼的马——作为希望的象征。但在这幅最后定稿的画中，他放弃了这一构思。”① 在这幅作品中，一切都是丑陋的，令人生厌的和无望的，并没有一匹“长出双翼的马”，但它却显示出传统习惯的美无法企及的艺术力量，成为对异化世界的无与伦比的深刻控诉。

总之，丑作为审美形态的深刻意义，就在于它的负值效应。首先，丑透视到了审美文化乃至整个人类文化的负效应、副作用、负面结果和负面价值。其次，丑是一种补充性思维，即丑具有多维、多元和多视角的思想价值，它将触角伸进常规美学的盲区和灰色区域；最后，丑是一种去蔽性思维，它具有激活价值，即丑往往具有突破思想牢笼和思维禁区的价值。丑学补充着美学的疏漏，平衡着美学的偏颇，匡正着人类在感性学方面的偏失，激活着人的审美实践。不过，无论广义的丑还是狭义的丑，都不是一种一目了然、直截了当的美，而是一种“艰难的美”。之所以艰难，是因为只有通过一个否定之否定的辩证过程，丑的审美价值才会发挥出来，苦感才会转化为愉快感。因此，惟其“艰难”，则正视丑才能“审丑”，审丑近乎勇；惟其“艰难”而仍不离“美”，则沉溺于丑就是“嗜丑”，嗜丑近乎恶。

人类审美心理结构所浓缩的广阔时空，不仅可以包含丑并将它作为自身对象化过程中的一个过渡性环节加以扬弃，而且还能够通过吸收、保留丑所蕴含的辩证因素，丰富、扩展和解放自身，从而使人类的审美触角向更广阔的生活领域和时空维度延伸。

二、丑与其他审美范畴

丑以其反（优美）形式而与优美相通，同时它的许多特征与优美之外的悲剧、

---

① ［英］雷诺兹等：《剑桥艺术史》（三），钱乘旦、罗通秀译，中国青年出版社 1994 年版，第 401 页。

崇高、喜剧等有着十分紧密的关联，正是狭义的丑参与到这些审美形态中，才使它们呈现出审美形态上的丰富性、饱满性和复杂性。丑参与、进入审美形态的基本途径，正在于丑渗入各种非优美审美形态而成为了这些审美形态的构成要素。

作为人的本质对象化的过程阶段，崇高、悲剧、喜剧等审美形态充满着内在的矛盾斗争，其不和谐特性甚至呈现为极端的形式，在这种情况下，它们都背离了优美而可能融合丑。

1. 丑与崇高

丑与崇高关联，不仅表现在审美形式和审美心理效应上，而且表现于观念与形式的关系上。从形式上看，丑与崇高都具有不和谐、不完整、扭曲变形的特点；从审美效应上看，丑与崇高都在一定程度上引起人们的苦痛感；从观念与形式的关系上看，丑与崇高都体现出观念大于形式的特征。

在西方美学史上，博克在把崇高作为一种审美范畴引入美学时注意到了丑与崇高的关联。他发现，丑虽与美对立，但丑与崇高有着密切的关系，甚至是部分一致的关系。因为，崇高以痛感为基础，而能够引起痛感的现实往往也是令人不快的，在心理效应上与丑非常相似，丑也是一些给人痛苦和不快的东西。康德继之以痛感为基础解释崇高，认为崇高感是由人的恐惧所产生的，而对象之所以能引起人的恐惧感，是因为它具有“无形式”和“粗野”的特点，这类对象他称之为“丑陋”。黑格尔认为崇高是理念与形式的分裂，是一种“表达无限的企图，而在现象领域里又找不到一个恰好能表达无限的对象”①。代表这种情况的艺术就是象征艺术，其特点就是丑与怪。

中国商周时代的青铜器以食人怪兽饕餮为纹饰，渲染了否定个体地位的总体历史力量的神秘威严，“突出在这种神秘威吓面前的畏怖、恐惧、残酷和凶狠”，从而成功地传达了悲剧与崇高的审美意味，“在那看来狞厉可畏的威吓神秘中，积淀有一股深沉的历史力量。它的神秘恐怖也正只是与这种无可阻挡的巨大历史力量相结合，才成为美—崇高的。”② 在这种“狞厉之美”中，非优美之丑突出地发挥着作用。当丑的对象以崇高的审美形态出现时，丑就是其中不可缺少的构成要素。

当然，丑与崇高之间也存在着基本的界限，属于不同的审美范畴。诚如车尔尼雪夫斯基指出的，“并不是每一种崇高的东西都具有丑或蒙胧模糊的特点；丑的或模糊的东西也不一定带有崇高的性质”③。丑参与崇高之中，表现了人的自由本质为实现自身对象化而努力斗争的精神空前高涨，但丑作为现实对人自由本质的否定，并未显示出主体必将统一客体，取得最终胜利的历史发展趋势。

---

① ［德］黑格尔：《美学》第2卷，朱光潜译，商务印书馆1979年版，第79页。

② 李泽厚：《美的历程》，文物出版社1981年版，第38页。

③ ［俄］车尔尼雪夫斯基：《生活与美学》，周扬译，人民文学出版社1957年版，第13页。

2. 丑与喜剧

丑直接而大量地出现在喜剧（滑稽）之中，发挥着不可替代的独特作用。亚里士多德用丑的审美形式来说明喜剧的本质："喜剧是对于比较坏的人的摹仿，然而，'坏'不是指一切恶而言，而是指丑而言，其中一种是滑稽。滑稽的事物是某种错误或丑陋，不致引起痛苦或伤害。"① 也就是说，喜剧的对象中包含着丑的因素，但它们又不能伤害到处于优越地位的主体。黑格尔认为喜剧矛盾源于绝对精神发展中感性形式压倒了观念，表现了对象的空虚和缺乏理念内容，出现形式与内容的矛盾性，造成喜剧人物的微不足道和缺乏个性，"突出主体性在乖讹荒谬中自由泛滥以至达到解决"②，这种内容与形式的矛盾性也具有丑的性质。柏格森则用与丑接近的"机械僵化"来解释喜剧，认为绵延的生命是活生生的、流动的、自由的，但有些生命却落入机械僵化状态，对于活生生的生命来说，后者就是可笑的。巴赫金从民间诙谐文化与统治意识形态正统文化之间对立的角度，解释具有喜剧色彩的狂欢文化和怪诞风格，认为它们具有解构统治秩序的社会功能，"使虚构的自由不可动摇，使异类相结合，化远为近，帮助摆脱看世界的正统观点，摆脱各种陈规虚礼，摆脱通行的真理，摆脱普通的、习见的、众所公认的观点，使之能以新的方式看世界，感受到一切事物的相对性和有出现完全改观世界秩序的可能性"③。在他这里，丑的加入，多方面地增大了具有喜剧色彩的狂欢文化的审美功用。

总之，丑与喜剧的关联，不仅表现在审美形式上，而且表现在观念与形式的关系上。但是从审美心理效应看，二者存在明显的区别。喜剧"将人生中无价值的东西撕破"，让人看到它是"另外一个本质的假象来把自己的本质掩盖起来"，最终将矛盾调和化解，使人笑，让人乐；而丑却通常并不一定引发笑和乐。

美学范畴以及审美形态的相互渗透与转化，其根源既在于生活世界中矛盾运动的复杂性，又在于审美理想积极的价值作用。认识到这一点，自觉地把握、表现这种复杂性，不仅是艺术创作的重要原则，也是审美实践和人生实践的重要原则。

第三节　丑的审美范畴

随着社会生活矛盾的变化加剧，传统的审美形态及审美范畴会出现动摇、解

---

① ［古希腊］亚里士多德、［古罗马］贺拉斯：《诗学·诗艺》，罗念生、杨周翰译，人民文学出版社 1962 年版，第 16 页。

② ［德］黑格尔：《美学》第 3 卷下，朱光潜译，商务印书馆 1981 年版，第 319 页。

③ ［俄］巴赫金：《巴赫金全集》第 6 卷，李兆林等译，河北教育出版社 1998 年版，第 40—41 页。

体、转化和重组，其内涵、特征和边界会变得模糊不清，某些新的边缘性审美范畴、次级审美范畴或亚审美范畴会随之产生。在其漫长的发展历程中，丑广泛深入地渗透到崇高、悲剧、喜剧、滑稽等其他审美形态之中；在获得自身相对独立的审美形态地位之后，在作为审美范畴的丑概念下，又逐渐汇聚和形成了怪、酷、荒诞、恐怖等次一级审美范畴。

作为丑的次级审美范畴或亚审美范畴的怪、酷、荒诞、恐怖等，它们在本质上都隶属于丑，因此，作为丑的本质规定的“否定和背离”是它们共同的本质属性。但这一“质”的规定并不能概括它们在“量”的维度上复杂多变的形态特征，因而需要做进一步的辨析和甄别。

从总体上说，在“否定和背离”的规定性之下，“怪”主要是对正常尺度和规范的夸张式变形；“酷”主要是对偏离常规的个性化的自恋式认同；“荒诞”则主要是对无内容的形式的拼贴呈现；“恐怖”主要是对无形式的神秘化和畏惧。这些亚审美范畴所涉及的内容也与人类历史形成一种大致对应的关联：恐怖主要在人类早期即原始社会和奴隶社会的审美活动中得以集中体现；怪主要在中世纪和封建时代的人类审美生活中得以集中表达；荒诞主要在现代与后现代转型时期的人类审美实践中得以集中呈现；酷则主要在人类当代和当下的生活世界中得以凸显。

一、怪

“怪”作为丑的审美范畴之一，受“否定和背离”等丑的基本属性的规定。在此基础上，怪是对正常的人和事及其间关系的正常尺度的一种夸张式变形，是一种极端反常化，即不是按事物的本来面貌，而是以一种变了形的面貌出现，这种变形不是西方浪漫主义、现实主义或现代主义所提倡的集中化、典型化、概括化或抽象化，而是各种“古怪与夸张”组合而成的变形。这种变形包括：（1）事物的变形。如绘画上的人面蛇身，雕塑上的千手观音，小说或电影里的各类怪物。（2）事物关系的变形。如《聊斋志异》等鬼神故事里的人鬼神之变。（3）整个世界图景的变形。如《西游记》里神魔人互联的世界，《格列佛游记》里大人国小人国与正常人互相交错的世界，当代西方电影中外星人与地球人交往和冲突的世界。①

怪是对正常尺度的夸张式偏离，因此是一个依附于正常尺度和常规形式的概念。由于所谓“正常尺度”是一个历史性范畴，怪也是一个历史性范畴。尽管怪存在于几乎一切时代的观念和艺术中，但它只是各时代观念和艺术整体中的一个次要部分，而在中世纪和文艺复兴时期，怪却是当时艺术的根本特征。

“怪诞”（grotesque）出自意大利语“grotto”，原义是“洞穴”“地下室”和

① 张法：《美学导论》，中国人民大学出版社 1999 年版，第 109 页。

“幽灵出没的地方”。15世纪末，人们在发掘古罗马公共浴室地下部分时，发现了一些图案装饰画，它们多以植物为主题，植物、动物与人的形体自由地组合在一起，完全打破了人们因循的自然界限。这一重新发现的装饰画技巧很快引起了画家的兴趣和模仿，后来，怪诞也引起了研究者的注意，巴赫金对怪诞风格图案的本质做了深入系统的发掘，从中看出了“快活的基调”和解放的潜力。

欧洲中世纪的艺术中，存在着大量“怪诞”风格的艺术，宗教神秘剧中就有不少怪诞形象；而在民间文化和狂欢文化中，怪诞是其根本特征。巴赫金在研究文艺复兴时期拉伯雷的《巨人传》时发现，作品的“怪诞现实主义”风格源自中世纪以来的民间诙谐文化和狂欢文化。“怪诞”的审美特征，首先是极度的夸张。巴赫金指出：“夸张、夸张主义、过分性和过度性，一般公认是怪诞风格最主要的特征之一。”①《巨人传》中的形象具有强烈的夸张性，如约翰修士断言“甚至就连修道院钟楼的影子也能使人怀孕”，还说什么道士的袈裟能使母马已然丧失的生育能力重新恢复，等等。其次是“降格”，也就是贬低化和世俗化，“即把一切高级的、精神性的、理想的和抽象的东西转移到整个不可侵害分割的物质—肉体层面、大地和身体层面”。中世纪和文艺复兴时期的一些作品，都有这一特点，塞万提斯的《堂吉诃德》就对骑士阶层的思想和礼仪做了大量贬低化和世俗化的处理，暴露其丑怪荒唐的一面。再次是双重性，即“深刻的、本质的双重性”，指怪诞形象表现的是在死亡和诞生、成长和形成阶段，处于变化、尚未完成的变形状态的现象特征。这些从现代审美标准看来畸形、丑陋和不成体统的形象，却“打破有限的严肃性和一切对超时间价值以及对必然性观念的无条件的追求，为了新的可能性而解放人的意识、思想和想象”②。

中国封建时代的“扬州八怪”（郑板桥等人）愤世嫉俗的激情所酿成的险怪书法和野诞花鸟人物，都具有“为了新的可能性而解放人的意识、思想和想象”的审美价值功能。

怪的心理感受是一种由夸张变形所引发的不快感与“快活的基调”的混杂。这种感受通常并不走向对怪的对象“升格”或精神化和神秘化，因而并不引起“恐惧”和“崇拜”，因此它不同于恐怖的感受。“怪”通过对对象的“降格”而让其贬低化和世俗化，从而让人有“快活”的解放感。

二、酷

“酷”作为丑的审美范畴之一，是人的本质对象化过程的一个特定阶段和特殊

① ［俄］巴赫金：《巴赫金全集》第6卷，李兆林等译，河北教育出版社1998年版，第351—352页。

② ［俄］巴赫金：《巴赫金全集》第6卷，李兆林等译，河北教育出版社1998年版，第61页。

形态，在其中，现实以包容的方式否定人的本质，目的性与规律性发生有限的偏离，是对于偏离于和谐性、完满性的个性气质的自恋式认同。在审美感受上，“酷”是排除了伦理道德内涵的满不在乎和开心陶醉。这一审美范畴在当代日常流行文化和青少年亚文化中具有突出的地位。

“酷”（英文 cool 的音译）的审美内涵源于 19 世纪末传入美国的非洲黑人民间音乐演变而成的一种爵士乐。20 世纪 50 年代，cool 爵士乐问世，它的曲调柔和，演奏者演奏时极力控制自己的情绪，也不蹦跳，表现出一种超然的神态。cool 爵士乐倡导冷峻、深沉的风格，受到当时美国青少年的欢迎，从而使“cool”走出黑人英语圈而成为一切标新立异的思想和与众不同的时尚形象的代名词，如在 60 年代的嬉皮士和 70 年代的朋克之中；后来又引申到对一切美好的人与事的赞美，并在世界范围广泛传播。用“酷”来音译“cool”，始于台湾，后流传到港澳地区，20 世纪 90 年代传入内地，在传媒推动下成为时尚流行语。“酷”的含义在流传过程中不断丰富，综合了其在中英文中的复杂含义，表示广义的“好”，但“酷”与传统意义上的“好”不同，“酷”的人或在衣着打扮或在言行举止或在精神气质上必须是特立独行、充满个性的，绝不是那种纯朴热情和循规蹈矩的“好”。特立独行和充满个性，正是“酷”的外在特征，其中吸纳融合了“酷”的如下含义：冷淡、冷漠（包括冷峻、孤傲等）；英俊、潇洒；严肃、严厉（包括严格、认真、苛刻等）；有气质、有品位；时髦、新潮、前卫；有个性、有特点、与众不同；怪异、出格、另类，等等。

“酷”的本质，包含有自恋情结、超然的嘲讽以及享乐主义三种性格因素。“自恋情结”是指在叛逆文化中，“酷”的主体自视甚高，特立独行，张扬个性，举止含有进攻性，实质上并没有什么有价值的东西值得炫耀。“超然的嘲讽”是指将嘲讽视为恰当的姿态，对制度除了厌恶之外还抱有一种满不在乎的态度，“随便怎样都行”，加上冷嘲与伪装的漠不关心。“享乐主义”则是指主体因对自己厌恶的现实无能为力，便只管开心度日，尽情享受。

“酷”风格作为青少年赞赏“个性美”的一种特殊表达方式，不仅表现在一个人的思想观念、精神气质方面，也表现在衣着打扮、言行举止方面。“酷”的广泛流行不仅体现了语言的发展演变，也蕴含着丰富的社会文化意义，成为一种审美文化现象。“酷文化”作为时尚文化的一部分游离于主流文化之外，是一种以青年人为主体、表现青年人群的生活方式、个性品位及其消闲娱乐要求的亚文化现象。它反映出现今时代复杂的社会关系，同时也隐含着丰富的生活信息及价值观内容。

“酷”文化的实质是一种无深度的平面文化。“酷”更多地表现为一种有吸引力的形象或欣赏对象，是青年人心目中一种前卫风格的表现。但是无论“上网”“泡吧”还是“露脐装”“另类发式”“靓仔配靓妹”等，都是一种平面性的文化，青年人只是消费它。这种“酷”只注重外在表现，至于扮酷的人内心倒并不一定有什么相应的思想和观念，他们更多的是要一种做派，一种时尚表演。青少年或是在发型上追求怪诞，或是在服装上追求怪异，或是在言语上追求奇特，努力使自己与众不同，从而博得“酷”的赞誉。这种现象一方面反映了一些青少年不太成熟的心智，但另一方面也显出代表个性美的“酷”，在青少年心目中有着极重的分量。

“酷”以其多元的属性特征向传统习惯的审美规范提出了多方面多层次的挑战，使自身凸显为一个相对独立的审美形态，丰富和扩展了人的审美观念和审美实践。但“酷”的形式化和表面化、自我化和自恋化，以及其冷漠和享乐化，使其在理念内容上处于某种半空洞状态，在精神追求上处于某种亚健康状态，在道德伦理立场上则处于某种不负责任和不承担义务的非正义状态。因此，如何使其充实化、正义化、追求健康生活，就成为当前审美教育的重要任务之一。

三、荒诞

荒诞是人的本质对象化过程的一个特定阶段或特殊状态，在这个阶段，由于人的本质的分解、弥散或缺位，使对象化过程变成一种无根基、无秩序、无归宿的解体过程。换言之，荒诞是对无意义、无本质、无深度、无价值本身的对象化过程，因而也是对虚无的对象化和对象化的虚无。

从荒诞的主客体关系看，由于主体虚位而导致主客关系瓦解，致使客体碎片杂陈、喧哗无主。主体的行为既不是被现实单纯肯定（这样会接近优美），也不是被现实单纯否定（这样则成为丑陋）；既不是目的性对规律性的最终统一（这样会接近崇高），更不是规律性对目的性的强势宰制（这样会更似悲剧），也不是目的性与规律性的调和化解（这样会走向喜剧）。从审美意象中内容与形式的关系看，荒诞是无理性内容的感性形式、无理想的现实、无背景的前景、无深度的平面、无指涉的拟像。在荒诞之中，人的异化卑微的生存状况集中地呈现出来。

荒诞广泛存在于人与社会以及人与人之间的关系领域。在人与社会的关系上，不仅人是无意义的，世界本身也是无意义的，荒诞的人无法与世界建立意义关联，而是相互冷漠、彼此疏远，呈现出破碎感和荒漠感；在人与自身的关系上，荒诞的人无法区分理性与非理性，也无力用理性来规范非理性，而只是将自身的非理性拼贴呈现出来。如此引起的美感经验，一方面是意义滑落、流失之后的虚无感、空洞感、没落感和恐慌感，另一方面则是一种不承担责任、不追求意义、不承诺价值的轻松感、超脱感和解放感。

荒诞作为审美形态和审美范畴是在现代确立的。在古代，由于人与世界的疏离和异化尚未像现代社会这样突出，所以还没有出现荒诞的审美形态，古代美学中也没有荒诞范畴。欧洲中世纪的艺术中存在着“怪诞”风格的艺术，但它们只是荒诞的前身，并不属于现代意义上的荒诞。现代社会异化的加深以及人对异化认识的深化和反抗的加剧，使怪诞艺术转化为荒诞审美形态和审美范畴。从20世纪初的现代主义艺术，到20世纪中叶的存在主义艺术、荒诞派戏剧和“新小说”，以及60年代以后的西方后现代艺术，都不同程度地显示出，现代社会“受到威胁的不只是人的一个方面或对世界的一定关系，而是人的整个存在连同他对世界的全部关系都从根本上成为可疑的了，人失去了一切支撑点，一切理性的知识和信仰都崩溃了，所熟悉的亲近之物也移向缥渺的远方；留下的只是处于绝对的孤独和绝望之中的自我”，因此，“我们在其中生活的世界是完全不可理解的，荒谬的”①。

荒诞审美形态的出现有其现实基础和社会原因，即现代社会的高度异化、人对异化社会的彻底绝望，以及自我在异化社会中的孤独无助。这是一个碎片杂陈、亵渎神圣、快速陈旧的时代，“世界失去幻想与光明，人就会觉得自己是陌路人。他就成为无所依托的流放者，因为他被剥夺了对失去的家乡的记忆，而且丧失了对未来世界的希望。这种人与他的生活之间的分离，演员与舞台之间的分离，真正构成荒谬感”②。在这时，只有“对于荒谬的一种荒谬关系”，才捕捉住了这个时代文化类型的“独特的艺术表现形式”。

荒诞作为审美形态的具体特征体现在三个方面：一是形式的碎片化和丑怪。荒诞艺术不再在理性意义上把实体看做可以透彻了解的存在大系列。在完整的、立体的、独立存在的个体被取消之后，存在着的只是实体被挤压成的面，或者是拆解后再拼凑的面，或者是毫不相关的元素所组成的面。单面的存在，单向度的人生，它们或者稠密得毫无秩序，或者空虚得了无实质。丑怪的形象充斥于艺术，如在尤奈斯库的《犀牛》和卡夫卡的《变形记》中，人变成了犀牛和甲虫；在尤奈斯库的《椅子》中物排斥了人；在海勒的《第22条军规》和卡夫卡的《城堡》中，无形无影又无所不在的神秘力量摆布着人。

二是内容的平面化和无中心。由于时空深度的消失，内容的中心和主题弥散蒸发，出现了无高潮无情节的倾向。在传统艺术中，音乐的主题呈示是乐曲的中心，并在展开中形成高潮；绘画的主题一般位于图画中央区域或附近，外围空间则附着于主题；戏剧则有头有尾有高潮。然而乔伊斯的《尤里西斯》则是水平式的，绝不逐渐上升到任何危局，也没有传统小说的高潮。平凡、稠密、毫无意义、不可理喻，这被荒诞艺术家看成是真实生命的形式，“‘生命’是一个故事，由白

---

① ［德］施太格缪勒：《当代哲学主流》上卷，王炳文等译，商务印书馆1986年版，第182页。
② ［法］加缪：《西西弗的神话》，杜小真译，生活·读书·新知三联书店1987年版，第6页。

痴道来，充满喧嚣与愤怒，毫无意义”（福克纳《喧哗与骚动》）。无意义的生存正如无指针的时钟，滴滴答答喧嚣不息，稠密而空洞，杂多而无序。

三是主体的零度化和无力感。在传统审美形态中，主体敢于表达价值判断并有能力对对象做出评判，但在荒诞审美形态中，前景上的对象都是等值的或无价值的。优美是前景与背景的和谐，崇高是背景压倒前景，而荒诞则是杂乱而无意义的前景掩盖了背景或者转换了背景。这种景观正是人的无力感和无奈感的倒影。在贝克特的《等待戈多》中，两个主人公焦急而无望地等待一个叫戈多的虚无缥缈的人，为了打发时光，他们就做脱鞋穿鞋、拥抱对骂、扮演上吊等无聊无奈的行为，却毫无能力改变这种无助的局面。

荒诞作为审美形态的意义在于，异化的现实生存是无意义的，而那些通行的价值观念又是虚假的，人们尊崇的理性也是可疑的。诚如尤奈斯库所说：“荒诞是指缺乏意义……人就不知所措，他的一切行为都变得没有意义，荒诞而无用。”① 荒诞是荒诞的人在失去意义的世界上对意义的丧失所做的单纯呈现活动和所达成的体验，它并不是要重建一个充满意义的世界，也不是要用理性的无限来对抗虚无的世界，而是用非理性的形式，将意义丧失的境遇呈现出来，目的是表达一种强烈的意义缺失的虚无感及其背后的绝望感。自觉到现实的荒诞，才有对现实的绝望；呈现当下生存的空虚，才有可能以荒诞来面对空虚，进而用荒诞来浇灌自由。荒诞正是以这种否定消极的方式曲折地肯定人的自由。

四、恐怖

“恐怖”作为丑的审美范畴之一，主要是对“异形”反常的丑的形式的虚构组合，是对形式背后可能的内容和支配力量的“升格”或神秘化，其审美感受是恐惧感、惊悚感、崇拜感和厌恶感的混杂。因此，否定、背离以及与之相关的惊悚、恐惧、神秘、厌恶等，是恐怖美学范畴的主要特征。

原始恐怖范畴是丑的原型，是历史上各种丑的共同母胎。原始人视敌对的自然、社会力量为凶神恶煞，因此产生了极度的恐惧感。这些凶暴的对象在原始人眼中是不和谐、混乱、陌生和异己的，给人以恶性刺激。原始时代占支配地位的思维意识是巫术宗教意识，主体不仅没有独立地位，而且与客体不分，一切都模糊、混乱，整个世界到处潜藏着精灵或鬼神，充满了神秘感和恐惧感。因此，神秘性、怪诞性和仪式性，成了原始艺术的基本特点。丑恶的形式常常与巫术宗教的神圣感纠结在一起，以至美丑不分，美丑混淆。

有些写实性强的原始艺术，如洞壁艺术，把动物形象刻画得毫发毕现、惟妙

① 伍蠡甫主编：《现代西方文论选》，上海译文出版社 1983 年版，第 378 页。

惟肖，但这种逼真的写实，本身只是出于神秘的巫术需要，目的是掌握动物的灵魂并支配这些动物。这类艺术采用非人间的神秘形式来表现宗教意识，与图腾崇拜、祖先崇拜、神灵崇拜等有密切关系，但与审美活动关系不大。这样，为了宗教信仰的神秘需要，人们采用了扭曲、变形、怪诞、凶恶的艺术形式。例如，被称为“戏剧活化石”的傩戏中就有戴着恐怖狰狞面具的鬼神形象，可以看作原始恐惧意象的遗留。这些面具，“它是一种常人没有的面孔，它要引起的是陌生感而不是亲切感，因为面具所代表的不是人的表情，而是神秘世界中某种神灵所可能有的表情。正因为它要引起陌生感甚至恐惧感，因此它是不受人脸五官比例的支配的”①。我国古代的蛇身人像，埃及的狮身人面像，以及黑格尔《美学》中所谈到的“象征型艺术”，如千手佛、千眼佛等，是人的形象还没有独立起来，人还没有明确地肯定自己的本质力量，以至于和动物混淆在一起，甚至动物的形象支配了人的形象。在今天看来，这些形式不仅奇特，而且可怖；不仅不美，而且丑。但是，“在今天看来如此之野蛮，在当时则有其历史的合理性。也正因为如此……尽管非常粗野、甚至狞厉可怖，却仍然保持着巨大的美学魅力”。中国的青铜饕餮也是这样，在那看来狞厉可畏的威吓神秘中，积淀着一股深沉巨大的历史力量，“人在这里确乎毫无地位和力量，有地位的是这种神秘化的动物变形，它威吓、吞食、压制、践踏着人的身心。但当时社会必须通过这种种血与火的凶残、野蛮、恐怖、威力来开辟自己的道路而向前跨进”②。正因为“人的本质客观的展开”尚处在一种被否定的状态，人还无法从对象身上看到人的本质力量，所以对象的内容和支配力量就被“升格”为某种超自然的神鬼或抽象的东西，进而将其神秘化，产生恐惧感。

阿多诺认为：“原始崇拜对象的面具与画脸所体现出来的古代丑，是对恐怖的实体性模仿，一般散布在忏悔的形式之中。随着神秘的恐怖性逐渐淡化与主观性相应增强，古代艺术中丑的特征变为禁忌的目标（尽管这些特征原本作为强化禁忌的载体）。继主体及其自由感形成之后，和解的思想随之诞生，丑也随之展露出自己。”③ 可见，丑本来包含于原始人的宗教巫术活动中，表现的是对象的恐怖和人对于神秘的恐怖对象的恐惧，产生的基础是主体意识尚未觉醒。在主体意识觉醒过程中，主体与客体也开始分离，人区别美丑的感觉能力才从神秘的宗教恐惧意识中分离出来，丑的面目才显露出来。这种感觉能力形成的标志，就是把原先作为自己崇拜对象的图腾或神像转变成美的或丑的对象，并进一步在人生实践中形成了衡量美丑的标准。凡是在形式上和谐并能表现人的自由创造力的对象或行

① 朱狄：《原始文化研究》，生活·读书·新知三联书店 1988 年版，第 500 页。

② 李泽厚：《美的历程》，文物出版社 1981 年版，第 38—39 页。

③ ［德］阿多诺：《美学理论》，王柯平译，四川人民出版社 1998 年版，第 84—85 页。

为就是美的，反之，则是丑的。于是，在审美活动中，原始恐怖就升华为丑这一审美范畴。

原始恐惧意象凝结着原始意义，即对异己世界的恐惧、排斥和反感。在文明社会，这种原始意象和原始范畴沉入无意识，成为人的深层欲望，但在人类艺术活动和审美活动中，作为恐怖范畴的无意识深层欲望经常展现自身，形成特殊的“艺术恐怖”（art-horror），成为“恐怖小说”和“恐怖电影”等虚构性艺术类型的主题。这一现象在当代集中出现，变成一个引人瞩目的文艺审美现象。经常出现在恐怖类虚构作品中的人物通常是“怪物”，即科学否认其存在的存在物，例如，长如火车的虫子、吸血鬼、幽灵和其他的亡魂、来自其他星系的生物、鬼魂出没的房子和狼人都属于这类怪物。它们通常肮脏、残暴、可怕，引发厌恶和畏惧的情感反应，“这种情感反应是由怪物所显示的潜在危险或威胁及其肮脏而引起的恐惧和厌恶的复杂混合体”，“借助其有害性引起观众的恐惧情感、借助其肮脏性引起观众厌恶的怪物”①。

恐怖在当代虚构作品和审美活动中的密集涌现，违反和背离了传统习惯的审美范畴、规范和概念，造成了后者的动摇和解体；它也常常与已有的范畴，比如与喜剧幽默等多重组合而形成新的边缘性的审美形态，引发“皮肤收缩”的紧张窒息与尽情尖叫的释放畅快相混杂的情感反应。在其积极的意义上，恐怖以其恶性刺激和过度刺激拓展和丰富了人们的审美生活。但是，恐怖的使用，必须结合具体的受众把握好“度”的界限和运用策略。恐怖类儿童文学作品《哈利·波特和火焰杯》问世之始，因迪亚·奈特即撰文反对这类“太恐怖”的作品与年幼的孩子见面，认为孩子都喜欢“在战栗和恐怖中获得愉悦”，但“赤裸裸的恐怖内容……不能同我的孩子们见面，原因只有一个，那就是这本书太恐怖”②。

恐怖作为丑的审美范畴是一个否定性范畴，它本质上是一种负值，是对人本质对象化的否定和对正常规范的背离。从现实中的恐怖到艺术中的恐怖需要经过复杂的审美转换，二者之间有本质区别：前者属于“恶丑”，尽管这种丑在人类历史的早期阶段曾发挥过重要的作用，但它在当今语境中几乎无审美价值可言；后者属于艺术中的丑，由于其中凝聚了艺术家的创造性而具有一定审美价值。尽管当前数字虚拟产品中大量涌现的恐怖类作品与现实世界中此起彼伏的恐怖事件之间存在彼此渗透和交互转化，但二者之间的原则界限不容混同。

同时，恐怖与作为丑的审美范畴的怪、酷和荒诞等范畴交互渗透和转化。丑的反常形式，“升格”和神秘化则近乎恐怖，“降格”和世俗化则又趋近“怪”；

① ［美］卡罗尔：《超越美学》，李媛媛译，商务印书馆2006年版，第389页。
② ［英］因迪亚·奈特：《哈利·波特太恐怖》，《中华读书报》2000年8月23日。

对于丑的形式，混乱地拼合呈现会趋向荒诞，若只是有限度的背离并认同这种背离则又近乎酷。因此，把握丑的审美范畴之间的渗透和转化，是深化审美实践的重要途径。

思考题：

1. 什么是广义的丑与狭义的丑？
2. 如何理解丑的审美本质？
3. 怎样在美丑转化中把握丑的特征？
4. 怎样理解丑与崇高和优美之间的渗透和转换关系？
5. 怪、酷、恐怖和荒诞具有怎样的审美属性？

► 本章小结与回答示例

第十一章　美　　育

美育与美学有着密切的关系，其区别主要在于美学是侧重理论，而美育侧重于践行。美学对于美育的意义，就是提出美育所要践行的目标。也就是说，通过美学的研究，能理解人类的审美活动，并了解审美活动对于人类和社会的意义。而对美育的重视，则是看到了美学研究所提出的目标要通过美育来实现。

美育既是审美方式的教育活动，又是教育方式的审美活动。本章在追溯美育的历史的基础上，对美育的内涵、功能和实施途径进行概要分析，以求对美育有一较全面的理解。

第一节　美育的内涵

一、美育溯源

美育自古就有，因为人类很早就看到了审美与教育的联系，也很早就在实践中把两者自觉地联系起来了。

西方古希腊的雅典教育就很有特点：未满 7 岁的儿童在家里接受教育，学习各种游戏，听神话故事等；7 岁以上的儿童开始进入文法学校和琴弦学校；13 至 14 岁的雅典少年则进入体操学校，在这里不仅学习各种体育项目，还学习舞蹈，学习体操时有乐器伴奏；体操学校的学习结束后，16 至 18 岁的富家子弟可以进体育馆，除练习体操外，还以优雅的谈话方式，接受政治、哲学和文学的教育，训练演讲术；18 至 20 岁的青年在“埃弗比”团接受军事训练，同时参加各种纪念庆祝会和戏剧公演。可见，雅典的教育已经很重视人的全面发展，它把智育、体育和艺术教育和谐地结合在一起，是一种人性化的富有生命力的教育。这种最初的艺术教育，是美育的一种雏形。其目的是要通过音乐、唱歌和诵诗，使年轻学生养成自制和摒除一切过失的习惯，顺从于和谐与节奏，习惯于温顺与柔和。

在这种教育实践的基础上，当时的许多哲人和思想家都提出了关于美育的思想。柏拉图提出，为了防止“罪恶、放荡、卑鄙和淫秽”对青年的影响，就“应该寻找一些有本领的艺术家，把自然的优美方面描绘出来……使他们不知不觉地从小就培养起对于美的爱好，并且培养融美于心灵的习惯。”① 他认为最好的教育

① ［古希腊］柏拉图：《柏拉图文艺对话集》，朱光潜编译，人民文学出版社 1980 年版，第 62 页。

方式是音乐，因为音乐是“求心灵的美善”的，受过良好的音乐教育的人能够很敏捷地发现丑陋和美，厌恶前者而吸收后者，滋养心灵，使性格变得高尚优美。他还主张音乐与体育相结合，使身体的运动和声音的运动遵循同一节奏，达到“载歌载舞”的境界。因此，他非常重视对儿童实施艺术教育，强调审美游戏在学前教育中的重大意义。柏拉图的美育思想，对后世有很大启发。

亚里士多德也注意到了音乐在美育中的特殊地位，他在阐述音乐的社会功能时指出，它具有教育、净化和精神享受的功能。但他主张选择富于伦理性质的旋律和曲调，摒弃那些颓唐无力、令人悲伤忧郁的曲调，对于儿童尤其如此。他的美育思想对于文艺复兴时期的美育产生了极大影响。亚里士多德在美育史上还有特殊的贡献。他第一个根据儿童身心的自然发展顺序确定了教育年龄的分期：出生到 7 岁为第一期；7 至 14 岁（青春发育期）为第二期；发育期到 21 岁为第三期。这种分期对于教育的意义在于，实施美育必须考虑到儿童和青少年的年龄特征。

在西方美育思想史上，古罗马的诗人和文艺理论家贺拉斯第一个提出了“寓教于乐”的思想。他在概括文艺的社会功能时指出：“寓教于乐，既劝谕读者，又使他奋发，才能符合众望。”① 这就是说，一部作品要达到教育的目的，必须使欣赏者从中获得愉悦。这种观点抓住了美育的特点，启发我们深入思考美育的特征以及在教育的实践中如何处理美育与德育、智育等的关系。

这一时期的美育是以音乐为主的艺术教育，是一种特殊的、温和的道德教育手段。自古希腊始，教育家都把艺术教育作为德育或智育的工具，这种看法经久不衰。美育实际上还未获得独立的地位，在理论上还未形成一种独立的形态。

在东方文明辉煌灿烂的我国先秦时代，文化、学术空前发展。随之，教育体系逐渐形成。西周的教育政策提出“明人伦”并以之作为教育目的，而以礼、乐、射、御、书、数六艺作为基本内容。六艺均具有人文修养性质。其中所谓乐，在我国古代含义极广，包括音乐、舞蹈、诗歌、绘画等艺术类型。乐教即艺术教育，是用来“修内”，陶冶性情、提高道德的，也是美育的雏形。我国第一个伟大的教育家孔子的教育理论和教育实践都十分重视艺术教育，可以说贯穿着艺术教育思想。诗教用的三百篇诗皆能弦而歌之，礼教也离不开相应的音乐。孔子通过本身的审美体验、艺术实践，认为艺术不仅使个体感到快乐，获得精神享受，而且能使人从中学到知识，提高道德修养。因此，虽然礼教是其主要的教育目的和立足点，但他不是以枯燥无味的说教和行为训练来达到目的，而是借助于诗歌的激发和音乐的熏陶。孔子著名的观点是：“兴于诗，立于礼，成于乐。”乐教是完成诗

① ［古罗马］贺拉斯：《诗艺》，杨周翰译，人民文学出版社 1982 年版，第 155 页。

教和礼教的最后手段。孔子把艺术教育看作完成道德教育所必不可少的手段，在教育上有着不可抹杀的价值，开创了儒家重视乐教的先声。

荀子发展了孔子的乐教理论，对音乐教育作了比较系统而全面的论述。荀子认为音乐是人的快乐的感情的表现，是人的感情的正当出路，“乐者，乐也，人情之所必不免也”（《荀子·乐论》），音乐“入人也深，化人也速”，如果能利用好的音乐，就能把人的“好恶之情”引于好善，以取得“移风易俗”的效果。荀子乐教的目的在于“以道制欲”，音乐的任务是把人的快乐引向他所谓的道德。这首先要把音乐都化为符合统治阶级道德精神的“正声”，然后使人们通过爱好音乐的审美形式而逐渐爱好音乐的内容，使他们的感情潜移默化于阶级道德之中。

《乐记》也提出，乐是“通伦理”的。乐教的手段是使“亲疏贵贱长幼男女之理，皆形于乐”，使封建等级精神在音乐、诗歌、绘画、舞蹈等重要艺术形象中表达出来。利用乐的感染力，使人因爱好“乐”进而爱好封建等级制度。这是圣人所以要用乐来移风易俗的主旨，也表现出中国古代思想家关注美育的出发点是为了人的道德发展及社会政治的安定。

儒家思想在中国漫长的封建社会里一直被奉为正统。然而，历代对儒家思想的继承是单方面的。其礼教的思想被继承发扬，其乐教的思想却备受冷落。自汉到清，乐教渐次走向衰落，仅在少数儒家学者的理论中略见一二。如宋代朱熹曾强调过“乐教”的重要，注意以歌舞、吟诗、讲故事之类使儿童“乐学”。明代王守仁也主张围绕伦常道德给儿童讲历史故事，故事书要有图画，诗歌有韵，易于记诵。这样便可以使之“趋向鼓舞，中心喜悦”，也可以培养写作能力。清代颜元也提倡学六艺。尽管如此，我国封建社会后期，美育的实践和提倡美育的理论如凤毛麟角，美育园地日渐荒芜。

古代的美育，无论在西方还是在东方，是从属于道德教育的，是进行道德教育的补充手段。因此，美育理论也明显地具有狭隘功利主义的倾向。美育的特殊性质和特殊使命都远未明确。

西方中世纪的文化带有浓厚的宗教色彩，学校也为教会所控制。但基督教为了宣传教义，不得不借助于文学艺术。古典人文教育的“七艺”在修道院教学中获得巩固发展，并为后来的大学教育提供了基础，许多教育家的思想中都包含着丰富的美育思想，但未摆脱作为神学婢女的地位。

西方近代的美育思想以文艺复兴发端。它反映了人的觉醒，反映了资产阶级要求获得人性和谐发展的强烈愿望。资产阶级教育家们把培根的唯物哲学倾向应用于教育，提出教育要“遵循自然”，在自然教育中日益重视美育。捷克教育家夸美纽斯（1592—1670）重视以绘画、音乐训练感觉、想象力、记忆力及相关的器官，特别重视以美育来发展学生的感觉。法国启蒙思想家卢梭认为，除了以艺术来发展学生的视、听、触觉以外，还要培养一种内在的感觉，他称为“共通的感觉”。这种感觉是把许多连续发生的和同时发生的感觉加以比较得出的关于感觉的判断，是一种混合的或复合的感觉，可以联系、比较并分析那些感官所觉察不到的各种关系。这种“共通的感觉”指的是想象力。卢梭认为儿童如果没有想象力，他们面对日出的彩霞、灿烂的黄昏，就不能看出这些景物之间的关系，也就不能理解这些美。想象力的培养，不能靠成人的传达，而要让儿童自己去体验，到大自然中去体验。卢梭还提倡青年到复杂的环境中去培养审美力，在那里能促使人比较各种细微的差别，使审美感觉更加细腻。青年在认识和喜爱各种美的同时，也就培养了对美的兴趣和爱好，充实了生活。康德曾提出“人就是世界的最后目的”这个命题，这是对中世纪神学目的论的有力挑战。但他不同意把自然的人看作世界的最终目的，认为人的存在应具有更高的价值，这就是道德。在康德看来，审美是人类从自然的人向道德的人生成的绝对中介，因此，审美必然具有教育的性质。

18 世纪 50 年代，在美学从哲学中分化出来形成独立学科之后，德国哲学家席勒吸收并改造了康德的思想，写成了《美育书简》，正式提出了“美育”概念，并对其实质、社会功能和意义作了系统阐述。《美育书简》是历史上第一部以美育为研究对象的理论著作，是美育理论形成独立体系的标志，被人称为“第一部美育的宣言书”。

在《美育书简》中，席勒把人性划分为两个部分：不变的人格和变动的状态。“人格”相当于理性或形式，“状态”相当于感性或内容。在理想的情境中，这二者是和谐统一的。但在现实中，它们却是分裂的。这样就产生了两种冲动：感性冲动和理性冲动。前者的对象是广义的生活，它要求理性形式获得感性内容，使潜在能力变为现实。后者的对象是形式，它要求感性内容获得理性形式，使变化着的世界显出和谐。在人性分裂的情况下，感性冲动使人受到感性欲念的强制，理性冲动则使人受到理性法则的强制。要清除这种人性的分裂和不自由状态，只有凭借第三种冲动：游戏冲动。游戏冲动的对象是“活的形象”，即广义的美。席勒认为，人只有在进行自由的审美观照时，感性和理性才可以达到平衡的状态，人性也才得以完整。因此，美育是人实现自由的根本途径。他指出：“有促进健康的教育，有促进认识的教育，有促进道德的教育，还有促进鉴赏力和美的教育”，而美育的目的就在于“培养我们感性和精神力量的整体达到尽可能和谐”。① 所以，席勒给予美育在人的全面发展中以特殊重要的地位。

席勒还主张“让美走在自由之前”，即主张人性革命是社会革命的前提，主张

① ［德］席勒：《美育书简》，徐恒醇译，中国文联出版公司 1984 年版，第 108 页。

通过人性的完整去改革社会，实现政治自由，认为社会革命不用通过政治经济的革命而可能经由审美的道路来实现，把美育不仅作为人性解放、道德完善的唯一出路，还看作改革社会的唯一途径。这就过分夸大了美育的作用，是离开现实社会的空想，反映出德国资产阶级的软弱性。

后来，英国著名艺术批评家罗斯金提出，随着资本主义大工业的发展，一切生产都以利润为目的，工艺品也不例外，那些只有虚伪的装饰以炫耀外表美的作品，导致了艺术趣味日益退化和社会风气败坏。只有通过美育培养人民对艺术有真挚的爱好，才能改变这种社会风气。所以应该用音乐和舞蹈来教育学生和人民。这种观点把美育与解决社会问题紧密结合了起来。

空想社会主义者是从另一个角度来倡导美育的。意大利的康帕内拉在其著名的《太阳城》一书中描述了理想社会。在那里，“艺术、劳动、工作”由平等的全体公民分担。最懂得手工艺和艺术的人会受到最大的尊敬。因此，从儿童时期起，便要通过游戏和在城市中观光游览等美育手段，使他们获得知识，懂得艺术，成为全面发展的人。法国的傅立叶认为要给社会培养出适应和谐制度生活的全面发展的公民，就要发展美育。他主张用歌剧来发展视觉和听觉，因为歌剧把许多不同的因素结合为一个完整的和谐整体，包括了歌唱、乐器演奏、诗歌、姿势、舞蹈、体操、绘画、力学，同时还是学习统一联系与和谐活动的学校。埃蒂耶纳·卡贝极其重视教育，他认为，在共产主义制度下，一切人都关心使儿童受到最好的教育，把他们培养成最完善的人。这就不仅要进行智育、德育，还要学习艺术及生产等。威廉·莫里斯描述的未来社会中，每个人都以劳动为乐事，因为在那里，产品也就是艺术品，制造者在制作时有极大的兴趣。这就需要每个人都有审美能力，因此要普及美育。莫里斯把工艺品视为普及美育的一种最有力的武器，他的美育思想，成为当代技术美学的思想萌芽。而他自己，则与其他空想社会主义者一样，把美育看作人的全面发展的一个组成部分加以重视。

苏联的国民教育，从培养全面发展的社会主义新一代的要求出发，将美育置于重要地位，因此美育理论研究和实践都有重大发展。这一阶段的主要代表人物是苏联的马卡连柯和苏霍姆林斯基。

马卡连柯提倡德、智、体、美、劳的和谐统一，使美育寄寓于德育、智育、体育和劳动教育之中。他认为美好的生活就是“和美学联系起来的那种生活”。他所主张的美育内容极为广泛，除了图画、音乐等艺术教育外，还包括创造美好的学习环境，在课外活动中进行美育，注意整洁，注意仪表美及建立各种优良传统等。同时，他也注意到了进行美育时应顾及儿童的年龄特征。儿童美育的第一步应当是美丽的摇篮曲、故事、游戏、图画、小人书等，其次是电影、戏剧、俱乐部、绘画陈列室、艺术作品的朗读和种植花木等。

苏霍姆林斯基既是一位杰出的美育理论家，又是一位成绩卓著的美育实践家。他指出，统一的完整的教育过程，应当体现为智育、体育、德育、劳动教育和审美教育相互渗透、相互交织。审美教育对于人的个性培养和丰富的精神世界的形成具有重要意义。没有美育，就谈不上完整的教育，就不可能培养全面和谐发展的人。美育对德育、智育、体育都具有促进作用，而审美教育的直接效果是陶冶人的情感。审美教育能使人的情感趋于丰富、细腻、深沉、纯朴、明朗、美丽。苏霍姆林斯基还特别推崇自然的美在审美教育中的作用，他甚至把艺术的审美教育也置于美丽的大自然的怀抱之中。他会让孩子们在阳光明媚的初秋树林中聆听柴可夫斯基的《秋歌》，在桦木林中沐浴着阳光的空地上休息、陶醉，回来后欣赏列维坦的《桦树林》的复制品……

总之，这个时期的美育思想较以往任何历史阶段更为丰富、更为深刻。这一阶段西方科学技术的迅猛发展，在给人类带来巨大财富和利益的同时，也给人类社会带来了深刻的危机和隐患，使人的全面发展受到扼制，因此西方美育思想更突出地强调人的全面发展，并寻找着具体的实施办法。

19 世纪末 20 世纪初，中国沦为半殖民地半封建社会。许多有识之士为了反对封建专制主义和军阀的腐败政治，纷纷从西方寻求救国的途径。一些教育家、学者接受了席勒的美育思想，也企图从美育中寻求救国、改革社会的途径和方法，形成了一股重要的美育思潮。

梁启超是中国最早引进西方美学并将其与中国传统美学思想结合起来的尝试者，也是近代中国美育思想的开启者。他首次在中国提出了“趣味教育”的概念。所谓“趣味教育”，实质上是情感教育或美育。情感教育与理智教育不同，理智教育主要是一种外在的灌输，而情感教育则是内在的感化。情感教育的根本目的是培养人的高尚情操，推动人的全面进步。艺术是情感教育中最有力的手段，自然景物也是情感教育的重要工具。

随后，王国维对美育在教育体系中的特殊地位作了阐述，指出了它与德育、智育的区别和联系，并第一个提出要把美育列入教育方针。王国维于 1906 年发表了《论教育之宗旨》，认为教育的目的在于培养“身体能力”和“精神能力”都得到发展的“完全之人物”，相应地提出了“完全之教育”，即用体育发展人的“身体之能力”，用心育发展人的“精神之能力”。心育包括德育、智育、美育三个部分。智育要使人的知识和智力得到良好发展，德育要培养人优良的道德和意志，美育要使人的精神和情感得到良好的熏陶，达到真善美的境界，成就完全之人。这是美育第一次被提高到与其他“三育”并列的位置。王国维还看到美育一方面可以作为德育与智育的手段，应加以重视，更重要的是看到了美育自身独特的作用和目的。他认为美育能使人情感发达，忘一己之利害而入高尚纯洁之领域，因此，美育是一种情育。

继王国维之后，蔡元培为美育呐喊了二三十年，且几十年如一日，身体力行从事美育实践，为创立中国近代的美育体系做出了卓越的贡献。他对美育思想作了更为系统的阐发，是近代中国美育思想的集大成者。蔡元培明确提出了美育的概念及目的。他说："人人都有感情，而并非都有伟大而高尚的行为，这由于感情推动力的薄弱。要转弱而为强，转薄而为厚，有待于陶养。陶养的工具，为美的对象；陶养的作用，叫做美育。"① 又说："美育者，应用美学之理论于教育，以陶养感情为目的者也。"② 美育可以使人做到自美感之外一无杂念，从而进入造物为友、无人我之分的境界。

关于美育在整个教育中的地位问题，蔡元培反对把美育作为德育的附庸，主张美育有独立的地位，是与德育、智育、体育并列的。他指出，德育是教育的中心，但德育的实施必须有智育和美育的帮助。美育的特殊之处在于它渗透到其他三育之中。无论是德育、智育还是体育，都包含有美育的因素。

蔡元培还反对把美育等同于艺术教育、主要是美术教育的观点。他指出，美育比美术教育的范围要广得多，既可用建筑、雕刻、图画、音乐、文学等艺术手段，也要用美术馆、影剧院、园林、公墓、城乡环境布置及个人的言谈举止即一切审美对象来开展美育实践。而且，美育与美术教育的作用也不尽相同。

蔡元培的美育思想中最为突出的是他提出了"以美育代宗教"的学说。在西方传统教育中，宗教因含有德育、智育、美育乃至体育的因素，主宰了世俗教育，使教育成为宗教教育的附庸。随着社会的发展，德育、智育和体育都逐渐从宗教教育的束缚中解脱出来，获得了独立的地位。宗教只能以美的因素，像庄严雄伟的教堂、精致瑰丽的造像、壁画、教堂音乐、赞美诗歌等，来影响人民。因此就有了将美育和宗教结合和分离的两种主张。王国维主张将两者并举，蔡元培则主张以纯粹的美育代替宗教，因为"一、美育是自由的，而宗教是强制的；二、美育是进步的，而宗教是保守的；三、美育是普及的，而宗教是有界的"③。宗教中的美育手段是为宗教服务的，不能使人产生纯粹的美感，还会影响智育、德育，所以不能以宗教代美育，只能以美育代宗教。这种观点在政治上具有很大的进步意义。但从中也可以看出，蔡元培是主张美育救国的。因为他认为美是"普遍性"的，人具有了"普遍性"的美，就能破人我之见，去利害得失之计较，这对于"自由、平等、博爱"理想的实现至有用处。

从新文化运动到中华人民共和国成立前，文化知识界多名学者提倡美育。文

① 《蔡元培美学文选》，北京大学出版社 1983 年版，第 220 页。
② 《蔡元培美学文选》，北京大学出版社 1983 年版，第 174 页。
③ 《蔡元培美学文选》，北京大学出版社 1983 年版，第 180 页。

学家、画家丰子恺发起成立了中华美育会，出版会刊《美育》，积极倡导美育。美学家朱光潜明确提出："美感教育是一种情感教育"，"美感教育的功用在怡情养性"。① 现代文艺理论家、翻译家周扬翻译了俄国革命民主主义者车尔尼雪夫斯基的《生活与美学》，不仅对建立中国的马克思主义美学产生了重要影响，也奠定了中国的马克思主义美育观的基础。

中华人民共和国成立以后，社会主义革命和建设为美育的发展奠定了良好的基础。新中国成立之初提倡过德、智、体、美和综合技术教育，美育已被纳入了社会主义教育体系之中。但是到了 1964 年，在批评"修正主义"的浪潮中，美育应当列入全面发展教育的观点遭到强烈批判。"文化大革命"中，美育被当作"封资修的黑货"遭到彻底否定。②

"文化大革命"结束后，艺术家们纷纷呼吁恢复美育的地位，引起了有关领导的关注。经过 20 多年的努力，在 1999 年 3 月全国人大会议上的政府工作报告中提出了要培养德、智、体、美全面发展的人才。同年 6 月召开的第三次全国教育工作会议颁布《中共中央国务院关于深化教育改革全面推进素质教育的决定》指出，"美育不仅能陶冶情操、提高素养，而且有助于开发智力，对于促进学生全面发展具有不可替代的作用。要尽快改变学校美育工作薄弱的状况，将美育融入学校教育全过程。中小学要加强音乐、美术课堂教学，高等学校应要求学生选修一定学时的包括艺术在内的人文学科课程。开展丰富多彩的课外文化艺术活动，增强学生的美感体验，培养学生欣赏美和创造美的能力"③，将美育正式列入素质教育的有机组成部分。进入 21 世纪后，美育在教育方针中的地位与作用在历次党代会上获得了前所未有的稳定的表述。2002 年 11 月，党的十六大报告提出要"全面贯彻党的教育方针，坚持教育为社会主义现代化建设服务，为人民服务，与生产劳动和社会实践相结合，培养德智体美全面发展的社会主义建设者和接班人"④。2007 年，党的十七大报告指出："要全面贯彻党的教育方针，坚持育人为本、德育为先，实施素质教育，提高教育现代化水平，培养德智体美全面发展的社会主义建设者和接班人，办好人民满意的教育。"⑤ 2012 年，党的十八大报告指出："要坚

---

① 《朱光潜美学文集》第 2 卷，上海文艺出版社 1982 年版，第 505—506 页。

② 参见教育部体育卫生与艺术教育司、教育部艺术教育委员会组编：《学校艺术教育 60 年》，湖南师范大学出版社 2009 年版，第 56—59 页。

③ 《中共中央国务院关于深化教育改革全面推进素质教育的决定》，《人民日报》1999 年 6 月 17 日第 1 版。

④ 江泽民：《全面建设小康社会 开创中国特色社会主义事业新局面——在中国共产党第十六次全国代表大会上的报告》，人民出版社 2002 年版，第 40 页。

⑤ 胡锦涛：《高举中国特色社会主义伟大旗帜 为夺取全面建设小康社会新胜利而奋斗——在中国共产党第十七次全国代表大会上的报告》，人民出版社 2007 年版，第 37 页。

持教育优先发展，全面贯彻党的教育方针，坚持教育为社会主义现代化建设服务、为人民服务，把立德树人作为教育的根本任务，培养德智体美全面发展的社会主义建设者和接班人。”① 2017年，美育再次作为教育方针有机组成部分被写入党的十九大报告中，“要全面贯彻党的教育方针，落实立德树人根本任务，发展素质教育，推进教育公平，培养德智体美全面发展的社会主义建设者和接班人。”② 可以看出，在历届党的代表大会的报告中，每个阶段教育发展的重心不同，但对教育方针的组成部分和培养目的的界定则是完全一致的，即“培养德智体美全面发展的社会主义建设者和接班人”。这说明美育已成为中国教育的一个基本方针。2013年底，党的十八届三中全会召开并发表决议，其中第42条“深化教育领域综合改革”中，在“全面贯彻党的教育方针”的前提下，有一条为“改进美育教学，提高学生审美和人文素养”。这里的“改进”一词有着深刻的内涵，联系“改进”的内容看，改进的是“美育教学”，这可以理解为对于美育已经不再是泛泛的倡导，而是要求在教学上的真正落实。2015年9月国务院办公厅印发的《关于全面加强和改进学校美育工作的意见》，对加强和改进学校美育工作提出了全面而详实的要求。

可见，我国近现代的美育理论已经具有了相对的独立性。人们不仅认识到了美育与德育、智育、体育的相辅相成的关系，而且更加重视对美育的特殊性质与特殊使命的探索。可以说，人们已经把美育与人的全面发展联系起来了。因此，从美育的历史看，美育是指一种以审美活动（包括艺术活动）为主要方式与手段的教育活动，但同时又是教育形态的审美活动。

二、美育的使命

美育这种以审美活动（包括艺术活动）为主要方式与手段的教育活动，使得美育能够直接作用于发展人的感性，成为人的全面发展不可缺少的关键环节。

马克思关于人的全面发展理想包含着三个基本含义。它是指人的自然与文化潜能能够充分施展与实现；还指人的劳动—实践的生存活动方式超越现代分工片面性，而达到完整全面的活动形态；同时要求个人的生存活动拥有尽可能丰富的社会交往关系。

人的本质与本质力量是多样的，大致包括肉体的与精神的：肉体的即体力的，而精神则包括了感性与理性。

---

① 胡锦涛：《坚定不移沿着中国特色社会主义道路前进 为全面建成小康社会而奋斗——在中国共产党第十八次全国代表大会上的报告》，人民出版社2012年版，第35页。

② 习近平：《决胜全面建成小康社会 夺取新时代中国特色社会主义伟大胜利——在中国共产党第十九次全国代表大会上的报告》，人民出版社2017年版，第45页。

人类向来崇尚理性，人类的精神活动也以理性为主宰。而且人之所以为人，就是因为人具有理性。理性使人类具有更高的掌握、控制、协调自然和社会的能力，使人类和社会不断地向高级阶段发展。德育与智育，都是提高人的理性水平的。

但我们不能由此否定人是感性的存在物，有着感性生命的要求。在人类漫长的进化过程中，人的感性生命在社会实践中不断受到理性的规范，不断积淀着社会文化的内容，也不断地具有人的本质意义。如“食”上升为“美食”，吃的快乐不只是“饱”所引起的快乐，而具有了社会文化意义的获得所引起的精神愉快。“性”上升为“爱”，爱情超越了两性之间的自然关系，成为一种高尚的人类情感。但是，感性生命的性质是不可能从根本上改变的，人也永远摆脱不了感性生命的要求。所以，美育担负着提升人的感性的使命，不断地使人的感性趋向人的本质。

更重要的是，人的感性与情感，是人类活动的最深层的动力性根源。马克思指出：“人作为自然存在物，而且作为有生命的自然存在物，一方面具有自然力、生命力，是能动的自然存在物；这些力量作为天赋和才能、作为欲望存在于人身上；另一方面，人作为自然的、肉体的、感性的、对象性的存在物，同动植物一样，是受动的、受制约的和受限制的存在物，就是说，他的欲望的对象是作为不依赖于他的对象而存在于他之外的；但是，这些对象是他的需要的对象；是表现和确证他的本质力量所不可缺少的、重要的对象。”① 因此，马克思又指出，人“是一个受动的存在物，因为它感到自己是受动的，所以是一个有激情的存在物。激情、热情是人强烈追求自己的对象的本质力量”②。马克思指出的是，表现为自然的欲望与需要的自然生命力，是人与生俱来的本质力量，是人类活动和发展的最终动因。那么，不难理解，在人类活动中发展、展开的感性生命，仍然是人类活动和发展的动因，并且是使人类自我丰富、自我完善的过程中永不枯竭的动力。正如列宁所说：“没有‘人的感情’，就从来没有也不可能有人对于真理的追求”。③ 在人类的生活实践中的确可以发现，人的兴趣和感情是激发人的全部潜能与才情的基础。可以说，没有兴趣和感情的人几乎是没有生命的人，对生活和他人没有爱的人更是畸形的人。因此，完善的人，应该是感性与理性相统一的、和谐的人，仅仅具有理性或只具有感性的人都不是完善的人。智力水平和道德修养的提高使人趋向于理性的高度发展，但感性的丰富性和生活热情的提高使人趋向于感性的高度发展，二者的结合才能达到人的完善。

很显然，智力和道德的提高要靠智育和德育，而感性的丰富性和生活热情的

---

① 《马克思恩格斯文集》第1卷，人民出版社2009年版，第209页。

② 《马克思恩格斯文集》第1卷，人民出版社2009年版，第211页。

③ 《列宁全集》第25卷，人民出版社1988年版，第117页。

提高有赖于美育。由此可以看出美育对于人的全面发展的重要意义。

三、美育的特性

美育作为一种以审美活动（包括艺术活动）为主要方式与手段的教育活动，有着自身的特性。美育的特性，是指这种教育区别于德育、智育、体育的独特性，特别是指区别于德育与智育的独特性。这种独特性是由审美活动的特性所决定的。

首先，从施教手段来看，美育是一种形象教育，也就是说，美育总是通过一定的媒介来施行，而作为这种媒介，必定是审美对象。作为审美对象，其存在必定具有可感的形式，是以感性的形象诉之于人的。人们通过形象进入审美的世界，使情感活跃起来，渐渐远离尘世的繁杂和喧嚣，进入对象的意蕴世界。审美活动的过程是一种摆脱了世俗功利欲望的心灵的自由活动，在审美的世界里，人的感官和人的心灵都得到抚慰，获得滋养，受到洗礼。当人们重返日常生活的境界时，就仿佛变成了一个新人。因为他的灵魂得到了净化，在美的王国中受到了教益。人们越多地与审美对象交流，就会越多地获得启迪。审美对象是引路者，人们只有通过对形象的直觉性感知，获得审美感受，才能进入审美的更高境界即体验中的世界，通过体验最后把握到对象更深的意味。因此，美育自始至终都是形象教育。

形象教育与直观教育并不是美育专有的，在智育和德育中人们也经常使用形象教育，但那种形象教育与美育是不同的。

智育主要是通过概念、判断、推理的逻辑形式施行于受教育者，它追求概念的明晰性、判断的准确性与推理的严密性，它直接作用于人的理性能力。智育中也使用形象教育，那是因为美育所凭借的审美对象，包括艺术作品，本身也是知识的重要来源。人，不论就群体还是个体而言，思维能力的发展都经历了一个从具体到抽象、从感性到理性的过程。刚刚从动物中分离出来的人类祖先，没有对事物形成概念、进行判断的能力，他们的知识几乎都是从感性直观中获得的。随着人类实践和认识的不断发展，人们才形成抽象概念，发展了思维能力。个体思维的发展道路与人类的思维发展道路总的说来是一致的。儿童时期知识的获得，几乎也都要靠感性直观的教育。到了成人阶段，由于形象具有易感性的特点，在获得知识、开拓知识面、获得生活经验等方面也是经常使用形象的。但智育最后的目的是求真，因而要求从形象到抽象，从而为说理服务。达到获得真知的目的之后，过程就会被扬弃、淡忘。而且在智育中不仅不可能自始至终都使用形象教育，甚至是极少使用的。因此智育与美育是可以区分的。

德育的主要方式也是说理，通过理性的教育使人们接受一种某个社会共同体的所有成员都必须遵守的行为规范，并逐步在实践中使之内化为人的道德意识。但德育的过程中也是可以使用形象教育的，特别是使用艺术形象，它往往能起到说理所达不到的效果。因为艺术形象来自生活又高于生活，既包含着艺术家对社会上真假善恶诸类情况的评价与判断，又因其美的形式而具有强烈的感染性。人们在欣赏艺术时，由对形式的美丑的欣赏，必然会进入对内容的真假善恶的评判，从而使人去伪存真，避恶从善，可见，美育的手段对德育有重大的作用。而且，美育对人的情感的陶冶，往往也能起到道德上的净化作用，进而使人达到高尚的人格境界。正因如此，才有了把美育等同于德育的说法。但德育最后的目的是求善，也要求从形象到抽象，来为说理服务。与智育同样，形象教育也不是德育的主要手段。因此德育与美育也是可以区分的。

其次，从受教者的受教方式来看，美育是一种情感教育，也就是说，美育要激发起受教育者感情的活动，并通过情感的体验作用于他们的心灵。

在审美活动中，由于审美对象的激发，参与审美活动的人首先对对象产生一种情感态度，即形成肯定或否定的态度。这种态度是决定着美育能否顺利实施的关键。如果受教育者对于作为美育的必要媒介的审美对象在情感上是否定的，那么就会中止这种活动；反之，受教育者则能自觉自愿地作为审美主体进入对审美对象的体验之中。体验是沟通主客体的中介，是对对象的意蕴的直觉性领悟。正是在体验中，生活的底蕴才能向人们呈现出来，使人在体验中获得教益。体验的世界本身还是情感的世界，审美不是传授知识、传授技艺，也不是向人们提供某种行为规范，而是给予接受者以情感的定向，或爱，或憎，或好，或恶，让他们在情感的接受中接受理性的内容。美育是以情感人而不是以理服人，是通情而不是达理，是理融于情而不是情融于理，这一特点决定了受教育者要在体验中才能达到受教育的目的。

美育的情感体验性也使它与智育、德育能加以区分。智育与科学知识相关，科学的品质决定了它是一个最不需要情感参与的领域，它追求的是知识的客观有效性，展示的是理性的力量。一个公理，不管人们在情感上接受不接受，它都会发生作用，作为公理，它就是法则。这里不存在主体的选择性。当然，在接受智力教育的过程中，人们会为攻克一个难关或有新的发现而欣喜，但这是作为一种对自身的理性能力的肯定而生发的快乐，是作为一种结果而并非在过程中出现的，它不需要受教育者去体验或者说在许多情况下是无法体验的。道德教育要人们接受一定的道德意识和观念，规范人们的行为。它更多地涉及人们对善恶的认识和评价。人们对善恶的认识和评价虽然具有情感性，但这是一种偏重于理性的情感，与社会意识形态更多地联系在一起，而且评价是具有客观性与阶级性的，不同于美育中个体的独特的情感体验。因此，美育的情感体验性也是它区别于智育与德育的主要特征。

最后，从受教者产生的受教效果来看，美育是一种快乐的教育，也就是说，美育是令受教育者感到愉快的、寓教于乐的教育。

审美活动是人类的一种自由的精神活动，人们在这种活动中可以获得身心的愉悦。美育是以审美活动为主要施教方式与手段的教育活动，这决定了人们接受美育的过程，是一种高级的精神消费或精神享受的过程，也是获得精神愉悦的过程。美育如果不能给人以感官和精神上的全面享受与愉悦，就不能取得预期的效果。因此，美育从不采取强制的方式，受教育者却会自觉自愿地参与。在美育中，如果受教育者意识到自己是一个被支配者，或者仅仅是产生一种被支配的意识，那么效果就会适得其反。所以，美育是一种快乐的教育，是寓教于乐，教寓于“乐”之中，这种“教”无疑就带有享受的性质，是在愉悦中接受教育。

当然，美育的享受是有“教”寓于其中的，不是为娱乐而娱乐，为享受而享受，而是要在娱乐和享受中接受教育。因此，美育与一般的审美活动也不同，它不是人们自发的娱乐和享受活动，而是有目的的、有具体施教内容的系统的教育活动。

第二节 美育的功能

一、培养审美能力

培养审美能力是美育的特定目标之一。

审美能力集中地表现为审美感觉力，是一种与审美需要相应的感官能力。它能使人感受到物的“对人有用或使人愉快等等的属性。”① 这“使人愉快的属性”即事物的形式属性。审美能力还包含着丰富的想象力和深刻的理解力。

人的审美能力不是天生的，是后天教育的结果。而审美能力的获得，主要来自于美育。因为美育是一种形象和情感的教育，这就决定美育可以直接训练感官、感知能力，在这个基础上，提高想象力和理解力，健全审美心理结构，全面培养审美能力。

在美育中，审美对象的反复展现可以促进感官对形式的感知，使反应敏锐，从而形成高度的审美感知和鉴赏能力。过去，这一任务是人们在实践中不自觉地完成的。由于这种不自觉，造成审美感知能力的不平衡。比如一般人的孩子的音乐能力比不上音乐家的孩子，而画家的孩子对形状、色彩、比例等的把握就比较出色。这是由于家庭的特殊条件使孩子对某种审美对象耳濡目染，发展了他们某一方面的感官能力，从而超出常人。美育就是要自觉地运用审美对象，特别是艺术品的形象来完成这一教育任务。

审美活动所展示的感性的形象是单纯的、孤立的，又是丰富的、多方联系着

① 《马克思恩格斯全集》第26卷第3册，人民出版社1974年版，第326页。

的，这种丰富性和多方的联系，是靠想象来展现和发掘的。因此审美活动不可能缺少想象，丰富的想象力也就是在这样的活动中不断地发展起来。同时发展的是审美理解力，因为审美活动使人不断地透过形象把握更深的内涵，理解对象形式中的"意味"。再加上审美技巧的训练，就能培养人全面的审美能力，创造一个能够欣赏并且按照美的规律进行创造的人。

培养具有审美能力的人对整个社会都有着重要的意义。因为审美能力的提高不仅对于艺术活动有不可估量的作用，而且对于物质生产活动意义也十分重大。在当前的时代，它直接关系到能否按照美的规律去塑造、去生产的问题。美的规律就是形式的规律，是形式如何赏心悦目的规律。按照美的规律进行生产，就是赋予实用物品以赏心悦目的形式的生产。如果没有对美的形式的审美感知力，就不可能在生产工作实践中按照美的规律生产。而随着人类社会的发展，随着物质生活水平和精神生活水平的提高，对美的要求也越来越高。人们不仅要求创造出更多的艺术作品来满足自身的精神需要，还要求日常接触的产品处处有美的因素。技术美学在当代的崛起，艺术设计的日益受到重视，正说明了当今时代的这一潮流。所以，发展人的感知和想象力，不仅为艺术的发展创造了条件，而且为物质生产的发展创造条件。因此，人的审美能力的普遍提高，可以使整个社会的审美水平不断提高。

二、陶冶性情

人的性情指人的个性和情欲，是人的个体感性生命的一个组成部分，因此也与个体的欲念功利心相联系，总会带有狭隘的功利主义、利己主义性质。

人的性情是会改变的，但由于性情是个体感性生命的一部分，一些理性的教育，如伦理道德的说教，往往只能加给人一些外在的规范和限制，而不能真正地直达人心。美育由于是一种情感的教育，是让人进入审美活动之中，只有在审美对象的感知与体验中获得愉快的感受，才能对人的性情起作用。因为在审美活动中获得的这种愉快是发自内心的感受，是通过对审美对象所蕴含的意义的感受、体验、领悟所获得的情感、心灵的震荡、洗涤、超越，这就是陶冶。陶冶是一种潜移默化的过程，它的作用是在不知不觉的状态中发生的，有如杜甫在《春夜喜雨》中所描写的细雨润物的情景："好雨知时节，当春乃发生，随风潜入夜，润物细无声。"也就是梁启超在《论小说与群治之关系》一文中说的，小说支配人的力量的"熏""浸"，即熏染、浸润，于不知不觉中接受影响。他说："熏也者，如入云烟中而为其所烘，如近墨朱处而为其所染。"① 美育的陶冶会逐步培养和建立起

① 梁启超：《饮冰室文集点校》，吴松等点校，云南教育出版社2001年版，第758页。

一种超越实用功利的人生态度，改变人的性情。陶冶对人的性情的改变是深刻的，因而也是具有稳固性和延续性的。

情感对人的实践活动有巨大的影响。古往今来，无数伟大的人物，无论是革命家、科学家还是艺术家，都对自己的事业怀有热烈而深沉的爱。一个情感浅薄之人，对自己的事业不会有什么激情，更谈不上有什么献身精神。所以，美育对人情感的培育与陶养，不仅要使人的情感趋于丰富与纯洁，还要使人具备对事业的巨大激情与动力，这也是美育的特殊目标之一。

三、完善人格

性情的陶冶最后直指人格的完善。人格是指人的性格、气质、能力等特征的总和，也指个人的道德品质。人格有一个逐步建构的过程。在审美活动中，审美对象所蕴含的意义总是潜移默化地直达人心，使人进入高尚的审美境界，使人在感动中去掉“小我”，去掉私利之心，在人们的身上唤起那些真正具有人的价值的性质和属性。也就是说，人类审美所追求的不是有限的功利目的，不是达到这种有限功利目的的工具。相反，它使人从那种有限的、自私的占有欲中解放出来，上升到自由、无限的崇高精神境界，建构起高尚、美好的人格。审美的这种特性，使它成为人类实现人格建构的重要途径。历来的美学家、教育家都把美育看作人格修养的必要手段，孔子所谓“成于乐”的思想，主要就是指通过音乐的美育（乐教）来促成人的完美人格。

人格的建构，归根到底要通过个体心理结构的塑造来完成。审美教育的作用主要表现在个体审美心理结构的塑造方面。在审美活动中，主体的各项心理功能处于一种自由和谐的状态之中。这种心理的自由和谐状态，正是主体人格建构的基础。

当然，人格的建构是一项复杂的社会系统工程，需要多方面因素的参与配合，但美育在其中起着特殊的作用，是毫无疑问的。通过审美，人类可以和周围的世界、周围的人们建立起美好、和谐的关系。这种美好、和谐的关系渗入社会的伦理、道德、政治、经济等关系中，改变着社会的精神生活、文化生活，这就是古人所说的“移风易俗”。反过来，这种美好和谐的社会关系、社会的精神文化生活，又潜移默化地影响着、塑造着人类个体的精神、情操、个性，从而实现人格的建构。这是一个从个体到社会再回到个体的审美化过程，而美育正是实现这种良性循环的重要中介。

四、树立正确的审美观

美育更要帮助受教育者树立正确的审美观。

人类的活动是受自己的世界观支配的，而审美观是世界观的重要组成部分。人们既要能分辨真假、善恶，也要能分辨美丑。正确的审美观就是指能分辨美丑，懂得什么是美，掌握审美标准。通过对审美活动的引导，帮助人们树立正确、健康的审美观，使之建立科学的、客观的审美标准，这是美育的一个重要的作用。

除了与内容相对独立的形式美之外，美丑的分界或审美标准都有着历史的具体性，受到民族、历史、文化、阶层等多方面的影响与制约。对于个人来说，受到世界观的影响与制约。比如人体雕塑，在我国的某段时间内曾被作为“黄色”的作品而被查禁，或把它作为资产阶级腐朽生活方式的象征加以排斥。这不仅是一种愚昧无知的行为和“左”的表现，也是没有正确的审美观、美丑不分的明证。如果我们有正确的审美观指导，就会发现人体雕塑的审美价值。而如果单纯地追求感官刺激，在一些人眼中就会是一种格调低下的形象，即使给这些雕塑穿上衣服也是没有用的。正如法国雕塑家罗丹所说，对于一个丑恶的灵魂来说，任何衣服和纱衫是挡不住他那卑鄙的眼睛的。在现实中，对于人们在审美观上出现的问题，讲大道理是既讲不通又无用的，只能让人产生抵触情绪。而通过美育，让人们自觉领会到美和丑的分界，帮助人们树立正确的世界观和审美观，才能使人们自觉地排除一切卑劣欲望的侵袭。

在美育中获得的激情与正确的审美观对人的实践活动有巨大的影响。激情使人们执著地投入自己的事业，而正确的审美观可以保证人们对美的追求不出偏差，从而能对社会的发展起着积极的推动作用。

从这个角度看，美育决不仅仅是少数教育家、美学家的事业，而是全社会、全人类的事业；也不仅仅是社会的某一具体的教育方式，而是人类的自我生成、自我发展、自我完善的一项系统工程。

第三节 美育的实施途径

一、审美理论学习

审美理论学习是懂美的关键。审美理论主要包括三方面的内容，即美学基础理论、艺术理论与艺术史、其他审美常识。

美学基础理论是对人类审美现象的整体分析，展现了美的世界的全部内容。它使人懂得美的原则和各类审美范畴，懂得美的存在形态以及人类审美活动的过程，懂得人类为什么需要审美活动和美。掌握美学的基本知识，从理论上引起对美学的重视，才能自觉地接受美育。

艺术理论与艺术史是对艺术的介绍和分析。艺术活动是人类审美活动的最重要的组成部分，人们经常把这两种活动混为一谈，甚至认为艺术活动可以代表全部的审美活动。尽管这种混同并不正确，但也可以看出艺术与审美的密切关系。艺术欣赏需要一定的知识积累，各类艺术的特征，作者、作品的背景、时代、风格以及象征意义等，都对欣赏起着积极的“向导”作用。看毕加索的画《格尔尼卡》，那上面的变形的、零碎的图形，勉强能使人看出有公牛、剖腹的马、举灯的人、呼号的人和支离破碎的人体、物体等，如果没有一定的历史和艺术知识，是很难“欣赏”它的，尽管它会给人的感官与心灵以强烈的震撼，会使人感到恐惧。只有对这件震惊世界的惨事和艺术的象征手法有所了解，才能对毕加索的画有所理解。

其他审美常识是指人们的衣食住行中所涉及的审美常识，它们常常是文化史记载的内容。人类文化，无论是物质文化还是精神文化，都有审美的层面。在长期的实践中，人们对美形成一种模糊的但确又存在着共识的审美标准。人们生活中服饰的变化，色彩的流行，饮食的讲究，室内装饰的格调等，都遵循着一种看不见的流行趋势，其实这就是审美标准。审美标准由两个方面组成，一是相对稳定的形式美法则，它不与内容直接相关，具有相对的独立性；一是具有地域性、时效性和阶层性的审美理想，这是一种社会群体的审美标准，是变化的，在一定的地域、时代和阶层中又有一致性，因此也是一种审美常识。我们对于这两种审美常识都要掌握并能具体运用。比如色彩，浅色的膨胀感与深色的收缩感是不会改变的，各种形体的服装的色彩选择就要以这种原则为基础。而色彩特殊的象征意义在各个民族中是大不相同的，是与历史文化习俗相关联的。法国人厌恶墨绿色，这种颜色使他们想起纳粹军服。他们还忌用绿色的地毯，因为法国人在举行丧礼时有铺撒绿树叶的风俗。墨西哥的各种装饰广泛使用红、白、绿三色，这是他们国家的代表色。这些对色彩喜厌的心理深处，都有各种各样的民族文化、历史方面的原因。掌握这些审美常识，对于我们的审美活动是很有帮助的。

审美理论学习奠定审美的基础，提高审美修养，是美育的重要途径之一。

二、艺术美赏析

美育具有践履性，除了理论学习之外，美育更重要的实施途径是践履性极强的活动，艺术美赏析便是其中最主要的一种美育实践活动，这也是长期以来美育被认为是艺术教育的原因。

艺术作品是艺术家创造性劳动的产物，是一种特殊的精神产品。它不仅仅是某种技巧的产物，也不仅仅是合乎人的感官审美要求的美的形式，而是传达了艺术家特有的审美经验的作品。所谓艺术家的审美经验，指的是艺术家的精神活动与心灵活动的成果，是人的精神性存在的集中体现。艺术活动是艺术家通过艺术传达方式，把自己的精神与心灵对象化或外化为可以直观的感性具体的艺术形象。艺术作品是人的思想、精神、心灵最集中、最全面、最典型的反映，是最重要、最具审美价值的一种审美客体。

任何艺术作品都是完整的内容与形式的统一体。黑格尔曾经讲过："内容和完全适合内容的形式达到独立完整的统一，因而形成一种自由的整体，这就是艺术的中心。"① 因此，对艺术作品的欣赏可以对人进行全方位的美育。

首先，艺术作品的形式对人的审美观与审美能力有陶冶作用。

我们肯定艺术作品必然是审美客体，这是因为艺术家在表现自己想要表达的精神性内容时，必定要采用"美的"形式。普列汉诺夫曾经指出："很美地画了一个老人"和"画了一个很美的老人"是截然不同的。"很美地"画而创作的作品，既是为了传达艺术家自己的某种感受，又是为了满足人的审美需要而创作的，因而是艺术作品。而画一个"很美的老人"，却并不一定是创作了一件艺术作品，因为老人很美，但也许画得并不美。所以一般说来，艺术作品首先会具有外在形式的美，这是"很美地画"的第一种涵义。任何艺术家在创作时，都不会不考虑到给其作品以美的感性形式。在构图、造型、作曲、配器的创作过程中，他们灵活地运用对称、均衡、对比、调和、节奏、比例直至多样统一的形式美法则，使线条和色彩、造型和质地高度和谐、完美地结合在一起，构成了艺术作品美的外在形式，强烈地吸引着人们的审美注意力。

艺术作品的审美价值与内形式也有很大的关系，内形式主要是指结构。曹禺的话剧《雷雨》，以 20 世纪 20 年代初期中国社会生活为背景，深刻暴露了封建资产阶级家庭的虚伪和罪恶，是我国话剧史上的一部优秀作品。这出话剧的成功，与剧作结构的精美有最大的关系。曹禺在舞台上展现的是一天时间，但这一天中却要表现出 30 余年中发生的故事。作者采用回溯式的戏剧结构方法，运用直叙与倒叙把往事与现实结合，把 30 年前周朴园与侍萍的矛盾与眼前周朴园与繁漪的冲突交织起来，一并展现在舞台上。采用了这样的结构方式，尽管全剧故事情节曲折，矛盾冲突纷繁，人物关系复杂，但结构严密，头绪清晰，显示了作者驾驭情节和组织冲突的能力。从戏剧结构类型来看，《雷雨》属于"锁闭式戏剧结构"，严格遵守着欧洲古典主义戏剧的"三一律"的创作法则，即单一的情节、单一的地点、一天的时间。可以说，结构不仅影响内容的表达，而且是作品能否具有魅力的最重要的因素。因此，结构被视作一种艺术审美规律，从绘画对构图的重视，音乐对声音的组织的重视，建筑对构架的重视等之中，都可以看出结构与作品的审美价值的联系。所以一个作品的结构独特巧妙，不但能很好地传达作品的内容，

---

① ［德］黑格尔：《美学》第 2 卷，朱光潜译，商务印书馆 1979 年版，第 157 页。

而且本身也具有审美价值。

更重要的是，艺术作品是以美的形式表现深邃的内容，评判生活的真假善恶。

德国画家许布纳尔的《西里西亚的织工》，以资产者的冷酷、残忍和富有为题材，以“恶”作为作品的内容。恩格斯曾对这幅画作了精辟的评论，他说：“画面异常有力地把冷酷的富有和绝望的贫困作了鲜明的对比。厂主胖得像一只猪，红铜色的脸上露出一付冷酷相，他轻蔑地把一个妇人的一块麻布抛在一边……老板的儿子，一个年轻的花花公子斜倚着柜台，手里拿着马鞭，嘴里叼着雪茄，冷眉冷眼地瞧着这些不幸的织工。”① 因此，这是一幅好画，或者说，是一幅具有审美价值的画。这是“很美地画”的第二个含义，也是本质性的含义。“很美地画”，不仅是指采用美的外在形式，更是指采用艺术的方式来表现艺术家要想表现的内容，塑造艺术形象。艺术作品的内容是与形式结合在一起的内容，是以艺术形象出现的内容。当艺术形象生成了深刻的意义时，也就具有了审美价值。而艺术形象的生成，就是给内容以形式的过程。因此，凡是能充分地、恰当地表现内容的形式，凡是塑造了典型的艺术形象的形式，都会使艺术作品产生深邃的意义，从而具有审美价值。

19 世纪俄罗斯风景画家列维坦的画作《弗拉基米尔之路》更是这样的作品。这幅画取材于一条荒野上的土路。灰暗的天空沉闷压抑，一条刻满车辙和足迹的泥泞小路，在空旷寂寥的荒原上延伸。这画面使人感到悲凉与沉重，同时又感到力量与坚韧。铅色的天空中浓重的云层似乎酝酿着暴风骤雨、电闪雷鸣，绵长的土路负载着坚韧的毅力、不屈的意志。“弗拉基米尔之路”是人们对被沙皇流放去西伯利亚的“犯人”踏出来的这条土路的称呼，不知是否与也曾被流放的列宁有关。以“弗拉基米尔之路”为画的标题，点明了这幅画的背景，使人们通过想象“看到”无数戴着沉重的镣铐的“政治犯”，沿着这条土路走向寒冷荒僻的西伯利亚；也仿佛听到托尔斯泰在朗诵《带足枷的囚犯》：“草原上夕阳西沉，/远处的羽茅草闪着金光，/囚徒的脚镣，/扬起道路的灰尘……”这幅画让人感受到悲壮和崇高，让人思索人生的使命和意义。因而，对这类艺术作品的鉴赏，必然能陶冶人的性情、提升人的精神、完善人格。

审美创造是更深入的审美活动，是美的产生过程的深切体验。艺术创作是审美创造的主要形式之一。在现代条件下，人们只要愿意，选择自己喜爱并能参加的文学艺术创造活动不是难事，如写诗作文、唱歌跳舞、谱曲演奏、绘画书法等，择其一深入进去，必定能增加自己的艺术修养与才能。

三、自然美赏析

自然美是审美客体的重要组成部分，自然美赏析也是美育的实践途径之一。

---

① 《马克思恩格斯全集》第 2 卷，人民出版社 1957 年版，第 589—590 页。

自然美是指千差万别的自然景象、自然风光，是指作为人的审美对象的自然，对人来说具有审美价值的自然。

从现象上看，那千差万别、多姿多彩的自然景象，构成了自然美。

有的自然景象是秀雅、幽静的。“日出江花红胜火，春来江水绿如蓝”的江南风光，“江作青罗带，山如碧玉簪”的漓江秀色，蜿蜒流淌的潺潺小溪，色彩明丽，线条柔美，秀丽雅致。有的自然景色是宏伟、壮阔、粗犷的。遍地砾石的戈壁滩静寂而粗犷，茫茫的绿色草原明朗而坦荡，金黄沙丘起伏的大沙漠辽阔壮丽，一望无边的大海宽广浩淼。有的自然景色是奇特、险峻的。黄山七十二峰千姿百态，怪松奇石鬼斧神工，云海翻腾变幻莫测，谓之“天下奇”。云南石林怪峰似林，奇石嶙峋，形状各异，不胜妙趣，称之“天下第一奇观”。浙江“瑶林仙境”，巨大的地下溶洞中，钟乳石构成一个富丽奇瑰的世界。新疆吐鲁番的“火焰山”，绵延百里，山体赤红，远望如整个山体正在燃烧，蔚为奇观。而华山却如一方天柱，突起于秦岭山前诸峰之中，四壁陡立，山脊高窄，称为“天下险”。

更有那些几乎天天可见、处处都有的自然景象，如晨曦晚霞，月朗星稀，狂风暴雨，碧天红日，雨后彩虹；如江河湖泊，小丘草地，蝶飞蜂鸣，柳绿桃红，翠叶枯藤；甚至于脚边踢起的一块玲珑剔透或圆润可爱的小石，都会以其形状、色彩等，让人怦然心动，流连忘返。

人化自然还在不断扩大自然美的范围。

那黄土高坡上层层的梯田、呈金字塔形的凌云茶山、碧波荡漾的水库、花团锦簇的平原，还有那雄伟险峻的山峰上白云缭绕的南天门，顶天立地的摩崖石刻，绕山而上的级级石梯，把人力与自然结合得那么和谐与华丽！金鱼绚丽的鳞光、摇曳的长尾，牡丹瑰丽的色彩、重重的花瓣，庭园中潺潺的流水、玲珑的山石，构成了艺术化的自然，这里的人力隐含在自然之中，让人分不清哪是自然，哪是人力！

从内涵上看，自然蕴含着的宇宙真谛、人生哲理、历史文化意义，赋予自然美以深邃的意义。

那广袤的太空，无边的戈壁，浩渺的大海，展示着无垠的空间；大江大河，日夜奔流，永不停息，表现着一去不复返的时间；那冰封的极地、莽莽苍苍的原始森林，传达着一阵阵既无始又无终的远古的气息；那变幻的天象，神秘的大地，昭示着深不可测的宇宙真谛！

那挺拔向上、四季常青的松树，表现出不畏严寒、不惧酷暑的气节；亭亭玉立、“出污泥而不染，濯清涟而不妖”的莲花，象征着纯洁与正直；青翠潇洒、“虚心有节”的竹子，代表着谦虚和贞节；雪骨琼枝、“已是悬崖百丈冰，犹有花枝俏”的梅，传达出高洁与无私；稳步向前、气宇轩昂的牛，诠释着踏实与勤劳；

气质优雅、双双相伴的天鹅，表征着爱情的坚毅……

在泰山十八盘上登攀，看到的不仅是陡峭的山壁，曲折的山路，还会令人想起岱庙中“泰山之神出巡图”中的宏大场面，似乎看到当年秦始皇斥退迂腐的齐鲁儒生，开山道至泰山之巅，刻石纪功，自颂圣德的豪壮之举，看到始皇封禅大典的隆重和辉煌；在安徽省马鞍山市的“采石矶”上徘徊，看到的也不仅是石滩江水，更会记起唐代诗仙李白的风流潇洒之举：他在一月明之夜，在此畅饮，酩酊大醉之中，看见江水倒映中的明月，奋起跃身于江中揽月，永远沉入了长江之中；到黄冈城外的赤鼻矶，看到四面石乱山高，颜色赤红如同火烧的陡峭岩壁和翻滚腾跃的汹涌江涛，定能记起火烧连营的赤壁大战：那是东汉时孙权与刘备联合作战，在诸葛亮的策划下，用火攻大破曹操20万大军的伟大战事；到浙江诸暨苎罗山看到一直传为王羲之所书的摩崖石刻“浣纱”，看到清清的浣纱溪，自然会想到有“沉鱼”之貌的古代美女西施施夷光，想到她在越国兴邦复国史上的重要贡献……

自然美赏析也是一种美育实践。

自然美是一种自然本真的存在。它与艺术相比，是非虚构的对象；与完全人力创造的对象相比，是非人力的创造物，它更多的是自然的作品。因此，自然美有变化无穷的形式。它在空间中展开为各种各样的静态形象；而在时间中的展开，无论是四季交替，昼夜变化，风蚀浪淘，生命变换，都使自然呈现出变化无穷的形式与形象。自然美以其最丰富的色彩、声音与形象，培养着人的审美观与审美能力。

自然美还有神秘深远的意蕴。它并非只是以形式示人，而是真正蕴含着宇宙感、历史感、规律感、生命感等，自然美的意蕴不是人类完全了解的，或者说是人类也许永远不能完全了解的。深远的意蕴使自然美有着一种神秘感。人化自然中的美还体现着人的力量、智慧，有着丰富的文化历史蕴涵。因此，自然美对人的性情陶冶、人格完善和树立正确的审美观也有着不可估量的作用。

优美的自然引起人和谐、平静、松弛、舒畅的感受，使人感到纯净的愉快和美好。自然风光之美激发起人们对大自然深深的爱恋之情，这种感情还会很自然地扩展为对生活、对家乡、对祖国、对地球的深深的热爱。

壮美的自然引起人舒畅、豪放的壮美感。壮美感的心理活动过程并不如优美感那样自始至终赏心悦目，而是有着一个从惊惧感中提升的阶段。这个阶段的存在激发人达到对自身的更深的理解与把握，因而能使人摆脱平庸琐细的境界，上升到豪放之情，精神上感到无比的畅快。

新奇的自然引起人超越日常审美经验的情感震撼。奇异、奇特、奇怪、奇幻、奇妙的自然现象具有不可替代的独特性，让人获得一种从未体验过的情感冲击与审美享受，激发人的求新愿望，使人不断追求新的事物，也使人类社会得以不断发展。

在自然中游历，会生成对大自然的感激与敬畏。感激自然赐予我们这么奇异瑰丽的自然景象，更对强大的自然力生出敬畏之心：一切只从人自己出发的，不管自然规律，对自然一味索取与破坏，必然会使人类自食苦果！习近平总书记在十九大报告中提出了“加快生态文明体制改革，建设美丽中国”的任务，指出“人与自然是生命共同体，人类必须尊重自然、顺应自然、保护自然。人类只有遵循自然规律才能有效防止在开发利用自然上走弯路，人类对大自然的伤害最终会伤及人类自身，这是无法抗拒的规律”。人必须遵从自然规律，“还自然以宁静、和谐、美丽”，建设“人与自然和谐共生的现代化”！①

四、社会美赏析

社会美是指社会生活中的美。社会是由人构成的，人自身、人的活动及活动的成果构成了社会生活。社会生活中有许许多多可以作为审美对象、具有审美价值的现象与场景，那就是我们所说的社会美。社会美主要包括了人的形象、人类活动场景与人类活动成果三大类型。对社会美的赏析，同样是美育的重要途径。

人对自身的欣赏早就存在，自古以来，有无数“美人”载入史册，被人传颂。人作为审美对象，是以人的形象出现的。而人的形象不是简单的体貌，而是包含着人的所有的整体信息，是别人可以感受到的一个人的全部：既有外在的形体容貌、表情姿态，也有由内发出的气质风度、人格精神，汇聚而成整体的人的形象。

人的自然体貌在美学研究中一度被认定为大难题，原因在于美的本质研究中对社会性和思想性的强调。在最极端的时期，如“文化大革命”时期，张扬自然体貌的美甚至是有罪的。当社会和人们的思想观念回复到正常，自然体貌的美才真正受到重视。

人的自然体貌指人的形体、容貌，这是不由个人选择的外在形象，因此人们常常把自然体貌的美好称为“天生丽质”。如西施、王昭君、貂蝉、杨玉环被誉为有“沉鱼落雁之容，闭月羞花之貌”，是我国历史上四位著名的美女。

当然，对人体的赞美和欣赏在历史进程的各个时期因种种复杂的社会和文化原因会有所变化，但我们不能否认人的形体、容貌是最直接的审美对象，是人的美的一个重要组成部分。

被认为美的自然形体是以人体各器官的全部形态和协调比例为基础的。文艺

---

① 习近平：《决胜全面建成小康社会 夺取新时代中国特色社会主义伟大胜利——在中国共产党第十九次全国代表大会上的报告》，人民出版社 2017 年版，第 50 页。

复兴时期意大利绘画大师列奥纳多·达·芬奇认为，美感完全建立在各部分之间神圣的比例关系上，并对人体能引起美感的“神圣的比例关系”做了一定探索，提出各部分和身高要成简单的整数比。符合这种比例关系的形体是协调和谐的美的形体。这个标准至今仍有意义。所以，美的形体一般具有人们公认的协调、匀称，所谓“增之一分则太长，减之一分则太短”①，以及各部分之间具有列奥纳多·达·芬奇所说的“神圣的比例关系”。

人的体貌是人不能自己选择的一个部分，但是人可以通过装扮改变自己的体貌，这也是人的力量的一种体现。化妆与美容是人改变容貌的主要方式。很久以前，人类就在“涂脂抹粉”，装扮自己。到现代，化妆作为人美化自己的一种重要手段，日益引起人们的重视、注意和运用。同时，它作为一种社会文化，需要科学知识和特定技巧。

与容貌一样，人的形体的高矮胖瘦比例等基本是由先天遗传所决定的，但也是可以改变的。自古以来，人们就在努力使自己的形体理想化。在现代社会中，形体的塑造更有了科学的依据与手段。注意饮食营养，养成良好的生活习惯，是塑造美的形体的一般条件。现代美容术甚至可以借助科技的力量完全改变人的形体，“制造”出一副全新的体貌。但对于一般人来说，体育锻炼对形体的塑造起着最重要的作用，跳健美操、跑步、打球、游泳、爬山、舞剑等各种各样的活动都非常有助于达到健美的目的。如果能有意识地进行专门的形体训练，还能获得像体操运动员与舞蹈演员那样的赏心悦目的形体。

人是有生命的、活生生的人。人的容貌的美固然是人们所赞赏的，但容貌如果不能表现出人的生命、生机与活力，也不能称之为美的容貌。人的生命、生机与活力在容貌上反映出来就是表情。《诗经·硕人》中咏庄姜之美，在写了她的静态外貌之后，有一神来之笔，即“巧笑倩兮，美目盼兮”，生动的表情描写顿时使一位美人活灵活现地展现在人们眼前。

人的表情主要是面部表情，最普通的一般有两种：一种是封闭式表情，一种是开放式表情。封闭式表情是人除了内心感情的真实流露外固有的表情，是脸部肌肉和器官的松弛状态，眉毛下垂，眼光无神，嘴角往下挂。这是一种封闭内心、不想关注外在世界、拒绝与人打交道的表情，实际上就是“面无表情”，因而这种表情是没有活力与生气的表情。开放式表情与封闭式表情正好相反，是扬起眉毛，使眼部周围的肌肉自然地伸展开，眼睛相对地睁大，亮丽有神，双颊往上动，嘴角上扬。这是一种生动活泼、愉快自信、愿意敞开心胸与人交往的表情。这种表情需要内心有真正关注外界的愿望。

---

① 宋玉：《登徒子好色赋》。

人的生命、生机与活力在形体上反映出来就是姿态动作，姿态动作也有着美与不美的区分。车尔尼雪夫斯基说得好："动作敏捷、从容，这在人的身上是令人陶醉的，因为这只有在生得好而且端正的条件下才有可能；生得不好的人既不可能有良好的步伐，也不可能有优美的动作，因此，动作的敏捷与优美，是人体的端正和匀称的发展的标志，它们无论在什么地方都是令人喜爱的。"① 我国古人讲究"站有站相，坐有坐相，吃有吃相"，就是强调注意行为姿态。具体地说，人们认为"立如松，坐如钟，卧如弓，行如风"是美的姿态。美的姿态动作是可以经过一定的训练而达到的。美的姿态动作使人充满着朝气和活力，内涵着生命活动的特点和要求。

人的体貌美与人的服饰有着最直接的关系。这是因为进入文明社会以后，人都是着装的，人体形态是通过服饰才完整地呈现在他人眼前。人体在他人面前的展示，是服饰的色彩与轮廓映衬下的展示，服饰对于提高人的体貌美有着极为重要的作用，服饰也是人们用来使自己达到理想的外形的一种最有效的工具。服饰自产生的那一天起就不仅具有实用价值，更具有审美价值。然而，服装再漂亮、再美，也要穿在人身上，只有与人的形体相结合的服装，才能真正为人的形象增加美。

服饰的首要功能是增加人的体貌美，那就要按人本身的形体状况来选择服饰。使服饰既能为人的形体的自然美锦上添花，又能遮掩与调整人的形体的不足，使人的形体更美好。在服饰的选择中，只看漂亮时髦而不管适合不适合自己的身体条件是不行的，有时反而会使自己变"丑"。

服饰更重要的作用是显示自己的内涵，塑造自己的形象。因为服饰是人类文化的重要组成部分，是人类物质文明与精神文明发展的一个重要标志，从服饰上可以获得一个国家和社会的政治、经济、科学技术、文化修养的多种信息。对于个体来说，服饰是整体形象的最重要的组成部分。人对自己的修饰装扮，从某种意义上讲是一种艺术设计，就如艺术品是作者的心灵的表现一样，服饰也展示着人的文化修养、审美趣味、志向情感，展示着人的内心世界。所以美学总结的服饰的第一要义是得体、合适或和谐，即按自己的年龄、环境、职业、性别等去选择，就如戏装的原则一样，"宁穿破，不穿错"，使服饰与自己的个性特点和谐一致，从而创造出美的形象。因为真正美的服饰，是既能塑造人的外在的美的形象，又能显示人的内在的美的服饰。

人的风度是人在长期的生活实践中形成的，通过人的神态表情、举止行为、语言服饰等表现出来的内在的精神状态、个性气质、品性情趣、文化修养、生活

---

① ［俄］车尔尼雪夫斯基：《美学论文选》，缪灵珠译，人民出版社 1957 年版，第 61 页。

习俗的总体特征，它比人的体貌的美更含蓄、更深刻，更与人的内在的精神世界相联系。它是使人的形象透明发亮的光芒，是可以意会而不可言传的人的风采。

风度的美首先来自人的良好的精神状态。神采奕奕，精力充沛，感情丰富，会具有一种引人注意的光彩。因为这种神态表情表明一个人的自信、自尊，对世界与他人的热爱与关注。风度还来自高雅机智的谈吐。高雅的谈吐用词优美得体，内容丰富广博，具有巨大的吸引力，往往使人听得入迷，油然而生赞美之词："听君一席话，胜读十年书"。高雅机智的谈吐是博学多识和智慧敏捷的表现，"腹有诗书气自华"说的就是这个意思。当然，风度也来自仪表、举止与礼仪。礼仪是文化的一个组成部分，也是社会文明的标志。人的举止言谈能否合乎礼仪，显示出内在的文化修养的高低。所以礼仪是组成风度的一束光芒。使用得当就会显现出修养，就会有风度。

人的风度并不完全是可以靠改变外在形象而获得的，也不是能走捷径在短时间内便具有的。"学者风度"是在长期的读书学习中陶冶出来的，"领袖风度"是在长期的领导实践中锤炼出来的，"艺术家风度"是在长期的艺术创作中熏染出来的，"军人风度"是在长期的戎马生涯中培养出来的……正因如此，从事各种职业的人都可以有各种独特的风度，而具有不同个性气质、情趣品性的人也可以有自己更具个性的风度。无论是活泼纯真、淡雅婉约、清丽自然、高贵典雅，还是豪放粗犷、率直明朗、洒脱自由、威武果敢，只要是个性的自然流露，都会给人以风度翩翩的印象。

人的形象，与人内在的精神世界有着直接的关联，内在的精神在形象上的表现，便是人的精神风貌。通常所说的"人的美"，更多地与精神风貌相关。黑格尔在一篇文章中写过一个小故事：有个凶手被押往刑场，路边看热闹的人群中有位太太说："他是一个强壮的、漂亮的、惹人喜欢的男子。"另一个观众便指责她："怎么？凶手还漂亮？怎么能说凶手漂亮呢？怎么能有这么丑恶的想法呢？""大概你自己也好不了多少！"又一位观众补充说："说凶手漂亮，就是社会道德败坏的表现！"① 在这个小故事中，出现了两种对人的美的评价标准：那位太太说这位男子是"漂亮的、惹人喜欢的"，是个美男子，是从外貌上来评价的；另外两个人对这种看法十分愤怒，认为这个男子既是凶手，就不能是漂亮的，或美的，是从内质上来评价的。这个故事也说明，在对人的审美评价上，人们更注重的是人的社会性。人们对凶手的初步理解便是"没有人性"，没有人性的人，怎么能美呢？人的美更与人的社会性内容，与人的价值、人的精神和人的本质力量相联系。那个

---

① 参见［苏］阿尔森·古留加：《黑格尔小传》，卞伊始、桑植译，商务印书馆1978年版，第65页。

“强壮的、漂亮的”男子，由于是凶手，是社会的罪人，人们对他必然是全部否定，那两个人的看法正体现了人对人的美的首要标准，那就是通常所指的“心灵美”“内在美”，它是人的美的最重要的组成部分。如善良、正直、谦虚、诚实的品质，无私、无畏、执著、向上的精神等。因此，人的美不同于人的体貌的美，人的美包含着更深刻更复杂的内容，是与人的生命意义相联系的。人的美在最高的层次上会得到社会和人的普遍承认，甚至可以超越国界、阶层。

人的美，从某种意义上说，是人生的美。一个人不一定具有体貌的美，但是都可以创造人生的美。所谓人的“化丑为美”，只有在这个意义上才是可能的。“化丑为美”是指人的内在的善与智慧等使别人不以他们的体貌的丑陋为意，不自觉地愿意与他们交往。对体貌美的人的追求是人的一种自动的追求，与美的人待在一起能使人感到很愉快。当体貌丑的人因其内在的善与智慧等使人们在与他们的交往中同样感到愉快，甚至超过了与美的人待在一起的效果时，便是真正的“化丑为美”了。因此，我国历史上不仅有对四大美女的传颂，也有对丑女的赞美。有记载说中华民族的始祖黄帝所娶之嫫母，容貌丑陋，“倭傀，善誉者不能掩其丑”。但她为人贤德，据说黄帝败炎帝、杀蚩尤，皆因嫫母内助有功。所以屈原在《九章·惜往日》中赞道：“嫫母姣而自好。”还有东汉贤士梁鸿的妻子孟光、三国诸葛亮的妻子黄月英等，都是德美才佳而被历史文人传颂赞美。她们的容貌虽丑，但却具有人的美。这是需要经过非常自觉的艰苦的努力而达到的人的美，用时下最流行的话来说，就是“人格美人”，而人的美，是人生追求的最高境界。

美育，就是要通过对人的形象之美的赏析，明确自己的奋斗目标，塑造自己美的形象。

在人们的日常生活中，工作、学习、生活、体育锻炼等是每天都在进行的人的活动。那气吞山河的垦荒场面、焊花四溅的建筑工地、银梭飞舞的织布车间、气势宏大的人造卫星发射基地、紧张有序的实验室、安静整洁的图书馆、龙腾虎跃的体育场，那开心嬉戏的儿童、晨曦中刻苦攻读的学生、柳荫下相互依偎的情侣、小巷边悠闲自得的老人……只要注意，就会发现人类活动的场景处处有美。

在现实生活中，我们喜爱艺术表演，演员高超的演技给人美的享受。但在青年厨师技术大赛时，那把一整块面一拉一甩一绕、反复数次就变成一把柔长细软的银丝面的表演不也令人赞叹不绝吗？人的技能技巧在其精绝之时，就如同艺术家的表演一样引人入胜，无怪乎“艺术”一词的古代词义就包涵着“技艺”“技术”呢！由此我们可以理解，人们为什么喜爱观看体育比赛，为什么能从体育比赛中获得美的享受。那是因为任何体育项目都是力量与技巧的结合。艺术体操、花样滑冰、花样游泳等固然有着更多的艺术因素，似芭蕾，像舞蹈，那么举重、跳跃、跑步呢？当运动员举起比自己更重的杠铃，当他们腾起在半空，当他们在跑道上"飞"时，我们不是会觉得极度兴奋吗？球类运动，尤其是足球，更拥有大量的球迷。世界杯足球赛日，许多人宁愿放弃其他娱乐和休息，等在电视机前看现场直播，为球员漂亮的凌空一脚呐喊叫好，尽管球员并不能听见。在运动员的运动中，人们能够最真切、最充分地直接"观看"到我们人的力量、技巧，从中生发出无限的自豪感与美感。体坛明星的光芒绝不会比艺坛明星的光芒黯淡，同样受到世界上千百万人的崇敬与爱戴。

人类生活场景中处处有美，处处可以作为审美对象来看。艺术加工只不过是把人类活动的审美价值更加突出罢了。

与日常生活中的活动相对应，精神性的人类活动同样具有审美的性质，精神性活动的场景也是人们直接的审美对象。

人类最早的精神活动是与物质活动交织在一起的。因为劳动使人特有的感觉和心理发展起来，使人类在解决人与客观世界的对峙时，可以从物质和精神两个方面进行，在物质活动方面受到的限制，可以以精神活动来超越。这是人类特有的、在劳动中发展起来的特性，是人类具有文化的标志。原始巫术、图腾崇拜、禁忌、纹身、神话传说等就是人类最早的精神活动。

原始人的精神活动主要有两个方面的目的，一是为了达到劳动的目的，一是为了保护自己和族类。如狩猎民族的野牛舞，它是狩猎活动的正式组成部分，用意是为了召唤野牛，因此他们称这种舞蹈为"工作"。这种舞蹈有时要连续跳上好几天甚至更多，直到野牛出现时为止。又如我国连云港将军岩之西北侧崖上的原始社会的石刻画，它的内容是祝祀性的，表达进入农业社会的人们对风调雨顺、作物生长兴旺的愿望。这种祝祀仪式也是在相关季节开始时举行。这些精神性的活动与物质活动的密切联系表现在它们的共同的功利目的上，但却有着独立的精神活动的形式。而图腾崇拜、巫术仪式及纹身、禁忌等在本质上就是一种以对待人的方式来影响神灵鬼怪的做法，请它们息怒、改善关系、和解、剥夺权力，使它们服从命令等，因为原始人相信万物有灵，能作用于人类。当人们把物质活动的成功——如在跳了两三星期的野牛舞后，野牛真的出现并被捕获了，在祝祀活动之后，种植真的很顺利并获得了丰收——与自己的精神活动相联系的时候，他们会认为是精神活动起了作用，因而对这种活动形式产生极大的信任与满足感。而当人们在用图腾崇拜、巫术仪式、纹身、禁忌来讨好神灵鬼怪时，内心的恐惧得到了克服，心灵变得宁静并充满快乐。久而久之，人们只要看到这种活动的样式就能感到愉快。然后，人们会出于审美需要去进行这些精神活动，此时，它们就是审美活动了，这些活动样式也就成为人们的审美对象。

现在留存的许多民俗活动，往往是对中国传统文化的直接展示，含义深邃，令人回味，有着迷人的魅力。因此，许多民俗已因其审美价值而被列入世界非物质文化遗产名录。

在人类活动中产生的各类产品，由于是人按照“美的规律”建造的，因此都含有审美因素。它们遍布人类的衣、食、住、行、用等生活的各个领域，更有展现人类精神性活动成果的象征物，受到人们的喜爱并成为人的审美对象。

生活环境一般是指人的生存空间，特别是城市里的人的生存空间，包围着人并给人以影响的外部物质世界。应该说，这里的环境已是一个人工环境，人创造的“第二自然”。除了蓝天白云、阳光雨露，周围的一切都是人的创造物。因而，人类自身的生活环境集中地体现着人的本质力量，也是人们直接的审美对象。建筑造型、音乐喷泉、城市雕塑、墙面壁画、绿地花坛等，都表现着人类为改善自己的生活环境所作的努力。

至于更小的环境，即个人的居屋环境，更是每个人都愿意使它美丽舒适的。装修热在全国范围的兴起，也是社会的一种进步。美丽的住所使人赏心悦目，人们不断地在为自己创造审美对象，或者说，人们在不断地创造美。人类活动成果是多方面的，只要是表现出或象征着人的精神、智慧、才能的直观的感性形象，都可以成为人的审美对象。从人类活动成果的象征物中，人们看到了人类自身的力量、智慧、才能、理想，它们具体化为人的审美对象。

对人类活动场景、活动成果的赏析同样是一种美育，能激励人们在日常生活中发现美、创造美。

除了上述美育的途径，我们还可以发现更多的美育途径，特别是生活中的审美创造活动。各种活动，包括体育活动、游戏活动甚至军训、劳动，由于是一种生命的体验，从某种角度讲，都具有审美创造的意味。只要用心去参与、体验，都能获得审美的愉快，理解美的意义。读过三毛的短篇《白手起家》的人对那座三毛与荷西在撒哈拉沙漠建起的“全沙漠最美丽的家”应该有深深的印象。这个家，里里外外粉刷得洁白，屋里有色彩鲜艳浓烈的“长沙发”，有中国书法，有汽车外胎做成的圆椅垫，有插着怒放的荆棘的大水瓶，有涂上了印第安人的图案和色彩的汽水瓶，有各种手工艺品，还有绿色的植物。这些都是三毛和荷西用自己的双手，通过艰苦的劳动创造的。这是一座真正艺术的宫殿，是“美丽的罗马”。在我们的生活中，像这样的审美创造的机会是处处都能碰到的，关键在于我们能不能参与进去了。

从某种意义上讲，美育只能是一种自我美育，也就是说，无论社会、环境、群体、家庭等提供了什么样的美育条件，都要经过自己的自觉的审美活动获得对美的理解。每一次审美实践都能获得审美经验，而这审美经验在不断加深着审美修养的积淀，加强着审美的愿望和需要，使我们爱美、能美，趋向于成为一个“审美的人”。这对于实现十九大提出的“要提高人民思想觉悟、道德水准、文明素养，提高全社会文明程度”，从而完成“社会文明程度达到新的高度，国家文化软实力显著增强，中华文化影响更加广泛深入”的“开启全面建设社会主义现代化国家新征程”① 的第一阶段任务是直接相关的。

思考题：

1. 试析美育的使命。
2. 试析美育的特性。
3. 试析美育的功能。
4. 试析美育的实施途径。

▶ 本章小结与回答示例

① 习近平：《决胜全面建成小康社会 夺取新时代中国特色社会主义伟大胜利——在中国共产党第十九次全国代表大会上的报告》，人民出版社 2017 年版，第 28、27 页。

阅读文献

说明：按照本科生计划课时课外阅读量开列基本文献，各章节脚注引用文献可自行选读。

1. 美学原理类

■ 李泽厚：《美学四讲》，广西师范大学出版社 2001 年版。

■ 宗白华：《美学散步》，上海人民出版社 1981 年版。

■ 朱光潜：《朱光潜美学文集》，上海文艺出版社 1982 年版。

2. 经典与工具书

■ 习近平：《决胜全面建成小康社会 夺取新时代中国特色社会主义伟大胜利——在中国共产党第十九次全国代表大会上的报告》，人民出版社 2017 年版。

■ [苏联] 里芙希茨主编：《马克思恩格斯论艺术》（四卷本），中国社会科学出版社 1982—1985 年版。

■ [波兰] 瓦迪斯瓦夫 · 塔塔尔凯维奇：《西方六大美学观念史》，刘文潭译，上海译文出版社 2006 年版。

■ [美] 彼得 · 基维主编：《美学指南》，彭锋等译，南京大学出版社 2008 年版。

人名译名对照表

［奥］	阿德勒	Alfred Adler
［德］	阿多诺	Theodor Wiesengrund Adorno
［意］	阿尔贝蒂	Leon Battista Alberti
［法］	埃菲尔	Gustave Eiffel
［苏联］	巴赫金	Михаил МихаЙлович Ъахтинг
［德］	鲍姆嘉通	Alexander Gottlieb Baumgarten
［英］	鲍桑葵	Bernard Bosanquet
［德］	贝多芬	Ludwig van Beethoven
［德］	本泽	Max Bense
［俄］	别林斯基	Виссарион Григорьевич Белинский
［法］	波德莱尔	Charles Pierre Baudelaire
［英］	博克	Edmund Burke
［古希腊］	柏拉图	Plato
［法］	柏格森	Henri Bergson
［意］	布鲁诺	Giordano Bruno
［瑞士］	布洛	Edward Bullough
［法］	毕加索	Pablo Ruiz Picasso
［俄］	柴可夫斯基	Peter Lynch Tchaikovsky
［俄］	车尔尼雪夫斯基	Николай Гаврилович Чернышевский
［古希腊］	德谟克利特	Democritus
［英］	德莱顿	John Dryden
［德］	德苏瓦尔	F · Dessauer
［法］	狄德罗	Denis Diderot
［法］	杜尚	Marcel Duchamp
［荷兰］	凡·高	Vincent Willem van Gogh
［德］	佛拉因斐儿斯	Mueller Freienfels
［英］	弗雷泽	James George Frazer
［苏联］	高尔基	Maksim Gorky
［德］	歌德	Johann Wolfgang von Goethe
［德］	格罗庇乌斯	Walter Gropiu
［英］	庚斯博罗	Thomas Gainsborough
［意］	瓜里尼	Battisa Guarini,
［英］	哈奇生	Francis Hutcheson

[德]	海德格尔	Martin Heidegger
[美]	海勒	Joseph Heller
[古罗马]	贺拉斯	Quintus Horatius Flaccus
[古希腊]	赫西奥德	Hesiod
[德]	黑格尔	Georg Wilhelm Friedrich Hegel
[德]	胡塞尔	Edmund Husserl
[德]	花子安	Ernst Faber
[英]	华兹华斯	William Wordsworth
[英]	霍布斯	Thomas Hobbes
[法]	加缪	Albert Camus
[美]	杰姆逊	Fredric Jameson
[加]	卡尔松	Allen Carlson
[奥地利]	卡夫卡	Franz Kafka
[美]	卡罗尔	Noel Carroll
[德]	卡西勒	Ernst Cassirer
[英]	柯尔律治	Samuel Taylor Coleridge
[意]	克罗齐	Benedetto Croce
[法]	拉伯雷	Fran ois Rabelais
[德]	莱布尼茨	Gottfried Wilhelm Leibniz
[古罗马]	朗吉弩斯	Longinus
[德]	立普斯	Theodor Lipps
[俄]	列维坦	Levitan, Isaak Iliich
[法]	罗丹	Auguste Rodin
[德]	罗森克兰兹	Karl Rosenkranz
[美]	马斯洛	Abraham Harold Maslow
[苏联]	马卡连柯	Антон Семенович Макаренко
[法]	蒙田	Michel de Montaigne
[意]	米开朗基罗	Michelangelo
[德]	穆特休斯	Herman Muthesius
[意]	奈尔维	Pier Luigi Nervi
[德]	尼采	Friedrich Wilhelm Nietzsche
[美]	帕克	Dewitt Henry Parker
[法]	帕尼奥尔	Marcel Pagnol
[美]	潘诺夫斯基	Erwin Panofsky
[瑞士]	皮亚杰	Jean Piaget
[俄]	普列汉诺夫	Плеханов. Георгий. Валентинович

[俄]	契诃夫	Антон Павлович Чехов
[爱尔兰]	乔伊斯	James Augustine Aloysius Joyce
[德]	荣格	Carl Gustav Jung
[英]	瑞恰兹	Ivor Armstrong Richards
[西班牙]	塞万提斯	Miguel de Cervantes Saavedra
[美]	桑塔亚纳	George Santayana
[英]	莎士比亚	William Shakespeare
[德]	施太格缪勒	Wolfgang Stegmuller
[德]	叔本华	Arthur Schopenhauer
[古希腊]	苏格拉底	Socrates
[苏联]	苏霍姆林斯基	B. A. Сухомлиинский
[瑞士]	索绪尔	Ferdinand de Saussure
[印]	泰戈尔	Ranbindranath Tagore
[美]	铁钦纳	Edward Bradford Titchener
[英]	透纳	Joseph Mallord William Turner
[古罗马]	图拉真	Trajan , Marcus Ulpius Nerva Traianus
[俄]	陀思妥耶夫斯基	Фёдор Михайлович Достоевский
[意]	维柯	Giovanni Battista Vico
[古罗马]	伪第俄尼修	Pseudo-Dionysius
[德]	沃林格	Wilhelm Worringer
[古希腊]	西摩尼德斯	Simonides
[古罗马]	西塞罗	Marcus Tullius Cicero
[英]	夏夫茨伯里	Shaftesbury
[英]	休谟	David Hume
[德]	许布纳尔	Karl Hubner
[德]	雅斯贝尔斯	Karl Theodor Jaspers
[古罗马]	伊壁鸠鲁	Ipicurus
[法]	尤奈斯库	Eugene Ionesco
[法]	雨果	Victor Hugo
[日]	竹内敏雄	Takeuti Toshio
[英]	卓别林	Charlie Chaplin

后　记

《美学原理》是马克思主义理论研究和建设工程重点教材，是在教育部实施马克思主义理论研究和建设工程领导小组领导下组织编写的。在编写过程中，得到了教育部马克思主义理论研究和建设工程重点教材审议委员会的指导，得到了中宣部、中央党校、中央编译局、求是杂志社、中国社会科学院等有关部门和有关专家学者的支持。同时，广泛听取了高校教师和学生的意见建议。

本教材由首席专家尤西林主持编写。尤西林撰写导论、第一章、第二章第一节至第三节，高建平、张再林撰写第二章第四节，高建平撰写第二章第五节，王旭晓撰写第三章、第十一章，徐恒醇撰写第四章，刘凯撰写第五章，杜学敏撰写第六章、第九章，张进撰写第七章、第十章，李西建撰写第八章。朱良志、王一川、孙周兴等参加了学科专家审议并提出了修改意见。顾海良、韦建桦、陈炎作了出版前的审读。

2015 年 7 月 2 日

第二版后记

定期修订马克思主义理论研究和建设工程重点教材是保证其编写质量的重要途径。党的十九大胜利召开后，为推动习近平新时代中国特色社会主义思想进教材、进课堂、进头脑，深入贯彻落实党的十九大和十九届二中、三中全会精神，教育部统一组织对已出版教材进行了全面修订。本书经国家教材委员会高校哲学社会科学（马工程）专家委员会审查通过。

王旭晓主持了本次教材修订工作，李西建、杜学敏参加了具体的修订工作。

2018 年 6 月

读者意见反馈

为收集对教材的意见建议，进一步完善教材编写并做好服务工作，读者可将对本教材的意见建议通过如下渠道反馈至我社。

咨询电话　400-810-0598

读者服务邮箱　gjdzfwb@pub.hep.cn

通信地址　北京市朝阳区惠新东街4号富盛大厦1座

　　　　　高等教育出版社总编辑办公室

邮政编码　100029

防伪查询说明

用户购书后刮开封底防伪涂层，使用手机微信等软件扫描二维码，会跳转至防伪查询网页，获得所购图书详细信息。

防伪客服电话　(010)58582300

教学支持服务说明

资源访问与防伪查询说明

使用微信扫描本书内的二维码，输入封底防伪二维码下的 20 位数字进行微信绑定后即可免费访问相关资源。（只需输入一次，绑定后不必再次输入。注意：微信绑定只可操作一次，为避免不必要的损失，请您刮开防伪码后立即进行绑定操作！）

用户也可将防伪二维码下的 20 位数字按从左到右、从上到下的顺序发送短信至 106695881280，免费查询所购图书真伪。

防伪客服电话

（010）58582300

本书有配套教学课件，供教师免费下载使用，请访问 xuanshu.hep.com.cn，经注册认证后，搜索书名进入具体图书页面，即可下载。